工业和信息化普通高等教育"十二五"规划教材立项项目

21世纪高等学校计算机规划教材　　21世纪高等学校应用型本科规划教材

大学计算机基础

（第3版）

Basic Coursebook On University Computer

(3rd Edition)

王洪海　蔡文芬　主编

金美莲　方敏　主审

高校系列

人民邮电出版社

北　京

图书在版编目（CIP）数据

大学计算机基础 / 王洪海, 蔡文芬主编. -- 3版
. -- 北京 ：人民邮电出版社, 2015.9
21世纪高等学校计算机规划教材
ISBN 978-7-115-39910-6

Ⅰ. ①大… Ⅱ. ①王… ②蔡… Ⅲ. ①电子计算机—
高等学校—教材 Ⅳ. ①TP3

中国版本图书馆CIP数据核字(2015)第160971号

内 容 提 要

本书根据教育部大学计算机课程教学指导委员会制定的《大学计算机基础教学基本要求》，并参考安徽省最新的计算机水平考试大纲编写。全书基于 Windows 7 操作系统和 Office 2010 平台，主要内容包括：计算机基础知识、计算机网络基础、多媒体基础知识、Windows 7 操作系统、常用工具软件、Office 2010 各个组件等。

本书的编者都是多年从事教学工作、具有丰富经验的一线教师，较好地保证了图书的质量。全书内容丰富，覆盖面较广，语言通俗易懂，应用性较强。书中所举实例和精选的习题都是经过特别筛选的。

本书不仅可以作为应用型本科高校计算机基础课程的教学用书，也可以作为其他大中专院校计算机基础课程的教材与参考书。

- ◆ 主　　编　王洪海　蔡文芬
　　主　　审　金美莲　方　敏
　　责任编辑　邹文波
　　责任印制　沈　蓉　彭志环
- ◆ 人民邮电出版社出版发行　　北京市丰台区成寿寺路 11 号
　　邮编　100164　　电子邮件　315@ptpress.com.cn
　　网址　http://www.ptpress.com.cn
　　三河市潮河印业有限公司印刷
- ◆ 开本：787×1092　1/16
　　印张：19　　　　　　　2015 年 9 月第 3 版
　　字数：499 千字　　　2015 年 9 月河北第 1 次印刷

定价：46.00 元
读者服务热线：(010)81055256　印装质量热线：(010)81055316
反盗版热线：(010)81055315

本书编委会

主　编　王洪海　蔡文芬

主　审　金美莲　方　敏

副主编　薛　峰　张　健　郑　岚

参　编　李　伟　韩凤英　余少萤

　　　　方　飞　徐丽萍　夏百花

第3版前言

自《大学计算机基础》和与之配套的《大学计算机基础实践教程》出版以来，得到了很多学校的专家、教师和学生的关注与好评，安徽三联学院院领导也给予编者们很多的支持与鼓励，对此我们倍感荣幸！

信息社会计算机技术的发展日新月异，这就要求我们在计算机基础教学上也要及时跟上时代的步伐。所以，我们及时更新了《大学计算机基础》和配套的《大学计算机基础实践教程》教材内容，以便读者了解最新的信息技术知识。本书不仅完全继承了原版本"以基础知识讲授为主线、以应用能力提高为重点，强调应用、实用、提高"这些特点，而且在内容安排上也做了全新的调整。

本书共10章，分基础篇、操作篇和应用篇三部分，主要内容包括计算机基础知识、计算机网络基础、多媒体基础知识、Windows 7操作系统、常用工具软件、Office 2010各个组件等。

《大学计算机基础（第3版）》是安徽三联学院校级质量工程项目"应用型本科教材开发"的立项教材，从该项目的立项到具体落实，始终得到了校领导及各位同仁的大力支持与帮助。在本书编写过程中，编者有幸请到安徽三联学院副校长金美莲女士、安徽三联学院电子电气工程学院院长方敏女士作为本书的主审人，在此一并表示衷心的感谢！参与本书编写工作的除了有安徽三联学院的王洪海、蔡文芬、薛峰、张健、郑岚、李伟、方飞、徐丽萍、夏百花等同志以外，兄弟院校的韩凤英副教授、余少萤副教授也参与了本书部分章节的编写工作。

为了方便读者学习，本书配套的《大学计算机基础实践教程（第3版）》一书也同时出版，以帮助读者更好地完成实践环节，提高上机实验的效率。

本书在编写过程中参考了有关书籍和文献，谨向原作者表示诚挚的谢意。由于编者水平有限，书中难免有不妥之处，敬请广大读者批评指正。

编 者
2015年5月

目　录

第一篇　基　础　篇

第二篇　操　作　篇

第三篇　应　用　篇

第一篇
基础篇

第 **1** 章
计算机基础知识

电子计算机（Electronic Computer）又称电脑，是一种能高速、精确处理信息的现代化电子设备，是 20 世纪最伟大的发明之一。伴随计算机技术和网络技术的飞速发展，计算机已渗透到社会的各个领域，对人类社会的发展产生了极其深远的影响。

本章主要介绍计算机的一些基本知识，包括计算机的发展与应用、计算机的特点、数制、编码、计算机系统的组成及计算机的组装与设置等。

1.1　计算机概述

1.1.1　计算机发展简史

1. 大型计算机的发展

1946 年，出于弹道设计的目的，在美国陆军总部的主持下，宾夕法尼亚大学成功研制了世界上第一台电子数字计算机——ENIAC。60 多年以来，按照计算机所使用的逻辑元件、功能、体积、应用等划分，计算机的发展经历了电子管、晶体管、集成电路、超大规模集成电路 4 个时代。

第一代（1946—1958 年）是电子管计算机。它使用的主要逻辑元件是电子管。这个时期计算机的特点是体积庞大、运算速度低（每秒几千次到几万次）、成本高、可靠性差、内存容量少，主要被用于数值计算和军事科学方面的研究。

第二代（1959—1964 年）是晶体管计算机。它使用的主要逻辑元件是晶体管。这个时期计算机运行速度有了很大提高，体积大大缩小，可靠性和内存容量也有了较大的提高，不仅被用于军事与尖端技术方面，而且在工程设计、数据处理、事务管理、工业控制等领域也开始得到应用。

第三代（1965—1970 年）是集成电路计算机。它的逻辑元件主要是中、小规模集成电路。这一时期计算机设计的基本思想是标准化、模块化、系列化，计算机成本进一步降低，体积进一步缩小，兼容性更好，应用更加广泛。

第四代（1971 年以后）是大规模集成电路计算机。它的主要逻辑元件是大规模和超大规模集成电路。这一时期计算机的运行速度可达每秒钟上千万次到万亿次，体积更小，成本更低，存储容量和可靠性又有了很大的提高，功能更加完善，计算机应用的深度和广度有了很大发展。

目前，很多国家都在积极研制第五代计算机，这一代计算机是把信息采集、存储处理、通信、多媒体技术和人工智能结合在一起的计算机系统。

2. 微型计算机的发展

现在人们普遍使用的计算机，采用超大规模集成电路，体积小、重量轻，被称为微型计算机（以下简称微机）。微机一般为个人使用，亦被称为个人机或 PC。微机以计算机使用的微处理器

（CPU）作为换代标志。

第一代：1971 年英特尔（Intel）公司推出 I4004 CPU，成功地用一个芯片实现了中央处理器的全部功能，从此拉开了微机发展的帷幕。

第二代：1973 年 Intel 公司推出 8 位 CPU 8080、8085，由它们装配起来的计算机被称为第二代微机。

第三代：1978 年 16 位 CPU 的出现，标志微机的发展进入第三代，如 Intel 8088/8086 微机。

第四代：1985 年以后，由集成密集度更高的 32 位 CPU、64 位 CPU 装配起来的计算机被称为第四代微机。

3. 计算机网络

20 世纪 60 年代以来，计算机技术与通信技术已密切结合，出现了在一定范围内将计算机互连在一起进行信息交换、实现资源共享的趋势，计算机应用开始由集中式走向分布式，这就是计算机网络。计算机网络出现后不久，就沿着两个方向发展了：一个是远程网，也称广域网，是研究远距离、大范围的计算机网络；另一个是研究有限范围内的局域网。

4. 多媒体计算机

20 世纪 80 年代开始，在超大规模集成电路技术支持下，计算机图形处理功能、声像处理功能取得了重大突破，人们致力于研究将声音、图形和图像作为新的信息媒体输入、输出的计算机，多媒体计算机呼之欲出。如今多媒体技术已经成熟并得到了广泛的应用。

5. 嵌入式计算机

嵌入式计算机是指将计算机作为一个信息处理部件，嵌入到其他的应用系统之中。例如电冰箱、自动洗衣机、手机等，都是嵌入式计算机的广泛应用。嵌入式系统集系统的应用软件与硬件于一体，类似于计算机中 BIOS 的工作方式，具有软件代码小、超高速的优点。

嵌入式系统可应用于人类工作、生活的各个领域，具有极其广阔的应用前景。嵌入式系统在传统的工业控制和商业管理领域已经具有广泛的应用空间，如智能工控设备、POS/ATM 机、IC 卡等；在人们的生活领域更具有广泛的应用潜力，如机顶盒、数字电视、掌上电脑、车载导航器等。嵌入式系统已成为计算机技术的一个主要分支，是当今计算机技术发展的一个重要标志。

20 世纪 90 年代，计算机行业发生了巨大的变化。CPU 由 386、486 等发展为 Pentium 系列，内存由几 MB 发展为几 GB，硬盘也由几百 MB 发展为几 TB，数据解压技术、通信技术及网络应用技术的发展日新月异，多媒体已成为计算机的基本配置，利用计算机技术将多种媒体综合一体化的多媒体技术也日渐成熟、完善，嵌入式系统的应用几乎包括了生活中的所有电器设备，同时，因特网（Internet）、电子商务也显示出强大的魅力。

总之，微电子技术、通信技术、网络技术、多媒体技术、信息存储与表示技术的飞速发展是形成和推动计算机技术不断向前发展的关键。

1.1.2 计算机的特点

计算机作为一种通用的信息处理工具，具有很快的处理速度、很强的存储能力、精确的计算和逻辑判断能力，其特点如下。

1. 运算速度快

当今计算机系统的运算速度已达到每秒万亿次，微机也可达到每秒亿次以上，这使大量复杂的科学计算问题得以解决。例如，卫星轨道计算、天气预报计算和大型水坝计算等。

2. 运算精度高

科学技术的发展，特别是尖端科学技术的发展，需要高度精确的计算。一般计算机可以有十几位甚至几十位（二进制）有效数字，计算精度可由千分之几到百万分之几。例如，用计算机精确控制导弹。

3. 记忆功能强，存储容量大

计算机的存储器可以存储大量的数据和资料信息。例如，一个大容量的硬盘可以存放整个图书馆的书籍和文献资料。计算机不仅可以存储字符，还可以存储图像和声音等。

4. 逻辑判断能力强

计算机具有逻辑判断能力，即对两个事件进行比较，根据比较的结果可以自动确定下一步该做什么。有了这种能力，计算机就能够实现自动控制，快速地完成多种任务。

5. 可靠性高

计算机可以连续无故障地运行几个月甚至几年。随着超大规模集成电路的发展，计算机的可靠性越来越高。

6. 通用性强

计算机的通用性体现在它能把任何复杂、繁重的信息处理任务分解为大量的基本算术和逻辑运算，甚至进行推理和证明。由于计算机具有逻辑判断能力，它能够把各种运算有机地组织成为复杂多变的包括文字、图像、图形和声音的计算机控制流程，使得计算机具有极大的通用性。例如，可以将指令按照执行的先后次序组织成各种程序。

1.1.3 计算机的应用

计算机的应用已经渗透到社会的各个领域，正在深刻改变着人们的工作、学习和生活方式，推动着社会的发展。计算机的应用大致可分为传统和新趋势两个方面。

1. 传统应用

（1）科学计算

科学计算也被称为数值计算，计算机最开始是为解决科学研究和工程设计中遇到的大量数学问题的数值计算而研制的计算工具。随着现代科学技术的进一步发展，数值计算在现代科学研究中的地位不断提高，尤其是在尖端科学领域中，显得尤为重要。例如，人造卫星轨迹的计算，房屋抗震强度的计算，火箭、宇宙飞船的研究、设计都离不开计算机的精确计算。

在工业、农业以及人类社会的各个领域中，计算机的应用都取得了许多重大突破，就连人们每天收听、收看的天气预报都离不开计算机的科学计算。

（2）信息处理

在科学研究和工程技术中，会得到大量的原始数据，其中包括大量图片、文字和声音等信息，而所谓信息处理，就是对类似这样的数据进行收集、分析、排序、存储、计算、传输和制表等操作。目前计算机的信息处理应用已非常普遍，涉及的领域如人事管理、库存管理、财务管理、图书资料管理、商业数据交流、情报检索以及经济管理等。

信息处理已成为当代计算机的主要任务，是现代化管理的基础。据统计，全世界计算机用户用于数据处理的工作量占全部计算机应用的80%以上，大大提高了工作效率，提高了管理水平。

（3）自动控制

自动控制是指通过计算机对某一过程进行自动操作，它不需要人工干预，能按人预定的目标和预定的状态进行过程控制。所谓过程控制，是指对操作数据进行实时采集、检测、处理和判断，按最佳值进行调节的过程。自动控制被广泛用于操作复杂的钢铁企业、石油化工业以及医药工业等生产中。使用计算机进行自动控制可大大提高控制的实时性和准确性，提高劳动效率、产品质量，降低成本，缩短生产周期。

计算机自动控制还在国防和航空航天领域中起决定性作用，例如，无人驾驶飞机、导弹、人造卫星和宇宙飞船等飞行器的控制，都是靠计算机实现的。可以说计算机是现代化国防和航空航天领域的神经中枢。

（4）电子商务

电子商务（Electric Commerce，EC）是指利用计算机和网络进行的新型商务活动。它是在因特网开放的网络环境下，基于浏览器/服务器应用方式，买卖双方不谋面地进行各种商贸活动，实现消费者的网上购物、商户之间的网上交易和在线电子支付以及各种商务活动、交易活动、金融活动和相关的综合服务活动的一种新型的商业运营模式。比如阿里巴巴网站、淘宝网站、亚马逊网站等，都是电子商务的应用平台。

（5）计算机辅助系统

计算机辅助设计（Computer Aided Design，CAD）、计算机辅助制造（Computer Aided Manufacturing，CAM）、计算机辅助测试（Computer Aided Text，CAT）、计算机辅助工程（Computer Aided Engineering，CAE）及计算机辅助教学（Computer Aided Instruction，CAI）被统称为计算机辅助系统。

CAD是指借助计算机，人们可以自动或半自动地完成各类工程设计工作。有些国家已把CAD、CAM、CAT及CAE组成一个集成系统，使设计、制造、测试和管理有机地合为一体，形成了一个高度自动化的系统。

CAI是指用计算机来辅助完成教学计划或模拟某个实验过程。

（6）网络通信

计算机技术与通信技术相结合出现了计算机通信网络。计算机通信网络将分布在不同地点、不同种类的计算机利用通信设备和线路相互连接起来，网络中的计算机之间可以进行数据通信，实现资源共享。

（7）人工智能

人工智能（Artificial Intelligence，AI）是指计算机模拟人类某些智力行为的理论、技术和应用。

人工智能是计算机应用的一个新领域，这方面的研究和应用正处于发展阶段，在医疗诊断、定理证明、语言翻译和机器人等方面有了显著的成效。例如，用计算机模拟人脑的部分功能进行思维学习、推理、联想和决策，使计算机具有一定"思维能力"。我国已开发成功一些中医诊断系统，可以模拟名医给患者诊病、开处方。

机器人是计算机人工智能的典型例子，机器人的核心是计算机。第一代机器人是机械手；第二代机器人能够反馈外界信息，有一定的触觉、视觉、听觉；第三代机器人是智能机器人，具有感知和理解周围环境的能力，基本掌握了语言、推理、规划和操纵工具的技能，可以模拟人完成某些工作。机器人不怕疲劳，精确度高，适应力强，现已开始被用于搬运、喷漆、焊接、装配等工作中。机器人还能代替人在危险环境中进行工作，如在有放射线、有毒、污染、高温、低温、高压和水下等环境中工作。

（8）多媒体技术应用

多媒体技术将计算机技术、现代声像技术与通信技术融为一体，多媒体技术以计算机技术为核心，是更自然、更丰富的计算机技术，本书第3章将介绍多媒体技术的基础知识。

2. 新趋势应用

（1）普适计算

普适计算又称普存计算、普及计算（Pervasive Computing 或 Ubiquitous Computing），这一概念强调将计算和环境融为一体，而让计算本身从人们的视线里消失，使人的注意力回归到要完成任务的本身。在普适计算的模式下，人们能够在任何时间、任何地点、以任何方式进行信息的获取与处理。

普适计算的核心思想是小型、便宜、网络化的处理设备广泛分布在日常生活的各个场所，计算设备将不只依赖命令行、图形界面进行人机交互，而更依赖"自然"的交互方式，计算设备的尺寸将缩小到毫米甚至纳米级。在普适计算的环境中，无线传感器网络将广泛普及，在环保、交通等领域发挥作用；人体传感器网络会大大促进健康监控以及人机交互等的发展。各种新型交互技术（如触觉显示等）将使交互更容易、更方便。

普适计算的目的是建立一个充满计算和通信能力的环境，同时使这个环境与人们逐渐地融合在一起。在这个融合空间中人们可以随时随地、透明地获得数字化服务。普适计算的含义十分广泛，所涉及的技术包括移动通信技术、小型计算设备制造技术、小型计算设备上的操作系统技术及软件技术等。

在信息时代，普适计算可以降低设备使用的复杂程度，使人们的生活更轻松、更有效率。实际上，普适计算是网络计算的自然延伸，它使得不仅个人计算机，而且其他小巧的智能设备也可以连接到网络中，从而方便人们即时获得信息并采取行动。

（2）网格计算

随着超级计算机技术的不断发展，超级计算机已经成为复杂科学计算领域的主宰。但超级计算机造价极高，通常只有一些国家级的部门，如航天、气象等部门才有能力配置这样的设备。随着人们日常工作遇到的商业计算越来越复杂，人们越来越需要数据处理能力更强大的计算机，而超级计算机的价格显然阻止了它进入普通人的工作领域。于是，人们开始寻找一种造价低廉且数据处理能力超强的计算模式，网格计算应运而生。

网格计算（Grid Computing）是伴随着互联网而迅速发展起来的专门针对复杂科学计算的新型计算模式。这种计算模式是利用互联网把分散在不同地理位置的计算机组织成一个"虚拟的超级计算机"，其中每一台参与计算的计算机就是一个"节点"，而整个计算是由成千上万个"节点"组成的"一张网格"。网格计算的优势有两个：一个是数据处理能力超强；另一个是能充分利用网上的闲置处理能力。

实际上，网格计算是分布式计算（Distributed Computing）的一种，如果我们说某项工作是分布式的，那么，参与这项工作的一定不只是一台计算机，而是一个计算机网络。充分利用网上的闲置处理能力是网格计算的一个优势，网格计算模式首先把要计算的数据分割成若干"小片"，然后不同节点的计算机可以根据自己的处理能力下载一个或多个数据片断，这样这台计算机的闲置计算能力就被充分地调动起来了。

网格计算不仅受到需要大型科学计算的国家级部门，如航天、气象部门的关注，而且目前很多大公司如IBM等也开始追捧这种计算模式，并开始有了相关"动作"。除此之外，一批围绕网格计算的软件公司也逐渐壮大和为人所知，有业界专家预测，网格计算在未来将会形成一个年产值20万亿美元的大产业。目前，网格计算主要被各大学和研究实验室用于高性能计算的项目，这些项目要求巨大的计算能力。

综合来说，网格计算能及时响应需求的变动，通过汇聚各种分布式资源和利用未使用的容量，网格技术极大地增加了可用的计算和数据资源的总量。可以说，网格计算是未来计算世界中的一种划时代的新事物。

（3）云计算

云计算（Cloud Computing）是一种基于互联网的计算方式，通过这种方式，共享的软硬件资源和信息可以按需提供给计算机和其他设备。狭义云计算是指IT基础设施的交付和使用模式，指通过网络以按需、易扩展的方式获得所需的资源（硬件、平台、软件）。广义云计算是指服务的交付和使用模式，指通过网络以按需、易扩展的方式获得所需的服务。这种服务可以是IT和软件、互联网相关的，也可以是任意其他的服务，这意味着计算能力也可作为一种商品通过互联网进行流通。云计算是通过网络提供可伸缩的廉价的分布式计算能力。

云计算是网格计算、分布式计算、并行计算、效用计算、网络存储、虚拟化、负载均衡等传统计算机技术和网络技术发展融合的产物，或者说是这些计算机科学概念的商业实现。它旨在通过网络把多个成本相对较低的计算实体整合成一个具有强大计算能力的完美系统，并借助先进的商业模式把这种强大的计算能力分布到终端用户手中。云计算的一个核心理念就是通过不断提高

"云"的处理能力，进而减少用户终端的处理负担，最终使用户终端简化成一个单纯的输入/输出设备，并能按需享受"云"的强大计算处理能力。

互联网上的云计算服务特征和自然界的云、水循环具有一定的相似性，通常云计算服务应该具备以下几个特征。

- 基于虚拟化技术快速部署资源或获得服务。
- 实现动态的、可伸缩的扩展。
- 按需求提供资源、按使用量付费。
- 通过互联网提供、面向海量信息处理。
- 用户可以方便地参与。
- 形态灵活，聚散自如。
- 减少用户终端的处理负担。
- 降低了用户对于 IT 专业知识的依赖。
- 虚拟资源池为用户提供弹性服务。

云计算的基本原理是，通过使计算分布在大量的分布式计算机上，而非本地计算机或远程服务器中，企业数据中心的运行将更与互联网相似。这使得企业能够将资源切换到需要的应用上，根据需求访问计算机和存储系统。这是一种革命性的举措，它意味着计算能力也可以作为一种商品进行流通，就像煤气、水、电一样，取用方便，费用低廉。

云计算主要分为三种服务模式：SaaS、PaaS 和 IaaS。

① SaaS（Software as a Service，软件即服务）：它是一种通过 Internet 提供软件的模式，用户无需购买软件，而是向提供商租用基于 Web 的软件来管理企业经营活动。

② PaaS（Platform as a Service，平台即服务）：实际上是指将软件研发的平台作为一种服务，以 SaaS 的模式提交给用户。因此，PaaS 也是 SaaS 模式的一种应用。但是，PaaS 的出现可以加快 SaaS 的发展，尤其是加快 SaaS 应用的开发速度。

③ IaaS（Infrastructure as a Service，基础设施即服务）：消费者通过 Internet 可以从完善的计算机基础设施获得服务。IaaS 最大的优势在于它允许用户动态申请或释放节点，按使用量计费。

云计算被视为科技界的一次革命，它带来了工作方式和商业模式的根本性改变。首先，对中小企业和创业者来说，云计算意味着巨大的商业机遇，他们可以借助云计算在更高的层面上和大企业竞争。其次，从某种意义上说，云计算意味着硬件之死。那些对计算需求量越来越大的中小企业，不再试图去买价格高昂的硬件，而是从云计算供应商那里租用计算能力。当计算机的计算能力不受本地硬件的限制时，企业就可以以极低的成本投入获得极高的计算能力，不用再投资购买昂贵的硬件设备，负担频繁的保养与升级。

（4）物联网

物联网的英文名称叫"The Internet of things"，顾名思义，物联网就是"物物相连的互联网"。这有两层意思：第一，物联网的核心和基础仍然是互联网，是在互联网基础上的延伸和扩展的网络；第二，其用户端延伸和扩展到了任何物品与物品之间，进行信息交换和通信。严格而言，物联网的定义是：通过射频识别（RFID）、红外感应器、全球定位系统、激光扫描器等信息传感设备，按约定的协议，把任何物品与互联网连接起来，进行信息交换和通信，以实现智能化识别、定位、跟踪、监控和管理的一种网络。

物联网中非常重要的技术是 RFID 电子标签技术。以简单 RFID 系统为基础，结合已有的网络技术、数据库技术、中间件技术等，构筑一个由大量联网的阅读器和无数移动的标签组成的，比 Internet 更为庞大的物联网成为 RFID 技术发展的趋势。物联网把新一代 IT 技术充分运用在各行各业之中，具体地说，就是把感应器嵌入和装备到电网、铁路、桥梁、隧道、公路、建筑、供水系统、大坝、油气管道等各种物体中，然后将"物联网"与现有的互联网整合起来，实现人类社会与物理系统的整合，在这个整合的网络当中，存在能力超强的中心计算机群，能够对整合网络内的人员、机器、设备和基础设施实施实时的管理和控制，在此基础上，人们可以以更加精细和动态的方式管理生产和生活，达到"智慧"状态，提高资源利用率和生产力水平，改善人与自然间的关系。

从技术架构上来看，物联网可分为三层：感知层、网络层和应用层。其中感知层由各种传感器以及传感器网关构成，它是物联网识别物体、采集信息的来源，其主要功能是识别物体、采集信息；网络层由各种私有网络、互联网、有线和无线通信网、网络管理系统和云计算平台等组成，负责传递和处理感知层获取的信息；应用层是物联网和用户（包括人、组织和其他系统）的接口，它与行业需求结合，实现物联网的智能应用。

物联网根据其实质用途可以归结为三种基本应用模式。

- 对象的智能标签。通过二维码、RFID等技术标识特定的对象，用于区分对象个体。
- 环境监控和对象跟踪。利用多种类型的传感器和分布广泛的传感器网络，可以实现对某个对象的实时状态的获取和特定对象行为的监控。
- 对象的智能控制。物联网基于云计算平台和智能网络，可以依据传感器网络用获取的数据进行决策，改变对象的行为进行控制和反馈。

和传统的互联网相比，物联网有其鲜明的特征。

- 它是各种感知技术的广泛应用：物联网上部署了海量的多种类型传感器，每个传感器都是一个信息源，不同类别的传感器所捕获的信息内容和信息格式不同。
- 它是一种建立在互联网上的泛在网络：物联网技术的重要基础和核心仍旧是互联网，通过各种有线和无线网络与互联网融合，将物体的信息实时准确地传递出去。
- 物联网具有智能处理的能力，能够对物体实施智能控制：物联网不仅提供了传感器的连接，而且其本身也具有智能处理的能力，能够对物体实施智能控制。

物联网是利用无所不在的网络技术建立起来的，是继计算机、互联网与移动通信网之后的又一次信息产业浪潮，是一个全新的技术领域。物联网用途广泛，遍及智能交通、环境保护、政府工作、公共安全、平安家居、智能消防、工业监测、老人护理、个人健康等多个领域。有专家预测随着物联网的大规模普及，这一技术将会发展成为一个上万亿元规模的高科技市场。

（5）大数据

大数据是指无法在一定时间内用常规软件工具对其内容进行抓取、管理和处理的数据集合，它具有4个基本特征。一是数据体量巨大。从TB级别，跃升到PB级别（1PB=1024TB）。二是数据类型多样。现在的数据类型不仅是文本形式，更多的是图片、视频、音频、地理位置信息等多类型的数据，个性化数据占绝对多数。三是处理速度快。数据处理遵循"1秒定律"，可从各种类型的数据中快速获得高价值的信息。四是价值密度低，商业价值高。以视频为例，连续不间断监控过程中，可能有用的数据仅有一两秒。业界将这4个特征归纳为4个"V"——Volume（大量）、Variety（多样）、Velocity（高速）、Value（价值）。

大数据技术是指从各种类型的数据中，快速获得有价值信息的技术。大数据技术的战略意义不在于掌握庞大的数据信息，而在于对这些含有意义的数据进行专业化处理。如果把大数据比作一种产业，那么这种产业实现盈利的关键，在于提高对数据的"加工能力"，通过"加工"实现数据的"增值"。适用于大数据的技术，包括大规模并行处理（MPP）数据库、数据挖掘电网、分布式文件系统、分布式数据库、云计算平台、互联网和可扩展的存储系统。

由此可见，大数据并不只是简单的数据大的问题，重要的是通过对大数据进行分析来获取有价值的信息。所以大数据的分析方法在大数据领域就显得尤为重要，可以说是决定最终信息是否有价值的决定性因素。大数据分析的基本方法有可视化分析、数据挖掘算法、预测性分析、语义引擎、数据质量和数据管理。对于更深入的大数据分析，则需要更有特点、更深入、更专业的大数据分析方法。

大数据的作用体现在如下的4个方面。

第一，对大数据的处理分析正成为新一代信息技术融合应用的结点。移动互联网、物联网、社交网络、数字家庭、电子商务等是新一代信息技术的应用形态，这些应用不断产生大数据。云计算为这些海量、多样化的大数据提供存储和运算平台。通过对不同来源数据的管理、处理、分析与优化，将结果反馈到上述应用中，将创造出巨大的经济和社会价值。

第二，大数据是信息产业持续高速增长的新引擎。面向大数据市场的新技术、新产品、新服务、新业态会不断涌现。在硬件与集成设备领域，大数据将对芯片、存储产业产生重要影响，还将催生一体化数据存储处理服务器、内存计算等市场。在软件与服务领域，大数据将引发数据快速处理分析、数据挖掘技术和软件产品的发展。

第三，大数据利用将成为提高核心竞争力的关键因素。各行各业的决策正在从"业务驱动"转变为"数据驱动"。对大数据的分析可以使零售商实时掌握市场动态并迅速做出应对；可以为商家制定更加精准有效的营销策略提供决策支持；可以帮助企业为消费者提供更加及时和个性化的服务；在医疗领域，可提高诊断准确性和药物有效性；在公共事业领域，大数据也开始发挥促进经济发展、维护社会稳定等方面的重要作用。

第四，大数据时代科学研究的方法手段将发生重大改变。在大数据时代，可通过实时监测、跟踪研究对象在互联网上产生的海量行为数据，进行挖掘分析，揭示出规律性的东西，提出研究结论和对策。

1.1.4　计算机的发展趋势

从 1946 年第一台计算机诞生至今，计算机已经走过 60 多年的发展历程，未来计算机将朝着巨型化、微型化、网络化、智能化 4 个方向发展。

1. 巨型化

巨型化并非指计算机的体积大，而是指计算机的运算速度更快、存储容量更大和功能更强。巨型化计算机具有速度快、存储容量大和功能强等优点，主要应用于尖端科学技术领域，是一个国家科学技术水平的重要标志，因此巨型化是计算机发展的一个重要方面。

2. 微型化

微型化是计算机技术中发展最为迅速的技术之一。由于微机可进入仪表、家用电器和导弹头等中、小型机无法进入的领地，所以其发展非常迅速。目前，微机在处理能力方面已与传统的大型机不相上下，加上众多新技术的支持，微机的性能价格比越来越高，极大地促进了计算机的普及和应用。

3. 网络化

网络化是目前计算机发展的一大趋势。通过使用网络，人们可以相互交流，实现数据通信，资源共享。例如，"信息高速公路"可以把政府机构、科研机构、教育机构、企业和家庭的计算机联网，构成一种数字化、大容量的光纤通信网络。"信息高速公路"的"路面"就是光纤，"信息高速公路"加上多媒体技术，将给全球经济、政治和人们的工作、生活带来巨大影响。

4. 智能化

智能化就是让计算机来模拟人的感觉、行为和思维过程，使计算机具有感觉、学习和推理等能力，形成智能型、超智能型的计算机，这也是第五代计算机要实现的目标。尽管目前还没有研制出智能计算机，但它始终是计算机的发展方向。

1.1.5　计算思维

2006 年 3 月，美国卡内基·梅隆大学周以真教授首次提出了计算思维的概念，2010 年 10 月，中国科学技术大学陈国良院士在"第六届大学计算机课程报告论坛"上倡议将计算思维引入大学计算机基础教学，计算思维得到了国内计算机基础教育界的广泛重视。

1. 科学方法与科学思维

科学是反映人们对自然、社会、思维等现实世界各种现象的客观规律的知识体系，而科学发现则是在科学活动中对未知事物或规律的揭示，主要包括事实的发现和理论的提出。达尔文说过，科学就是整理事实，从中发现规律，做出结论。

科学界一般认为，科学方法分为理论、实验和计算三大类。与三大科学方法相对的是三大科学思维：理论思维以数学为基础，实验思维以物理等学科为基础，计算思维以计算机科学为基础。三大科学思维构成了科技创新的三大支柱，如图 1-1 所示。作为三大科学思维支柱之一，具有鲜明时代特征的计算思维，正在引起我国的高度重视。

图 1-1　科技创新三大支柱

2. 计算思维的内容

计算思维不是今天才有的，从我国古代的算筹、算盘，到近代的加法器、计算器以及现代的电子计算机，直至目前风靡全球的互联网和云计算，无不体现着计算思维的思想。可以说计算思维是一种早已存在的思维活动，是每个人都具有的一种能力，它推动着人类科技的进步。然而，在相当长的时期内，计算思维并没有得到系统的整理和总结，也没有得到应有的重视。直到 2006 年，周以真教授对计算思维进行了清晰系统的阐述，这一概念才得到人们极大的关注。

按照周以真教授的观点，计算思维是指运用计算机科学的基础概念进行问题求解、系统设计以及人类行为理解等涵盖计算机科学之广度的一系列思维活动。计算思维建立在计算过程的能力和限制之上，由人或机器执行。计算思维的本质是抽象（Abstraction）和自动化（Automation）。

计算思维中的抽象完全超越物理的时空观，并完全用符号来表示，与数学和物理科学相比，计算思维中的抽象显得更为丰富，也更为复杂。在计算思维中，所谓抽象就是要求能够对问题进行抽象表示、形式化表达（这些是计算机的本质），设计问题求解过程达到精确、可行，并通过程序（软件）作为方法和手段对求解过程予以"精确"实现，也就是说，抽象的最终结果是能够机械地一步步自动执行。

3. 计算思维的方法与特征

计算思维方法是在吸取了问题解决所采用的一般数学思维方法；现实世界中巨大复杂系统的设计与评估的一般工程思维方法；以及复杂性、智能、心理、人类行为的理解等的一般科学思维方法的基础上所形成的，周以真教授将其归纳为如下 7 类方法。

（1）计算思维是通过约简、嵌入、转化和仿真等方法，把一个看来困难的问题重新阐释成一个我们知道问题怎样解决的思维方法。

（2）计算思维是一种递归思维，是一种并行处理，是一种把代码译成数据又能把数据译成代码，是一种多维分析推广的类型检查方法。

（3）计算思维是一种采用抽象和分解来控制庞杂的任务或进行巨大复杂系统设计的方法，是基于关注点分离的方法（SoC方法）。

（4）计算思维是一种选择合适的方式去陈述一个问题，或对一个问题的相关方面建模使其易于处理的思维方法。

（5）计算思维是按照预防、保护及通过冗余、容错、纠错的方式，并从最坏情况进行系统恢复的一种思维方法。

（6）计算思维是利用启发式推理寻求解答，也即在不确定情况下的规划、学习和调度的思维方法。

（7）计算思维是利用海量数据来加快计算，在时间和空间之间，在处理能力和存储容量之间进行折衷的思维方法。

周以真教授以计算思维是什么和不是什么的描述形式对计算思维的特征进行了总结，如表1-1所示。

表 1-1　　　　　　　　　　　　　　　计算思维的特征

	计算思维是什么	计算思维不是什么
（1）	是概念化	不是程序化
（2）	是根本的	不是刻板的技能
（3）	是人的思维	不是计算机的思维
（4）	是思想	不是人造物
（5）	是数学与工程思维的互补与融合	不是空穴来风
（6）	面向所有的人，所有的地方	不局限于计算学科

4．计算思维能力的培养

随着信息化的全面深入，无处不在、无事不用的计算机使计算思维成为人们认识和解决问题的重要基本能力之一。一个人若不具备计算思维的能力，将在就业竞争中处于劣势；一个国家若不使广大受教育者得到计算思维能力的培养，在激烈竞争的国际环境中将处于落后地位。计算思维，不仅是计算机专业人员应该具备的能力，而且也是所有受教育者应该具备的能力，它蕴含着一整套解决一般问题的方法与技术。为此需要大力推动计算思维观念的普及，促进在教育过程中对学生计算思维能力的培养，以此来提高在未来国际环境中的竞争力。

1.2　常用数制及编码

1.2.1　进位计数制

数制也称计数制，是指用一组数字符号和统一的规则来表示数值的方法。日常生活中人们使用过许多数制，如表示时间的六十进制，表示星期的七进制，表示年份的十二进制，还有最常用的十进制。使用什么数制，完全取决于人们的生活习惯与需要。

计算机由电子逻辑元件组成，这些电子逻辑元件大多具有两种稳定状态，例如，电压的高低、晶体管的导通与截止、脉冲的有无、电容的充电与放电以及电源的打开与关闭等。用0、1组成的二进制数可以恰如其分地描述这些电子逻辑元件的两种稳定状态，并且二进制数的表示及运算规则都很简单、可靠，所以计算机中采用的数是二进制数。任何信息必须转换成二进制数据后才能由计算机进行处理。

数制中有数位、基数（base）和位权（weight）3个要素。数位是指数码在一个数中所处的位置；基数是指在某种数制中，每个数位上所能使用的数码的个数；位权是指数码在不同的数位上所表示的数值的大小。若把各种数制统称为R进制，则该进制具有下列性质。

在R进制中，具有R个数字符号，它们是0，1，2，…，（R-1）。

在R进制中，由低位向高位按"逢R进一"的规则进行计数。

R进制的基数是"R"，对于R进制数，整数部分第i位的位权为"R^{i-1}"，小数部分第i位的位权为"R^{-i}"，并约定整数最低位的位序号i=0（i=n，…，2，1，0，-1，-2，…）。

由此可知，不同进位制具有不同的"基数"；对于某一进位制数，不同的数位具有不同的"权"。基数表明了某一进位制的基本特征，如对于二进制，有两个数字符号（0，1），且由低位向高位进位时"逢二进一"，故其基数为2。位权表明了同一数字符号处于不同数位时所代表的值不同，二进制数各位的"权"值如图1-2所示。

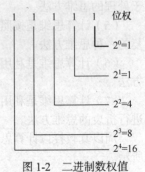

图1-2　二进制数权值

表1-2所示为十进制、二进制、八进制及十六进制的性质比较。

在表1-2中，用圆括号外的下标值（如10、2、8、16）表示该括号内的数是哪一个进位制中的数，或在数的最后加上字母D（十进制）、B（二进制）、O（八进制）、H（十六进制）来区分其前面的数属于哪个进位制。

表1-2　　　　　　　　　　　十进制、二进制、八进制及十六进制性质比较

进位制 项目	十 进 制	二 进 制	八 进 制	十 六 进 制
特　　点	① 有10个数字符号0，1，2，…，9 ② 按"逢十进一"的规则计数 ③ 基数为10，整数第i位的权($10)^{i-1}$	① 有2个数字符号0，1 ② 按"逢二进一"的规则计数 ③ 基数为2，整数第i位的权$(2)^{i-1}$	① 有8个数字符号0，1，…，7 ② 按"逢八进一"的规则计数 ③ 基数为8，整数第i位的权$(8)^{i-1}$	① 有16个数字符号0，1，2，…，9，A，B，…，F ② 按"逢十六进一"的规则计数 ③ 基数为16，整数第i位的权为$(16)^{i-1}$
举　　例	$(2003.56)_{10}$ $=2\times10^3+0\times10^2$ $+0\times10^1+3\times10^0$ $+5\times10^{-1}+6\times10^{-2}$	$(1101.101)_2$ $=1\times2^3+1\times2^2$ $+0\times2^1+1\times2^0$ $+1\times2^{-1}+0\times2^{-2}$ $+1\times2^{-3}$	$(1375.204)_8$ $=1\times8^3+3\times8^2$ $+7\times8^1+5\times8^0$ $+2\times8^{-1}+0\times8^{-2}$ $+4\times8^{-3}$	$(19A5.EBC)_{16}$ $=1\times16^3+9\times16^2$ $+A\times16^1+5\times16^0$ $+E\times16^{-1}+B\times16^{-2}$ $+C\times16^{-3}$
表示方法	$(2003.56)_{10}$ =2003.56D	$(1101.101)_2$ =1101.101B	$(1375.204)_8$ =1375.204O	$(19A5.EBC)_{16}$ =19A5.EBCH

1.2.2　不同进制数之间的相互转换

同一个数值可以用不同的进位计数制表示，这表明不同进位制只是表示数的不同手段，它们之间存在相互转换关系。下面通过具体例子说明计算机中常用的几种进位计数制之间的转换，即十进制与二进制之间的转换，二进制与八进制或十六进制之间的转换。

1. 二进制数转换为十进制数

二进制数转换为十进制数的基本方法是，将二进制数的每一位上的数码（0或1）乘以该位上的权，然后相加。

【例1-1】　　$(10110011.101)_2 = (?)_{10}$

$(10110011.101)_2 = 1\times2^7+0\times2^6+1\times2^5+1\times2^4+0\times2^3+0\times2^2+1\times2^1+1\times2^0$
$+1\times2^{-1}+0\times2^{-2}+1\times2^{-3}$

$$= 128+32+16+2+1+0.5+0.125$$
$$= (179.625)_{10}$$

2. 十进制数转换为二进制数

十进制数转换为二进制数的基本方法是，对于整数采用"除 2 取余"，对于小数采用"乘 2 取整"。

【例 1-2】　$(26)_{10} = (?)_2$

采用"除 2 取余"的计算过程如下：

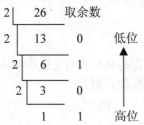

求得：$(26)_{10} = (11010)_2$

由上可知，用"除 2 取余"法实现十进制整数到二进制整数的转换规则是，用 2 连续除要转换的十进制数及各次所得之商，直除到商为 0 时为止，则各次所得之余数即为所求二进制数由低位到高位的值。

【例 1-3】　$(0.6875)_{10} = (?)_2$

采用乘 2 取整的计算过程如下：

```
    0.6875
×       2        取整数
 1.3750          1（高位）
×       2
 0.7500          0
×       2
 1.5000          1
×       2
 1.0000          1（低位）
```

求得：$(0.6875)_{10} = (0.1011)_2$

用"乘 2 取整"法实现十进制小数到二进制小数的转换规则是，用 2 连续乘要转化的十进制数及各次所得之积的小数部分，直到乘积的小数部分为 0 时止，则各次所得之积的整数部分即为所求二进制数由高位到低位的值。

需要指出的是，把十进制数转换为二进制数时，对于整数均可用有限位的二进制整数表示，但用上述规则对十进制小数实现转换时，会出现乘积的小数部分总是不等于 0 的情况，这表明此时有限位的十进制小数不能转换为有限位的二进制小数，出现了"循环小数"。例如：

$(0.6)_{10} = (0.10011001\cdots)_2$

在这种情况下，乘 2 过程的结束由所要求的转换位数（即转换精度）确定。

当十进制数包含有整数和小数两部分时，可按上面介绍的两种方法将整数和小数分别转换，然后相加。

3. 二进制数与八进制数的转换

由于八进制数的基数为 8，二进制数的基数为 2，两者满足 $8=2^3$，所以，每位八进制数可转换为等值的三位二进制数，反之亦然。在二进制数与八进制数之间存在着直接的而且是唯一的对应关系。

【例 1-4】 $(6237.431)_8 = (?)_2$

只要将每一位八进制数用等值的三位二进制数代替，就可以得到转换的二进制数结果如下所示：

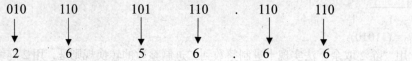

求得 $(6237.431)_8 = (110010011111.100011001)_2$

【例 1-5】 $(10110101110.11011)_2 = (?)_8$

以小数点为界，整数部分从右到左分成三位一组，小数部分从左到右分成三位一组，头尾不足三位时用 0 补足，再将每组的三位二进制数写成一位八进制数，则得：

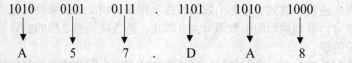

求得 $(10110101110.11011)_2 = (2656.66)_8$

4. 二进制数与十六进制数的转换

由于十六进制数的基数为 16，二进制数的基数为 2，两者满足 $16 = 2^4$，故每位十六进制数可转换为四位二进制数，反之亦然。在二进制数与十六进制数之间也存在着直接的而且是唯一的对应关系。

【例 1-6】 $(3AB.11)_{16} = (?)_2$

将每位十六进制数写成四位二进制数，便得到转换结果如下所示：

3	A	B	.	1	1
0011	1010	1011		0001	0001

求得 $(3AB.11)_{16} = (1110101011.00010001)_2$

【例 1-7】 $(101001010111.110110101)_2 = (?)_{16}$

以小数点为界，整数部分从右到左分成四位一组，小数部分从左到右分成四位一组，头尾不足四位时用 0 补足，然后将每组的四位二进制数写成一位十六进制数，如下所示：

1010	0101	0111	.	1101	1010	1000
A	5	7	.	D	A	8

求得 $(101001010111.110110101)_2 = (A57.DA8)_{16}$

从例 1-4 至例 1-7 可以看出，二进制数与八进制数或十六进制数之间存在直接转换关系。可以说，八进制数或十六进制数是二进制数的缩写形式。在计算机中，利用这一特点可把用二进制代码表示的指令或数据写成八进制或十六进制形式，以便于书写或认读。

1.2.3 编码

1. ASCII 编码

计算机中，对非数值的文字和其他符号进行处理时，要对文字和符号进行数字化处理，即用一定位数的 0 和 1 进行二进制编码来作为识别与使用文字和其他符号的依据。目前使用最普遍的字符编码是美国国家信息交换标准字符码——ASCII（American Standard Code for Information

Interchange），如表 1-3 所示。

表 1-3　　　　　　　　　　　　　　　　　ASCII 编码

低4位＼高4位		0000	0001	0010	0011	0100	0101	0110	0111
		0	1	2	3	4	5	6	7
0000	0	NUL	DEL	SP	0	@	P	·	p
0001	1	SOH	DC1	!	1	A	Q	a	q
0010	2	STX	DC2	”	2	B	R	b	r
0011	3	ETX	DC3	#	3	C	S	c	s
0100	4	EOT	DC4	$	4	D	T	d	t
0101	5	ENQ	NAK	%	5	E	U	e	u
0110	6	ACK	SYN	&	6	F	V	f	v
0111	7	BEL	ETB	’	7	G	W	g	w
1000	8	BS	CAN	(	8	H	X	h	x
1001	9	HT	EM	)	9	I	Y	i	y
1010	A	LF	SUB	*	:	J	Z	j	z
1011	B	VT	ESC	+	;	K	[	k	{
1100	C	FF	FS	,	<	L	\	l		
1101	D	CR	GS	–	=	M	]	m	}
1110	E	SO	RS	.	>	N	^	n	~
1111	F	SI	US	/	?	O	-	o	DEL

　　ASCII 是用 8 位二进制数进行编码的，其中最高位设为 "0"，作为奇偶校验位，有效位为 7 位，能表示 2^7=128 个字符，其中包括 10 个数字字符，52 个英文大小写字母，32 个专用符号（$，%，+，＝等）和 34 个控制字符。要确定某个字符的 ASCII，需先在表中找到它的位置，再分别读出它的高 4 位和低 4 位码，然后再按高低顺序排列即可。例如，字母 "A"，在表 1-3 中找到它对应的高 4 位码为 0100，低 4 位码为 0001，即 "A" 的 ASCII 为 01000001。

2. 汉字编码

　　汉字也是字符，与西文字符相比，汉字数量大，字形复杂，同音字多，这就给汉字在计算机内部的存储、传输、交换、输入和输出等带来了一系列的问题。为了能直接使用西文标准键盘输入汉字，必须为汉字设计相应的编码，以适应计算机处理汉字的需要。汉字是象形文字，编码比较困难，而且在一个汉字处理系统中，输入、内部处理、输出对汉字编码的要求不尽相同，因此要进行一系列的汉字编码转换。汉字信息处理中各种编码及流程图如图 1-3 所示。对虚框中的国标码而言，还有很多种汉字内码。

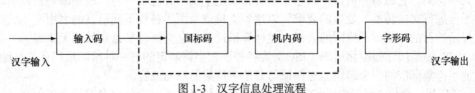

图 1-3　汉字信息处理流程

（1）汉字输入码

为了便于将汉字送入中文处理终端或系统，用预先设计好的方法，将汉字音、形、义有关要素变成数字、字母或键位名称的转换方法。汉字输入码主要有数字编码、拼音码、字型码和音形码 4 大类。如数字编码有区位码、电报码等，拼音码有全拼输入法、双拼输入法、微软拼音输入法等，字型码有五笔输入法、大众码等，音形码有钱码、自然码等。

（2）国标码

1980 年我国颁布了《信息交换用汉字编码字符集 基本集》，代号为（GB 2312—1980），是国家规定的用于汉字信息处理使用的代码依据，这种编码被称为国标码。在国标码的字符集中共收录了 6 763 个常用汉字和 682 个非汉字字符（图形、符号）。其中一级汉字 3 755 个，以汉语拼音为序排列；二级汉字 3 008 个，以偏旁部首进行排列。

国标 GB2312—1980 规定，所有的国标汉字与符号组成了一个 94×94 方阵。在此方阵中，每一行称为一个“区”（区号为 01~94），每一列称为一个“位”（位号为 01~94），该方阵实际组成了一个有 94 个区，每个区内有 94 个位的汉字字符集，每一个汉字或符号在码表中都有一个唯一的位置编码，即该字符的区位码。使用区位码方法输入汉字时，必须先在表中查找汉字并找出其对应的代码后才能输入。区位码输入汉字的优点是无重码，而且输入码与内部编码的转换非常方便。

（3）机内码

汉字的机内码是计算机系统内部对汉字进行存储、处理和传输时统一使用的代码，又称为汉字内码。由于汉字数量多，一般用两个字节来存放汉字内码。在计算机内汉字字符必须与英文字符区别开，以免造成混乱。英文字符的机内码是用一个字节来存放 ASCII，一个 ASCII 占一个字节的低 7 位，最高位为“0”；为了区分，汉字机内码中两个字节的最高位均为“1”。

例如，汉字“中”的国标码为 5650H(0101011001010000)$_2$，机内码为 D6D0H(1101011011010000)$_2$。

（4）汉字的字形码

每一个汉字的字形都必须预先存放在计算机内，例如 GB2312—1980 国标汉字字符集的所有字符的形状描述信息集合在一起，称为字形信息库，简称字库。字库通常分为点阵字库和矢量字库。目前汉字字形的产生方式大多是用点阵方式，即用点阵表示汉字字形代码。根据汉字输出精度的要求，汉字点阵有不同的密度。汉字字形点阵有 16×16 点阵、24×24 点阵、32×32 点阵等。汉字字形点阵中每个点的信息用一位二进制码来表示，“1”表示对应位置是黑点，“0”表示对应位置是空白。字形点阵的信息量很大，所占存储空间也很大，例如，16×16 点阵，每个汉字就要占 32 个字节（16×16÷8=32），24×24 点阵的字形码需要用 72 字节（24×24÷8=72），因此字形点阵只能用来构成“字库”，而不能用来替代机内码用于机内存储。字库中存储了每个汉字的字形点阵代码，不同的字体（如宋体、仿宋、楷体、黑体等）对应着不同的字库。在输出汉字时，计算机要先到字库中去找到它的字形描述信息，然后再把字形送去输出。

（5）其他汉字内码

由于 GB2312 国标码只能表示和处理 6763 个汉字，为了统一标示世界各国、各地区的文字，便于全球范围的信息交流，各级组织公布了各种内码。

① Unicode 码（Universal Multiple-Octet Coded Character Set）是由一个名为 Unicode 学术学会的机构制定的一个国际字符编码标准。Unicode 的目标是将世界上绝大多数国家的文字、符号都编入其字符集，它为每种语言中的每个字符都设定了统一并且唯一的二进制编码，以满足跨语言、跨平台进行文本转换、处理的要求，以达到支持现今世界各种不同语言的书面文本的交换、处理及显示的目的，使世界范围的人们通过计算机进行信息交换时畅通自如而无障碍。

② UCS 码是国际标准化组织（ISO）为各种语言字符制定的另一种国际编码标准。UCS 是所有其他字符集标准的一个超集，它保证与其他字符集的双向兼容。

③ GBK 码，全称《汉字内码扩展规范》，由我国信息技术标准化技术委员会于 1995 年 12 月 1 日制定，是 GB2312 的扩充，对 21 003 个简繁汉字进行了编码。该码向下兼容 GB2312 码，向上支持国际标准，起到承上启下的过渡作用，Windows95/98/2000 简体操作系统使用的就是 GBK

码。这种内码仍以两个字节表示一个汉字，第一个字节最左位为 1，而第二个字节最左位不一定是 1，这样就增加了汉字编码数。

④ GB18030 码是取代 GBK1.0 的正式国家标准。该标准在 GBK 的基础上进一步扩展了汉字，增加了藏、蒙等少数民族的字形。

⑤ BIG5 码是目前我国台湾、香港等地区普遍使用的一种繁体汉字编码标准，它包括 440 个符号，一级汉字 5 401 个、二级汉字 7 652 个，共计 13 060 个汉字。

1.2.4　数据的单位

计算机直接处理的是二进制编码的信息，无论是数值数据还是字符数据，在计算机内一律是以二进制形式存放的。二进制的一个数据位（bit，读作比特）是数据的最小单位，表示为 bit。通常将八位二进制编为一组，作为数据处理的基本单位，称作一个字节（Byte，读作拜特），表示为 B。现代计算机中存储数据是以字节作为处理单位的，一个 ASCII（西文字符、数字）用一个字节表示，而一个汉字和国标图形字符需用两个字节表示。由于字节的单位太小，在实际使用中常用 KB、MB、GB 和 TB 来作为数据的存储单位。二进制数据单位如表 1-4 所示。

表 1-4　　　　　　　　　　　　　　　　二进制数据单位

单　位	名　称	意　义	说　明
b	位	1 个 0 或 1，称为 1bit	最小的数据单位
B	字节	8 位 0 和 1 的组合，称为 1Byte	数据处理的基本单位
KB	千字节	1KB=1 024B	常用的数据单位
MB	兆字节	1MB=1 024KB=$(1\ 024)^2$B	内存的计量单位
GB	吉字节	1GB=1 024MB=$(1\ 024)^3$B	硬盘的计量单位
TB	太字节	1TB=1 024GB=$(1\ 024)^4$B	硬盘计量单位
Word	字长	根据 CPU 型号不同，可分为 8B、16B、32B 和 64B	CPU 一次能处理的数据位数

1.3　计算机系统组成

1.3.1　冯·诺依曼体系结构

1946 年，美籍匈牙利人冯·诺依曼提出了一个全新的存储程序通用电子计算机设计方案，该方案可以概括为以下 3 点。

① 计算机由运算器、控制器、存储器、输入设备、输出设备五大部件组成。

② 计算机的指令和数据一律采用二进制。

③ 采用"存储程序"方法，由程序控制计算机按顺序从一条指令到另一条指令，自动完成规定的任务。

"存储程序"概念被誉为计算机史上的一个里程碑。人们把按照"存储程序"思想设计制造出来的计算机称为冯·诺依曼体系结构计算机。

冯·诺依曼体系结构计算机是以存储器为中心，在控制器控制下，输入装置将数据和程序经运算送入存储器，程序运行的结果再由存储器传输给输出装置，如图 1-4 所示。

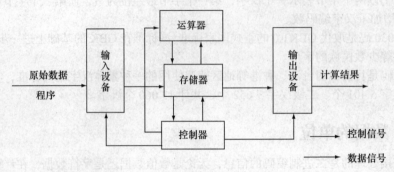

图 1-4　冯·诺依曼体系结构计算机

现代计算机的结构是以 CPU 为中心，在控制器的控制下，数据由输入设备与辅助存储器通过总线直接将原始数据和程序送往主存储器，程序运行的结果由主存储器通过总线直接传输给输出设备，如图 1-5 所示。

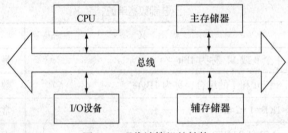

图 1-5　现代计算机的结构

1.3.2　计算机系统基本组成

一个完整的计算机系统包括硬件系统和软件系统两大部分。所谓硬件，是指构成计算机的物理设备；所谓软件，是指程序以及开发、使用和维护程序所需的所有文档的集合。计算机系统的组成如图 1-6 所示。

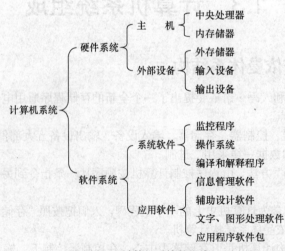

图 1-6　计算机系统的组成

1.4　计算机硬件系统

计算机硬件系统资源是指计算机系统中看得见、摸得着的物理装置、机械器件及电子线路等设备。伴随着电子技术、集成电路技术的进步，微机的性能指标、存储容量和运转速度已大大提高。微机基本上都是由主机、显示器和键盘构成的。主机安装在机箱内，在机箱内有主板（也称系统板或母板）、硬盘驱动器、CD-ROM 驱动器、软盘驱动器、电源以及显示适配器（显示卡）等。

1.4.1　主板

主板（Moeher Board）又称为系统板或母板，主板上配备有内存插槽、CPU 插座、各种扩展槽及只读存储器等。主板上还集成了软盘接口、IDE 硬盘接口、并行接口、串行接口、AGP（Accelerated Graphics Port）接口、PCI 总线、ISA 总线和键盘接口以及 USB（Universal Serial Bus，通用串行总线）接口，如图 1-7 所示。USB 接口是由 Compaq、Intel 等公司于 1994 年 11 月 11 日共同提出的一种新型接口技术。USB 接口比传统的串行接口快 10 倍，不需要单独的电源线，使用标准的连接电缆，支持即插即用、热插拔，即插拔不需要重新启

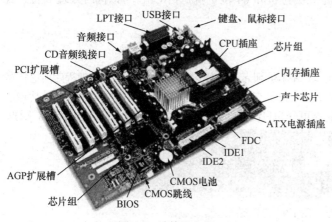

图 1-7　计算机主板

动计算机。从理论上来讲，一台计算机上可以安装 127 个 USB 设备。随着技术的发展、市场的扩大和支持 USB 的计算机的普及，USB 已成为 PC 的标准接口。

目前市场上常见的主板生产厂家有华硕、微星、技嘉等。在选择主板时需要考虑以下几个方面的因素。

① 支持 CPU 的类型与频率范围。CPU 插座类型的不同是区分主板类型的主要标志之一，CPU 只有在相应主板的支持下才能达到其额定频率，因此在选择主板时，一定要使其能足够支持所选的 CPU，并且留有一定的升级空间。

② 对内存的支持。主板对内存的支持能力主要体现在 3 个方面：一是内存插槽布局，它决定了该主板能够使用哪些类型的内存条；二是芯片组对内存的管理能力，它决定了该主板能使用内存的最大容量；三是芯片组性能对内存速度表现的影响。

③ BIOS 芯片和版本。BIOS 是集成在主板 CMOS 芯片中的软件，主板上的这块 CMOS 芯片保存有计算机系统最重要的基本输入输出程序、系统 CMOS 设置、开机上电自检程序和系统启动程序。在主板选择上应该考虑到 BIOS 能否方便地升级，是否具有优良的防病毒功能。

1.4.2　中央处理器

中央处理器（CPU）是计算机的重要部件，如图 1-8 所示，它包含运算器和控制器两大部分。其中，运算器主要完成各种算术运算和逻辑运算，由进行运算的运算器及暂时存放数据的寄存器、累加器等组成。控制器是计算机的"指挥控制中心"，用来协调和指挥整个计算机系统的操作，它本身不具有运算能力，而是通过读取各种指令，并对其进行翻译、分析，而后对各部件做出相应

的控制，它主要由指令寄存器、译码器、程序
计数器以及操作控制器等组成。

目前生产 CPU 的主要公司有 Intel 和
AMD。微型计算机中 Intel CPU 有奔腾
（Pentium）、赛扬（Celeron）和酷睿（Core）；
AMD CPU 有速龙（Athlon）、炫龙（Turion）
和羿龙（Phenom）。CPU 在计算机中的地位类
似于人的心脏，CPU 品质的高低直接决定了一
个计算机系统的档次。反映 CPU 品质的最重要

图 1-8　CPU 的正反面

的指标是主频与字长。主频说明了 CPU 的工作速度，一般来说，主频越高，一个时钟周期里 CPU
完成的指令数就越多，CPU 的运算速度也就越快；字长是指 CPU 能够同时处理的二进制数据的
位数。人们通常所说的 8 位机、16 位机、32 位机和 64 位机就是指 CPU 可以同时处理 8 位、16
位、32 位和 64 位的二进制数据。

1.4.3　主存储器

主存储器又称内存储器（简称内存），如图 1-9 所示。它用来存放处理程序和处理程序所必需的
原始数据、中间结果及最后结果。内存直接和 CPU 交换信息，又称为主存，由半导体存储器构成。
内存的容量以字节为基本单位。内存按功能可分为只读存储器、随机存储器和高速缓冲存储器三种。

图 1-9　内存条

1．只读存储器（ROM）

ROM（Read Only Memory）内的信息一旦被写入就固定不变，只能被读出不能被改写，即使
断电也不会丢失，因此 ROM 中常保存一些长久不变的信息。例如，IBM-PC 类计算机，就是由厂
家将磁盘引导程序、自检程序和 I/O 驱动程序等常用的程序和信息写入 ROM 中避免丢失和破坏。

2．随机存取存储器（RAM）

RAM（Random Access Memory）是一种通过指令可以随机存取存储器内任意单元的存储器，
又称读写存储器。RAM 中存储的是正在运行的程序和数据。RAM 的容量越大，机器性能越好，
目前常用内存容量为 128MB、256MB。值得注意的是，RAM 只是临时存储信息，一旦断电，RAM
中的程序和数据会全部丢失。

3．高速缓冲存储器（Cache）

Cache 用来缓解 CPU 的高速度和 RAM 的低速度之间的矛盾，有一级缓存和二级缓存之分。
Cache 技术早期在大型计算机中使用，现在应用在微机中，使得微机的性能大幅度提高。Cache
的访问速度是 RAM 的 10 倍，但制作成本高，价格昂贵，故容量一般较小，一般为 256KB～2MB。
值得注意的是，Cache 的容量并不是越大越好。

目前生产内存条的厂家主要有现代（Hyundai）、金士顿（Kingston）、胜创（Kingmax）、海盗
旗（Corsair）等。在选择内存条时需主要考虑内存的速度、容量、奇偶校验等性能指标。

1.4.4　输入/输出接口

输入/输出（I/O）接口是主机输入/输出交换信息的通道，连接输入设备的接口为输入接口，连
接输出设备的接口为输出接口，I/O 接口一般在主机的背后。常用的接口有显示器接口，键盘接口，

串行口 COM1、COM2（连接鼠标器）以及并行口 LPT1、LPT2（连接打印机）等。用户还可以根据自己的需要，在主板的总线插座上插上自己需要的功能卡，连接自己选配的输入/输出设备。

1.4.5　辅助存储器

在一个计算机系统中，除了有内存外，一般还有辅助存储器（外存），用于存储暂时不用的程序和数据。目前，常用的外存有软盘、硬盘、光盘存储器以及体积小、容量大、便于移动携带的 USB 闪速存储器。它们和内存一样，存储容量也是以字节作为基本单位。下面主要介绍硬盘、光盘、闪速存储器这 3 种。

1. 硬盘存储器

硬盘是由涂有磁性材料的铝合金圆盘组成的，每个硬盘都由若干个磁性圆盘组成。目前大多数微机上使用的硬盘是 3.5 英寸的。硬盘驱动器通常采用温彻斯特技术，这一技术的特点是把磁头、盘片及执行机构都密封在一个腔体内，与外界环境隔绝。采用这种技术的硬盘也称为温彻斯特盘。

硬盘的两个主要性能指标是平均寻道时间和内部传输速率。一般来说，转速越高的硬盘寻道的时间越短且内部传输速率也越高。不过内部传输速率还受硬盘控制器的 Cache 影响，大容量的 Cache 可以改善硬盘的性能。目前硬盘常用转速有 3 600r/min、4 500r/min、5 400r/min、7 200r/min，最快的平均寻道时间为 8ms，内部传输速率最高的为 190Mbit/s。

硬盘每个存储表面被分成若干个磁道（不同的硬盘磁道数不同），每道被划分成若干个扇区（不同的硬盘扇区数不同）。每个存储表面的同一道，形成一个圆柱面，称为柱面。柱面是硬盘的一个常用指标。硬盘存储容量计算公式如下：

$$存储容量=磁头数×柱面数×扇区数×每扇区字节数$$

【例 1-8】　某硬盘有磁头 15 个，磁道数（柱面数）为 8 894，每道 63 扇区，每扇区 512B。

$$存储容量=15×8\ 894×63×512B = 4.3GB$$

2. 光盘存储器

光盘（optical disk）指的是利用光学方式进行读写信息的圆盘。计算机系统中所使用的光盘存储器是在激光视频唱片（又叫电视光盘）和数字音频唱片（又叫激光唱片）的基础上发展起来的。用激光在某种介质上写入信息，然后再利用激光读出信息的技术称为光存储技术。如果光存储使用的介质是磁性材料，即利用激光在磁记录介质上存储信息，就称为磁光存储。

人们把采用非磁性介质进行光存储的技术称为第一代光存储技术，其缺点是不能像磁记录介质那样把内容抹掉后重新写入新的内容。磁光存储技术是在光存储技术基础上发展起来的，称为第二代光学存储技术，其主要特点是可擦写。根据性能和用途的不同，光盘存储器可分为以下几种类型。

- CD-ROM

CD-ROM（Compact Disc-read Only Memory）称为只读型光盘，这种光盘由生产厂家预先写入数据或程序，出厂后用户只能读取，而不能写入和修改。计算机上用的 CD-ROM 有一个数据传输速率的指标，称为倍速。1 倍速的数据传输速率是 150KB/s，写成 1X。48 倍速 CD-ROM 的数据传输速率是 48×0.15MB=7.2MB/s。

- MO

MO（Magnetc Optical）是一种具有磁盘性质的可擦写光盘，它的操作和硬盘完全相同，故称磁光盘。MO 的容量有 540MB、640MB、1.3GB、2.6GB、3.2GB。

- CD-R

CD-R 是指 CD-Recordable，即一次性可写入光盘。CD-R 光盘的容量为 650MB。

- CD-RW

CD-RW 是指 CD-ReWritable，即光盘刻录机。这种光盘刻录机兼具 MO 和 CD-R 的优点。CD-RW 盘片就像硬盘一样，可以随时删除和写，CD-RW 光盘的容量为 650MB。

- DVD-ROM

DVD-ROM（Digital Versatile Disc-read Only Memory）是 CD-ROM 的后继产品。DVD-ROM 盘片单面单层的容量为 4.7GB，单面双层的容量为 7.5GB，双面双层的容量为 17GB。DVD 的 1 倍速的数据传输速率为 1.3MB/s。

3. 闪速存储器

20 世纪 90 年代 Intel 公司发明的闪速存储器是一种高密度、非易失性的读/写半导体存储器，它突破了传统的存储器体系，改善了现有存储器的特性，是一种全新的存储器技术。闪速存储器的存储元电路是在 CMOS 单晶体管 EPROM 存储元基础上制造的，因此，它具有非易失性。通过先进的设计和工艺，闪速存储器实现了优于传统 EPROM 的性能，其读出数据传输率比其他任何存储器都高。闪速存储器具有以下特点。

① 固有的非易失性。
② 廉价的高密度。
③ 可直接运行。
④ 固态性能。

闪速存储器是一种理想的存储器，采用 USB 接口。以前外置存储器和计算机主机相连采用并口或者 SCSI 接口，前者传输速率太低，后者成本太高，所以外置存储器常应用于特殊领域。采用了 USB 接口后，外存开始走向普通大众。USB 闪速存储器秉承了 USB 的主要特性，支持即插即用和热插拔功能，体积小，容量大，便于携带，是移动用户、大量数据交换用户很好的选择。目前，大多数的移动存储设备都是采用闪速存储器作为存储载体的，可以说，没有闪速存储器也就没有"移动存储"。闪速存储器被广泛应用于数码照相机、MP3 及移动存储设备。

1.4.6 输入/输出设备

1. 键盘

键盘是计算机最主要的输入设备，是用户与计算机进行交流的主要工具。键盘上的字符信号由按键的位置决定，字符信号通过编码器转换成相应的二进制码，然后由键盘输入接口电路送入计算机。常用键盘有 101/102 键和 105 键两种。

通常，键盘由功能键区、主键盘区、编辑键区和数字键区（小键盘区）4 部分组成。

此外，鼠标、扫描仪、手写笔等都属于输入设备。

2. 显示器

显示器是微机必不可少的标准输出设备，它用于显示文字和图形，是实现人机对话的窗口。显示器按颜色可分为单显和彩显；按显示方式可分为 CRT 和液晶显示；按显示能力可分为高分辨率和低分辨率。通常衡量一个显示器的好坏，需看显示器能支持多少种颜色，分辨率（或称点距）是多少，同时还要看它所配的显卡的类型，显卡插在主板的标准插槽内。

CRT 阴极射线显示器是目前使用最多的一种显示设备。CRT 屏幕上的文字和图形由许多亮点或暗点组成，每个点称为一个像素。像素的多少表示分辨率的高低，像素越多，分辨率越高，显示器越清晰，画面质量越高。

3. 打印机

打印机是计算机系统中一种主要的输出设备，用于文件的硬拷贝。打印机的种类很多，可分为击打式打印机和非击打式打印机。

击打式打印机是利用打印钢针撞击色带，在纸上打出点阵，由点阵组成图形，也称为针式打印机。其特点是，印字质量能满足普通要求，结构简单，造价低，速度慢，噪声大。

非击打式打印机是靠电磁作用实现打印的，它没有机械动作，打印速度快。非击打式打印机有静电、热敏、激光扫描和喷墨等方式，它们的共同特点是，印字质量高，能满足印刷需要，速度快，噪声小，但结构复杂，价格高。

目前使用得较普遍的打印机是针式打印机和喷墨打印机。激光打印机打印质量高，速度快，字迹清晰，是目前最好的打印机。

1.5 计算机软件系统

计算机如果只有硬件而没有软件，那就只是一台裸机，用户是无法直接使用或操作它的。没有软件的计算机就和没有头脑、没有灵魂的人一样，是不能工作的。一台性能优良的计算机，其硬件系统能否发挥应有的作用，取决于其配置的软件是否完善、丰富。计算机软件就是计算机运行所需的各种程序及有关文档资料的集合。

1.5.1 计算机软件分类

从计算机系统角度来划分，软件一般分为系统软件和应用软件两大类。

1. 系统软件

系统软件是管理、监控和维护计算机各类资源，提供用户与计算机交互界面，支持开发各种应用软件的程序。系统软件主要包括操作系统、监控和诊断程序、各种程序设计语言及其解释程序和编译程序以及数据库管理系统、工具软件等。下面主要介绍操作系统、程序设计语言和工具软件。

（1）操作系统

操作系统（Operation System，OS）专门用来管理和控制计算机的软件和硬件资源，是以方便用户并提高计算机系统资源利用率为目的的一组程序。一个计算机系统非常复杂，包括中央处理器、存储器、外部设备、各种数据、文件及信息等。如何让它们相互协调地工作，如何有效地管理它们，给用户提供方便的操作手段与环境，这些都属于操作系统的管辖范畴。操作系统是最重要、最基本的系统软件。

操作系统主要有以下 5 个方面的功能：处理器管理、存储器管理、设备管理、文件管理以及作业管理。操作系统可以按不同的方法进行分类，比如，按用户数目的多少，可分为单用户和多用户系统；按硬件的规模大小，可分为大型机、小型机、微机和网络操作系统。最常用的一种分类方法是按照操作系统的功能和使用环境进行分类，可分为单用户系统、批处理系统、分时系统、实时系统、分布式系统和网络系统。

目前微机上常用的操作系统有适合单用户、单任务的 DOS 操作系统，有适合多用户、多任务的 Windows 操作系统等。

（2）程序设计语言

程序设计语言是指编写计算机程序所用的语言，是人机交换信息的工具。程序设计语言一般可分为机器语言、汇编语言和高级语言 3 类。

机器语言：用 0 和 1 组成的二进制形式的指令代码，是最底层的、可以让硬件直接识别的计算机语言。

汇编语言：符号语言。机器语言和汇编语言都是面向机器的语言，一般称之为低级语言。低级语言对机器的依赖性太大，用低级语言开发的程序通用性、移植性差。计算机不能直接识别用汇编语言编写的程序，必须用一种专门的翻译程序将汇编语言程序翻译成机器语言程序后，计算机才能识别。

高级语言：与自然语言表达方式接近的语言，如 BASIC、FORTRAN、C 语言等。用任何一种高级语言编写的程序都要通过编译程序翻译成机器语言程序后，计算机才能识别执行，或者通过解释程序边解释边执行。高级语言的显著特点是独立于具体的计算机硬件，通用性和可移植性好。

（3）工具软件

工具软件又称服务软件，工具软件是面向计算机维护管理人员的程序，包括诊断程序、查错程序、监控程序和调试程序等，为使用、维护计算机提供了方便。

2. 应用软件

除了系统软件以外的所有软件都是应用软件。它是用户利用计算机系统为解决各种实际问题而开发的程序，包括用于科学计算的软件包，各种文字处理软件，信息管理软件，办公自动化系统，计算机辅助设计、辅助制造、辅助教学软件以及各种图形软件等。

系统软件支持应用软件在计算机上运行，实际上是为应用软件和计算机硬件提供了一个衔接的层次。值得注意的是，不管是系统软件还是应用软件，它们都是计算机能够执行的一系列指令的集合。

1.5.2 Windows 操作系统

Windows 操作系统是目前 PC 上最流行的图形界面操作系统，其使用界面友好，操作简便，特别适于非计算机专业人员使用。Windows 操作系统经历了以下发展过程：1985 年推出了 Windows 1.0 版；1990 年推出了 Windows 3.x 版；1995 年推出了全新的 Windows 95，Windows 95 出色的多媒体特性、人性化的操作、美观的界面令其获得空前成功；1996 年 Windows NT 4.0 发布，Windows NT 4.0 增加了许多对应管理方面的特性，稳定性也相当不错，这个版本的 Windows 软件至今仍被不少公司使用着；1998 年 Windows 98 发布，Windows 98 是 Windows 95 的升级版本，它完善、扩充了许多新功能；2000 年微软公司迎来了 Windows NT 5.0，为了纪念新千年，这个操作系统被命名为 Windows 2000，Windows 2000 包含新的 NTFS 文件系统、EFS 文件加密、增强硬件支持等新特性，向一直被 UNIX 系统垄断的服务器市场发起了强有力的冲击。

2003 年 Windows Server 2003 发布。Windows Server 2003 对活动目录、组策略操作和管理、磁盘管理等面向服务器的功能做了较大改进，对.net 技术的完善支持进一步扩展了服务器的应用范围。Windows Vista 是微软公司开发代号为 Longhorn 的下一版本 Microsoft Windows 操作系统的正式名称。Windows Vista 系统带有许多新的特性和技术，采用了全新的图形用户界面，但是该操作系统在硬件支持度方面较差。微软之后发布了 Vista SP1，修正了 Vista 存在的许多问题。

2009 年 10 月 22 日，微软于美国正式发布了 Win 7，同时也发布了服务器版本——Windows Server 2008 R2。Win 7 是微软最新版本的操作系统，与 Windows XP 相比，该操作系统在易用、快速、安全、特效等方面做了很多的改进和创新，是目前一个重要的操作系统。

1.5.3 Android 操作系统

Android 是一种以 Linux 为基础的开放源代码操作系统，目前广泛应用在智能手机上。Android 操作系统由 Google 公司与开放手机联盟合作开发，该联盟包括了中国移动、摩托罗拉、高通、宏达和 T-Mobile 在内的 30 多家无线应用方面的领头羊。Android 操作系统从 2007 年 11 月 5 日正式推出至今，已经由最初的 Android 1.0 版更新至 2012 年的 Android 4.1 版。

Android 平台由操作系统、中间件、用户界面和应用软件组成，包括了一部手机工作所需的全部软件。作为一个多方倾力打造的平台，Android 具有很多优点：实际应用程序运行速度快；开发限制少，平台开放；程序多任务性能优秀，切换迅速等。2012 年 7 月的数据显示，Android 占据全球智能手机操作系统市场 59% 的份额，其中国市场占有率为 76.7%，已经成为主流的手机操作系统平台。

1.5.4 计算机的主要技术指标

计算机硬件系统主要解决的问题是如何运算得快，运算的数据长，运算的结果准确；软件系统主要解决的问题是如何管理和维护好计算机，如何使用户更好地使用计算机，如何更好地发挥计算机硬件资源的效能。由此可见，硬件系统和软件系统是相辅相成、互为依赖的两个方面，缺一不可。在选用计算机的时候应合理配置计算机系统的软、硬件资源。衡量一个计算机系统性能的主要技术指标有以下几个。

1. 字长

字长是指计算机中参与运算的二进制位数，它决定计算机内寄存器、运算器和总线的位数，对计算机的运算速度、计算精度有重要影响。计算机的字长主要有 8 位、16 位、32 位和 64 位几种。目前使用最广泛的计算机系统的字长是 64 位。

2. 运算速度

计算机的运算速度（平均运算速度）是指单位时间（秒）内平均执行的指令条数。一般用百万次/秒（MIPS）来描述。

3. 时钟频率（主频）

时钟频率是指 CPU 在单位时间（秒）内发出的脉冲数。通常，时钟频率以兆赫（MHz）或吉赫（GHz）为单位。Pentium Ⅲ 档次的微机主频为 800MHz 以上，Pentium 4 档次的微机主频为 1GHz 以上。主频越高运算速度越快。

4. 内存容量

计算机内存容量的大小决定其记忆功能的强弱，内存一般以 KB 或 MB 为单位（1KB=1 024B，1MB=1 024KB）。内存容量越大，说明计算机一次可以容纳的程序和数据越多，处理数据的范围越广，运算能力越强，速度越快。现在一般微机的内存容量为 128MB、256MB，甚至更多。微机的档次越高，可扩充的内存容量就越大。

5. 外存的容量与速度

外存容量通常是硬盘容量，计算机工作时的信息交换主要是通过硬盘进行，因此，硬盘的容量与速度很大程度上决定了计算机整机的性能。硬盘容量越大，可存储的信息就越多，目前微机中常用的硬盘容量为 40GB～100GB。

目前多数硬盘的转速为 5 400r/min，较好的硬盘为 7 200r/min。硬盘速度的另一个衡量指标是"平均寻道时间"，一般要求平均寻道时间低于 10ms，平均寻道时间越短，速度就越快。

目前计算机种类很多，在选购微机时要选软件兼容性好的。微机的兼容性包括接口、总线、硬盘、键盘形式、操作系统、I/O 规范等方面。评价一个计算机系统的好坏，要全面考虑，不能根据某一两项指标来评价，除上述几项主要技术指标外，还应考虑到使用效率和性能价格比等方面的因素，以满足应用的要求为目的。

1.6　计算机的组装与设置

1.6.1　普通计算机的组装

计算机要正常使用，首先要将计算机的各个硬件按部就班地放置在机箱内，即完成计算机的组装。在组装计算机之前，需准备好螺丝刀、尖嘴钳、镊子等装机工具。具体的装机过程如下。

① 安装电源

主机电源一般安装在主机箱的上端靠后的预留位置上。先将电源装在机箱的固定位置上，注意电源的风扇要对着机箱的后面，这样才能正常散热。之后用螺丝刀将电源固定。安装了主板后把电源线连接到主板上。

② 安装 CPU

抬起主板上的 CPU 压杆，将 CPU 按正确的方向插入插座，之后将压杆下压，卡住 CPU 就安装到位了。然后在 CPU 上涂上散热硅胶，以便 CPU 和风扇上的散热片能更好地贴在一起。

③ 安装风扇

将 CPU 插槽旁的把手轻轻向外拨，再向上拉起到垂直位置，插入 CPU 风扇。注意不要损坏了 CPU，之后再把把手压回到原来的位置。

④ 安装内存条

掰开主板上内存插槽两边的把手，把内存条上的缺口对齐主板内存插槽缺口，垂直压下内存条，插槽两侧的固定夹自动跳起夹紧内存条并发出"咔"的一声，此时内存条已被锁紧。

⑤ 安装主板

将机箱水平放置，将主板上面的定位孔对准机箱上的主板定位螺丝孔，用螺丝把主板固定在机箱上，注意上螺丝时拧到合适的程度即可，以防止主板变形。

⑥ 安装硬盘

安装硬盘时首先把硬盘用螺丝固定在机箱上，插上电源线，连上 IDE 数据线，之后将数据线的另一端和主板的 IDE 接口连接。

⑦ 安装显卡、声卡、网卡等板卡

有很多主板集成了这些板卡的功能，但如果对集成的显卡、声卡、网卡等的性能不满意，可以按需安装新的扩展卡，并在 BIOS 中设置屏蔽该集成的设备。

安装各种板卡时首先需确定插槽的位置，然后将板卡对准插槽并用力插到底，最后用螺丝固定。

⑧ 连接电源线

为主板、光驱、硬盘等连接电源线。

⑨ 连接数据线

连接硬盘和光驱数据线。

⑩ 装挡板、整理机箱。

⑪ 盖上机箱盖，连接外部设备。

连接鼠标、键盘、音响、显示器等外部设备。

至此，计算机组装完成。在组装计算机时，要注意以下问题。

① 在组装过程中，要对计算机各个配件轻拿轻放，在不知如何安装的情况下要仔细查看说明书，严禁粗暴装卸配件。

② 在安装需螺丝固定的配件时，拧紧螺丝前一定要检查安装是否对位，否则容易造成板卡变形、接触不良等情况。

③ 在安装那些带有针脚的配件时，应注意安装是否到位，避免安装过程中针脚断裂或变形。

④ 在对各个配件进行连接时，应注意插头、插座的方向，如缺口、倒角等。插接的插头一定要完全插入插座，以保证接触可靠。另外，在拔插时不要抓住连接线拔插头，以免损伤连接线。

上述这些问题在装机过程中经常会遇到，稍不小心就会对计算机造成很大的伤害，在组装计算机时要多加注意。

1.6.2 BIOS 中的常用设置

计算机组装结束后，需要安装操作系统等必要的软件才能使计算机正常工作。在安装操作系统前，首先要对 BIOS 进行必要的设置。BIOS（Basic Input Output System，基本输入输出系统）是一组固化到计算机内主板的一个 ROM 芯片上的程序，它保存着计算机最重要的基本输入输出程序、系统设置信息、开机后自检程序和系统自启动程序，其主要功能是为计算机提供最底层的、最直接的硬件设置和控制。目前市面上比较流行的 BIOS 类型有 Award BIOS、AMI BIOS、Phoenix BIOS 三种，其中台式机使用 Award BIOS 的比较多，笔记本电脑使用 Phoenix BIOS 的比较多。下面以 Award BIOS 为例介绍 BIOS 的常用设置。

1. BIOS 界面介绍

开机时按下 Delete（或者 Del）键不放手即可进入 BIOS 界面，如图 1-10 所示。图 1-10 所示的菜单共有 13 项，每项的功能如下。

① Standard CMOS Features（标准 CMOS 功能设定）

图 1-10　BIOS 设置的主菜单

设定日期、时间、软硬盘规格及显示器种类。

② Advanced BIOS Features（高级 BIOS 功能设定）

对系统的高级特性进行设定，如病毒警告设置、启动顺序设置等。

③ Advanced Chipset Features（高级芯片组功能设定）

设定主板所用芯片组的相关参数。

④ Integrated Peripherals（外部设备设定）

使设定菜单包括所有外围设备的设定。如声卡、Modem、USB 键盘是否打开等。

⑤ Power Management Setup（电源管理设定）

设定 CPU、硬盘、显示器等设备的节电功能运行方式。

⑥ PNP/PCI Configurations（即插即用/PCI 参数设定）

设定 ISA 的 PnP 即插即用界面及 PCI 界面的参数，此项仅在系统支持 PnP/PCI 时才有效。

⑦ Frequency/Voltage Control（频率/电压控制）

设定 CPU 的倍频，设定是否自动侦测 CPU 频率等。

⑧ Load Fail-Safe Defaults（载入最安全的缺省值）

使用此菜单载入工厂默认值作为稳定的系统使用。

⑨ Load Optimized Defaults（载入高性能缺省值）

使用此菜单载入最好的性能但有可能影响稳定的默认值。

⑩ Set Supervisor Password（设置超级用户密码）

使用此菜单可以设置超级用户的密码。

⑪ Set User Password（设置用户密码）

使用此菜单可以设置用户密码。

⑫ Save & Exit Setup（保存后退出）

保存对 CMOS 的修改，然后退出 Setup 程序。

⑬ Exit Without Saving（不保存退出）

放弃对 CMOS 的修改，然后退出 Setup 程序。

2. BIOS 设置举例——改变系统的启动顺序

当需要对硬盘分区或者重装系统时，往往需要使用光盘启动计算机，但计算机默认先从硬盘启动，这就需要修改系统的启动顺序。具体操作如下。

① 利用方向键选中"Advanced BIOS Features"菜单，并按回车键进入"Advanced BIOS Features"子菜单界面，如图 1-11 所示。

② 在图 1-11 中，选中"First Boot Device"项，将其设置为"CD-ROM"。安装系统正常使用后建议设为"HDD-0"。

图 1-11　"Advanced BIOS Features"子菜单界面

③ 设置完成后，按 F10 键保存并退出 BIOS 设置；或者按 ESC 键退回到上一级主菜单，在主菜单中选择"Save & Exit Setup"并按回车键，在弹出的确认窗口中输入"Y"并按回车键，保存对 BIOS 的设置。

1.6.3　操作系统的安装

计算机在安装各种应用软件之前，首先应安装操作系统。在此以安装 Win 7 操作系统为例进行介绍。

　　① 用 Win7 的安装光盘引导电脑启动。系统经过加载后，会显示出 Win 7 安装程序的第一个选择界面，选择要安装的"系统默认语言"为"中文简体"。

　　② 单击"下一步"按钮继续安装，当出现"许可条款"后选中"我接受许可条款"，然后单击"下一步"按钮。

　　③ 在"安装类型"中选择"自定义"安装，进入"分区"环节，并对电脑进行分区。

　　④ 按照计算机提示单击"下一步"按钮进行安装即可。在安装过程中，计算机要自动进行几次重新启动，不需要进行任何操作。

　　操作系统安装完成，可看到图 1-12 所示的 Windows 7 桌面。

　　操作系统安装完成之后，还需要安装好各种应用软件，如 IE 浏览器、杀毒软件、Office 办公软件等，这样计算机就可以正常使用了。

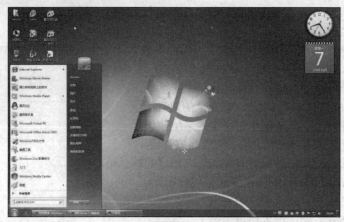

图 1-12　Windows 7 桌面

思考与练习

1. 计算机的发展经历了哪几个阶段？各阶段的特点是什么？

2. 计算机有哪些特点？计算机有哪些应用领域？试举一二例加以说明。

3. 将下列数字按要求进行转换。

- 十进制数转换成二进制数：5，11，186，1/4，6.125，3.625
- 十六进制数转换成二进制数：$(70.521)_{16}$，$(10A.B2F)_{16}$
- 二进制数转换成十进制数：11011，0.101，0.001101，11101.1011，010.001
- 二进制数转换成十六进制数：110110111.1001011，101010011.0011101

4. 什么是 ASCII？请查出"B""a""O"的 ASCII 值。

5. 计算机系统由哪几个部分组成？各部分的功能是什么？

6. 什么是解释方式？什么是编译方式？

7. CPU 能直接访问外存储器吗？为什么？

8. 微型计算机中 ROM 与 RAM 的区别是什么？

9. CPU 的字长与能处理的二进制数有什么关系？试举例说明。

10. 衡量计算机系统性能的主要技术指标有哪些？

第2章
计算机网络基础

当今世界信息已成为人类赖以生存的重要资源。信息的流通离不开通信，信息的处理离不开计算机，计算机网络是计算机技术与通信技术密切结合的产物。信息的社会化、网络化和全球经济的一体化，无不受到计算机网络技术的巨大影响。网络使人类的工作方式、学习方式乃至思维方式发生了深刻的变革。一个国家的信息基础设施和网络化程度已成为衡量其现代化水平的重要标志。

本章主要介绍计算机网络的相关知识，包括计算机网络基本知识，如计算机网络的发展、分类、体系结构等；局域网的基本知识，如局域网的拓扑结构、传输介质等；Internet 的基本知识，如 Internet 的工作原理、提供的服务、URL、上网方式等；最后对网络安全和管理进行了介绍。

2.1 计算机网络概述

2.1.1 计算机网络的定义和发展

1. 计算机网络的定义

计算机网络是将分散在不同地点且具有独立功能的多个计算机系统，利用通信设备和线路相互连接起来，在网络协议和软件的支持下进行数据通信，实现资源共享的计算机系统的集合。具体可以从以下几个方面理解这个定义。

① 两台或两台以上的计算机相互连接起来才能构成网络。网络中的各计算机具有独立功能，既可以连网工作，也可以脱离网络独立工作。

② 计算机之间要通信，要交换信息，彼此就需要有某些约定和规则，这些约定和规则就是网络协议。网络协议是计算机网络工作的基础。

③ 网络中的各计算机间进行相互通信，需要有一条通道以及必要的通信设备。通道指网络传输介质，它可以是有线的（如双绞线、同轴电缆等），也可以是无线的（如激光、微波等）。通信设备是在计算机与通信线路之间按照一定通信协议传输数据的设备。

④ 计算机网络的主要目的是实现资源共享，使用户能够共享网络中的所有硬件、软件和数据资源。

2. 计算机网络的发展

近 20 年来，计算机网络得到了迅猛的发展。从单台计算机与终端之间的远程通信，到世界上成千上万台计算机互连，计算机网络经历了以下 4 个发展阶段。

（1）第 1 阶段：面向终端的计算机网络

20 世纪 60 年代初，为了实现资源共享和提高工作效率，出现了面向终端的联机系统，即第一代计算机网络。面向终端的联机系统以单台计算机为中心，其原理是将地理上分散的多个终端通过通信线路连接到一台中心计算机上，利用中心计算机进行信息处理，其余终端都不具备自主信息处理能力。第一代计算机网络的典型代表是美国飞机订票系统。它用一台中心计算机连接着 2 000 多个遍布全美各地的终端，用户通过终端进行操作。这些应用系统的建立，构成了计算机网络的雏形。其缺点是，中心计算机负荷较重，通信线路利用率低，这种结构属集中控制方式，可靠性低。

（2）第 2 阶段：计算机—计算机网络

20 世纪 60 年代后期，随着计算机技术和通信技术的进步，出现了将多台计算机通过通信线路连接起来为用户提供服务的网络，这就是计算机—计算机网络。它与以单台计算机为中心的联机系统的显著区别是，多台计算机都具有自主处理能力，它们之间不存在主从关系。在这种系统中，终端和中心计算机之间的通信已发展到计算机与计算机之间的通信。第二代计算机网络的典型代表是美国国防部高级研究计划署开发的项目 ARPA 网（ARPANET）。其缺点是，第二代计算机网络大都是由研究单位、大学和计算机公司各自研制的，没有统一的网络体系结构，不能适应信息社会日益发展的需要。若要实现更大范围的信息交换与共享，把不同的第二代计算机网络互连起来将十分困难。例如，把一台 IBM 公司生产的计算机接入该公司的 SNA（system network architecture）网是可以的，但把一台 HP 公司生产的计算机接入 SNA 网就不是一件容易的事，因而计算机网络必然要向更新的一代发展。

（3）第 3 阶段：开放式标准化网络

为了使不同体系结构的网络也能相互交换信息，国际标准化组织（international standards organization，ISO）在 1979 年颁布了世界范围内网络互连的标准，称为开放系统互连基本参考模型（open system interconnection basic reference model，OSI/RM）。该模型分为 7 个层次，简称 OSI 七层模型，是计算机网络体系结构的基础。从此，第三代计算机网络进入了飞速发展阶段。第三代计算机网络是开放式标准化网络，它具有统一的网络体系结构，遵循国际标准化协议，标准化使得不同的计算机网络能方便地互连在一起。

第三代计算机网络的典型代表是 Internet（因特网），它是在原 ARPANET 的基础上经过改造而逐步发展起来的，采用 TCP/IP。它对任何计算机都开放，只要该计算机遵循 TCP/IP 并申请到 IP 地址，就可以通过信道接入 Internet。TCP 和 IP 是 Internet 所采用的一套协议中最核心的两个协议，分别称为传输控制协议（transmission control protocol，TCP）和网际协议（internet protocol，IP），是目前最流行的商业化协议，并被公认为事实上的国际标准。

（4）第 4 阶段：宽带化、综合化、数字化网络

20 世纪 90 年代以后，计算机网络开始向宽带化、综合化、数字化方向发展。这就是人们常说的新一代或第四代计算机网络。

新一代计算机网络在技术上最重要的特点是综合化、宽带化。综合化是指将多种业务、多种信息综合到一个网络中来传送。宽带化也称为网络高速化，就是指网络的数据传输速率可达几十兆比特/秒到几百兆比特/秒（Mbit/s），甚至能达到几吉到几十吉比特/秒（Gbit/s）的量级。传统的电信网、有线电视网和计算机网在网络资源、信息资源和接入技术方面虽各有特点、优势，但任何一方基于现有的技术都不能满足用户宽带接入、综合接入的需求，因此，三网合一将是现代通信和计算机网络发展的大趋势。

实现三网合一的关键是找到实现融合的最佳技术。以 TCP/IP 为基础的 IP 网在近几年内取得了迅猛的发展。1997 年，Internet 的 IP 流量首次超过了电信网的语音流量，而且 IP 流量还在直线上升。IP 网络已经从过去单纯的数据载体，逐步发展成支持语音、数据和视频等多媒体信息的通信平台，因此 IP 技术被广泛接受为实现三网合一的最佳技术。

2.1.2　计算机网络的功能

计算机网络通过计算机之间的互相通信实现网络资源共享。具体来说主要有以下几个方面的功能。

1. 数据通信

数据通信是计算机网络最基本的功能。数据通信功能为网络中各计算机之间的数据传输提供

了强有力的支持手段。

2. 资源共享

计算机网络的主要目的是资源共享。计算机网络中的资源有数据资源、软件资源、硬件资源
3 类，网络中的用户可以使用其中的所有资源。如使用大型数据库信息，下载使用各种网络软件，
共享网络服务器中的海量存储器等。资源共享可以最大程度地利用网络中的各种资源。

3. 分布与协同处理

对于解决复杂的大型问题可采用合适的算法，将任务分散到网络中不同的计算机上进行分布
式处理，建立性能优良的分布式数据库系统。这样，可以将几台普通的计算机连成高性能的分布式
计算机系统。分布式处理还可以利用网络中暂时空闲的计算机，避免网络中出现忙闲不均的现象。

4. 提高系统的可靠性和可用性

计算机网络一般都属于分布式控制方式，相同的资源可分布在不同地方的计算机上，网络可
通过不同的路径来访问这些资源。当网络中的某一台计算机发生故障时，可由其他路径传送信息
或选择其他系统代为处理，以保证用户的正常操作，不会因局部故障而导致系统瘫痪。如某台计
算机发生故障而使其数据库中的数据遭到破坏时，可以从另一台计算机的备份数据库恢复遭到破
坏的数据，从而提高系统的可靠性和可用性。

2.1.3 计算机网络的分类

计算机网络的种类很多，按照不同的分类标准，可得到不同类型的计算机网络。常见的分类
标准介绍如下。

1. 按地理覆盖范围分类

计算机网络按地理覆盖范围的大小，可划分为局域网、城域网、广域网和因特网 4 种。

（1）局域网

局域网（local area network，LAN）的地理覆盖范围通常在一千米至几千米，如一座办公楼、
一所学校范围内的网络就属于局域网。

（2）城域网

城域网（metropolitan area network，MAN）的地理覆盖范围为几千米至几十千米，是介于广
域网和局域网之间的网络系统。

（3）广域网

广域网（wide area network，WAN）的地理覆盖范围为几十千米到几千千米，又称远程网，
可以遍布一个国家或一个洲。

（4）因特网

因特网（Internet）是一个跨越全球的计算机互连网络，它将分布在世界每个角落的局域网、
城域网和广域网连接起来，组成目前全球最大的计算机网络，实现全球资源共享。

2. 按通信介质分类

根据通信介质的不同，网络可划分为以下两种。

① 有线网：采用同轴电缆、双绞线、光纤等物理介质来传输数据的网络。

② 无线网：采用卫星、微波、激光等无线介质传输数据的网络。

3. 按网络的拓扑结构分类

拓扑结构是指网络的通信线路与各站点（计算机或网络通信设备）之间的几何排列形式。按
网络拓扑结构分类，网络可划分为总线型网、星型网、环型网、树型网等。

4. 按网络的传输速率分类

根据网络的传输速率大小，可将网络划分为 10Mbit/s、100Mbit/s、1 000Mbit/s 网等类型。

5. 按网络中使用的操作系统分类

按网络中使用的操作系统进行划分，可将网络分为 Novell Netware 网、Windows NT 网、UNIX 网及 Linux 网等。

6. 按传输带宽分类

按传输带宽进行划分，可将网络划分为基带网和宽带网。基带网传输数字信号，宽带网传输模拟信号。

2.1.4　计算机网络的体系结构

1. 网络体系结构的基本概念

计算机网络是各类终端通过通信线路连接起来的一个复杂的系统。在这个系统中，由于计算机型号不一、终端类型各异，并且连接方式、同步方式、通信方式及线路类型等都有可能不一样，所以网络通信会有一定的困难。要做到各设备之间有条不紊地交换数据，所有设备必须遵守共同的规则，这些规则明确地规定了数据交换时的格式和时序。这些为进行网络中数据交换而建立的规则、标准或约定称为网络协议（protocol）。

一个完整的网络需要一系列网络协议构成一套完整的网络协议集，大多数网络在设计时，是将网络划分为若干个相互联系而又各自独立的层次，然后针对每个层次及每个层次间的关系制定相应的协议，这样可以减少协议设计的复杂性。像这样的计算机网络层次结构模型及各层协议的集合称为计算机网络体系结构（network architecture）。

层次结构中每一层都是建立在前一层基础上的，低层为高层提供服务，上一层在实现本层功能时会充分利用下一层提供的服务。但各层之间是相对独立的，高层无须知道低层是如何实现的，仅需要知道低层通过层间接口所提供的服务即可。当任何一层因技术进步发生变化时，只要接口保持不变，其他各层都不会受到影响。当某层提供的服务不再被需要时，甚至可以将这一层取消。

为统一网络体系结构标准，国际标准化组织在 1979 年正式颁布了开放系统互连基本参考模型的国际网络体系结构标准，这是一个定义连接异构计算机的标准体系结构。"开放"表示能使任何两个遵守参考模型和有关标准的系统具有互连的能力。

2. OSI 参考模型

OSI 参考模型是一个描述网络层次结构的模型，其标准保证了各类网络技术的兼容性和互操作性，描述了数据或信息在网络中的传输过程以及各层在网络中的功能和架构。OSI 参考模型将网络划分为 7 个层次，如图 2-1 所示。

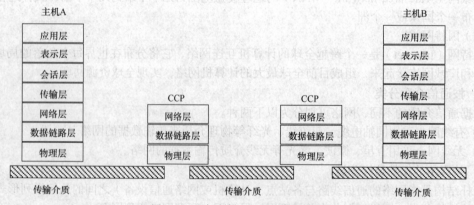

图 2-1　开放系统互连 OSI 参考模型

① 物理层（physical layer）：物理层是 OSI 的最低层，主要功能是利用物理传输介质为数据链路层提供连接，以透明地传输比特流。

② 数据链路层（datalink layer）：数据链路层在通信的实体间建立数据链路连接，传送以帧为单位的数据，并采用相应方法使有差错的物理线路变成无差错的数据链路。

③ 网络层（network layer）：网络层的功能是进行路由选择，阻塞控制与网络互连等。

④ 传输层（transport layer）：传输层的功能是向用户提供可靠的端到端服务，透明地传送报文，是关键的一层。

⑤ 会话层（session layer）：会话层的功能是组织两个会话进程间的通信，并管理数据的交换。

⑥ 表示层（presentation layer）：表示层主要用于处理两个通信系统中交换信息的表示方式，它包括数据格式变换、数据加密、数据压缩与恢复等功能。

⑦ 应用层（application layer）：应用层是 OSI 参考模型中的最高层，应用层确定进程之间通信的性质，以满足用户的需要，它在提供应用进程所需要的信息交换和远程操作的同时，还要作为应用进程的用户代理，来完成一些为进行信息交换所必需的功能。

3. TCP/IP 参考模型

OSI 参考模型是希望为网络体系结构与协议的发展提供一个国际标准，但这一目标并没有达到。而 Internet 的飞速发展使 Internet 所遵循的 TCP/IP 参考模型得到了广泛的应用，成为事实上的网络体系结构标准。因此，提到网络体系结构，就不能不提到 TCP/IP 参考模型。

TCP/IP 是 Internet 所使用的基本通信协议，是事实上的工业标准。虽然从名字上看 TCP/IP 包括两个协议——传输控制协议（TCP）和网际协议（IP），但 TCP/IP 实际是一个 Internet 协议族，而不单单指 TCP 和 IP，它包括上百个各种功能的协议，例如，远程登录、文件传输和电子邮件等，而 TCP 和 IP 是保证数据完整传输的两个基本的重要协议，因此通常将这诸多协议统称为 TCP/IP 协议集，或 TCP/IP。

TCP/IP 的基本传输单位是数据包（datagram）。TCP 负责把数据分成若干个数据包，并给每个数据包加上包头（就像给每一封信加上信封），包头上有相应的编号，以保证数据接收端将数据还原为原来的格式；IP 在每个包头上再加上接收端主机地址，这样数据就能被传送到要去的地方（就像信封上要写明地址一样）。如果传输过程中出现数据丢失、数据失真等情况，TCP 会自动要求数据重新传输，并重新组包。总之，IP 保证数据的传输，TCP 保证数据传输的质量。

图 2-2　OSI 参考模型与 TCP/IP 参考模型

TCP/IP 参考模型有 4 个层次：应用层、传输层、网络层和网络接口层。其中应用层与 OSI 中的应用层对应，传输层与 OSI 中的传输层对应，网络层与 OSI 中的网络层对应，网络接口层与 OSI 中的物理层和数据链路层对应。TCP/IP 中没有 OSI 中的表示层和会话层，如图 2-2 所示。各层的功能如下。

① 应用层：向用户提供一组常用的应用程序，例如，文件传输访问 FTP、电子邮件 SMTP 和远程登录 Telnet 等。

② 传输层：提供端到端的通信，解决不同应用程序的识别问题，提供可靠传输。

③ 网络层：负责相邻计算机间的通信，处理流量控制、路径拥塞等问题。

④ 网络接口层：负责接收 IP 数据包并通过网络发送，或者从网络上接收物理帧，抽出 IP 数据包交给 IP 层。

4. OSI 参考模型与 TCP/IP 参考模型的比较

OSI 参考模型与 TCP/IP 参考模型都采用了层次结构思想，但二者在层次划分及协议使用上有很大区别。

OSI 参考模型的会话层在大多数应用中很少被用到，而表示层几乎是全空的。在数据链路层与网络层之间有很多的子层插入，每个子层都有不同的功能。OSI 参考模型把"服务"与"协议"的定义结合起来，使参考模型变得格外复杂，实现起来很困难。同时，寻址、流控与差错控制在每一层里都重复出现，降低了整个系统的效率。关于数据安全性、加密与网络管理等方面的问题也在设计初期被忽略了。

OSI 参考模型由于要照顾各方面的因素，所以变得大而全，效率很低，但它的很多研究成果、方法以及提出的概念对网络发展有很高的指导意义，是计算机网络体系结构的基础。TCP/IP 参考模型应用广泛，支持大多数网络产品，在计算机网络体系结构中占有重要地位，是事实上的工业标准。

5. TCP/IP 五层体系结构

TCP/IP 参考模型也有自身的缺陷，它没有将功能与实现方法区别开，在服务、接口、协议的区别上不清楚。因此，目前比较流行的网络体系是因特网 TCP/IP 五层体系结构，从最高层到最底层分别是应用层、传输层、网络层、数据链路层和物理层。下面分别介绍这几个层次的主要功能。

① 应用层。应用层协议规范了彼此通信的两个端系统应用程序之间信息交换的格式和操作规则，包括通信双方如何请求、响应、管理一个网络应用。

② 传输层。传输层的主要任务是为网络应用提供进一步的服务，如对网络中传输的数据分组进行差错控制，调节发送端发送数据分组的速度，实现网络应用层的分用和复用等。

③ 网络层。网络层的任务有两个，一是端系统将数据按因特网的统一传输格式进行数据分组格式化，二是路由器根据数据分组的目的地址为该分组选择相应的路径。

④ 数据链路层。该层主要负责网络中节点与节点之间的链路管理及数据传输控制，主要任务是将数据以一定的分组格式从一个节点运送到相邻的另一个节点。

⑤ 物理层。该层的主要任务是将链路层形成的数据分组中的比特序列从一个节点通过传输介质传输到另一个节点。

2.1.5 计算机网络的基本组成

1. 计算机网络的基本组成

各种计算机网络在网络规模、网络结构、通信协议和通信系统、计算机硬件及软件配置等方面存在很大差异，但不论是简单的网络还是复杂的网络，根据网络的定义，一个典型的计算机网络主要是由计算机系统、数据通信系统、网络软件及协议 3 大部分组成。计算机系统是网络的基本模块，为网络内的其他计算机提供共享资源；数据通信系统是连接网络基本模块的桥梁，它提供各种连接技术和信息交换技术；网络软件是网络的组织者和管理者，在网络协议的支持下，为网络用户提供各种服务。

2. 资源子网和通信子网

为了简化计算机网络的分析与设计，有利于网络的硬件和软件配置，按照计算机网络的系统功能，一个网络可划分为资源子网和通信子网两大部分。

资源子网主要负责全网的信息处理，为网络用户提供网络服务和资源共享功能。它主要包括网络中的主机、终端、I/O 设备、各种软件资源和数据库等。

通信子网主要负责全网的数据通信，为网络用户提供数据传输、转接、加工和变换等通信处理工作。它主要包括通信线路（即传输介质）、网络连接设备、网络通信协议和通信控制软件等。通信子网可以是专用的数据通信网，也可以是公用的数据通信网。

将计算机网络分为资源子网和通信子网，符合网络体系结构的分层思想，便于对网络进行研究和设计。实际工作中，资源子网、通信子网可单独规划和管理，使整个网络的设计与运行简化。

3. 现代网络结构的特点

随着使用主机系统用户的减少，资源子网的概念已经被逐渐淡化了。在现代计算机网络中，微机被广泛应用，连入局域网的微机数目日益增多，这些微机一般是通过交换设备间接与广域网相连的。交换设备主要指路由器与交换机。现代计算机网络的通信子网由交换设备及通信线路组成，负责完成网络中数据传输与转发任务。

2.2　局域网基础

2.2.1　局域网的定义

局域网（LAN）是指在一定地理区域内的网络。由 Robert Bowerman 提出的更具有限制性的局域网定义是，局域网是为单用户工作站之间共享数据而设计的，即局域网是将小区域内的各种计算机、通信设备利用通信线路互连在一起，以实现数据通信和资源共享的通信网络。局域网具有如下特点。

① 局域网覆盖有限的地理范围，可以满足一个办公室、一幢大楼、一个仓库以及一个园区等有限范围内的计算机及各类通信设备的联网需求，这个地理范围通常在 10km 内。

② 局域网是由若干通信设备，包括计算机、终端设备与各种互连设备组成。

③ 局域网具有数据传输速率高（通常为 10Mbit/s～1Gbit/s）、误码率低（通常为 10^{-8}～10^{-11}）的特点，而且具有较短的延时。

④ 局域网可以使用多种传输介质来连接，包括双绞线、同轴电缆、光缆等。

⑤ 局域网由一个单位或组织建设和拥有，易于管理和维护。

⑥ 局域网侧重于共享信息的处理问题，而不是传输问题。

⑦ 决定局域网性能的主要技术包括局域网拓扑结构、传输介质和介质访问控制方法。局域网技术不仅是计算机网络中的一个重要分支，而且也是发展最快、应用最广泛的一项技术。

2.2.2　局域网的拓扑结构

拓扑（topology）是从图论演变而来的，是一种研究与大小形状无关的点、线、面特点的方法。在计算机网络中抛开网络中的具体设备，把工作站、服务器等网络单元抽象为"点"，把网络中的电缆等通信介质抽象为"线"，这样计算机网络结构就抽象为点和线组成的几何图形，称之为网络的拓扑结构。

网络拓扑结构对整个网络的设计、功能、可靠性、费用等方面有着重要的影响。常见的拓扑结构有：总线型（BUS）、环型（RING）和星型（STAR）结构。

1. 总线型拓扑结构

总线型拓扑结构是局域网主要的拓扑结构之一。由于总线是所有节点共享的公共传输介质（双绞线或同轴电缆），所以将总线型局域网称为"共享介质"局域网，其代表网络是以太网（ethernet）。总线型局域网拓扑结构的优点是结构简单，实现容易，易于扩展，可靠性较好。由于总线作为公共传输介质为多个节点共享，所以就有可能在同一时刻有两个或两个以上节点通过总线发送数据，引起冲突，因此总线型局域网必须解决冲突问题。总线型局域网的拓扑结构如图 2-3 所示。

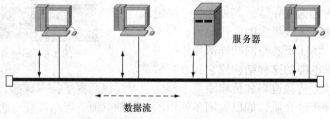

图 2-3　总线型局域网的拓扑结构

2．环型拓扑结构

环型拓扑结构也是局域网主要的拓扑结构之一。同样，环型局域网也是一种共享介质局域网，网中多个节点共享一条环通路。为了确定环中的节点在什么时候传输数据，环型局域网也要进行介质访问控制，解决冲突问题。环型局域网的优点是控制简便，结构对称性好，传输速率高，常作为网络的主干；缺点是环上传输的任何数据都必须经过所有节点，断开环中的任何一个节点，就意味着整个网络通信的终止。环型局域网的拓扑结构如图 2-4 所示。

3．星型拓扑结构

局域网中用得最广泛的是星型拓扑结构。星型拓扑结构中每一个节点通过点到点的链路与中心节点进行连接，任何两个节点之间的通信都要通过中心节点转换。中心节点可以是交换机或集线器或转发器。星型局域网的优点是，结构简单，建网容易，控制相对简单；缺点是中心节点负担过重，通信线路利用率低。目前，集中控制方式星型拓扑结构已较少被采用，而分布式星型拓扑结构在现代局域网中采用，交换技术的发展使交换式星型局域网被广泛采用。星型局域网的拓扑结构如图 2-5 所示。

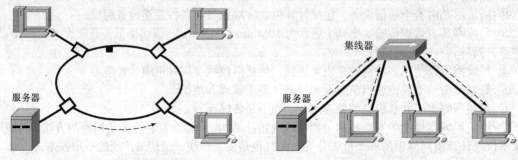

图 2-4　环型局域网的拓扑结构　　　　　图 2-5　星型局域网的拓扑结构

以上分别讨论了 3 种结构的局域网，而在实际应用中，一个局域网可能是任何几种结构的扩展与组合，但是无论何种组合都必须符合 3 种拓扑结构的工作原理和要求。

2.2.3　局域网的传输介质

传输介质是指数据传输系统中发送者和接收者之间的物理路径。数据传输的特性和质量取决于传输介质的性质。在计算机网络中使用的传输介质可分为有线和无线两大类。双绞线、同轴电缆和光缆是常用的 3 种有线传输介质，卫星、无线电、红外线、激光以及微波属于无线传输介质。

局域网所使用的传输介质主要是双绞线、同轴电缆和光缆。双绞线和同轴电缆一般作为建筑物内部的局域网干线；光缆则因其性能优良、价格较高，常作为建筑物之间的连接干线。

1．有线传输介质

（1）同轴电缆

同轴电缆（coaxial cable）外部由中空的圆柱状导体包裹着一根实心金属线导体组成，其结构如图 2-6所示。同轴电缆的内芯为铜导体，其外围是一层绝缘材料，再外层为金属屏蔽线组成的网状导体，最外层为塑料保护绝缘层。由于铜芯与网状外部导体同轴，故称同轴电缆。同轴电缆的这种结构使它具有高带宽

图 2-6　同轴电缆结构示意图

和高抗干扰性，在数据传输速率和传输距离上都优于双绞线。由于技术成熟，同轴电缆是局域网中使用最普遍的物理传输介质，如以太网多使用的是同轴电缆。但电缆硬、折曲困难、质量重，使同轴电缆不适合于楼宇内的结构化布线，因此目前已逐步为高性能的双绞线所替代。

同轴电缆可分为两种基本类型：基带同轴电缆（特征阻抗为 50Ω）和宽带同轴电缆（特征阻抗为 75Ω）。50Ω 的基带同轴电缆又可分为粗同轴电缆与细同轴电缆。

（2）双绞线

双绞线（twisted pair）是综合布线工程中最常使用的有线物理传输介质。它因是由 4 对 8 根绝缘的铜线两两互绞在一起而得名，其结构如图 2-7 所示。将导线绞在一起的目的是减少来自其他导线中的信号干扰。相对于其他有线物理传输介质（同轴电缆和光缆）来说，双绞线价格便宜，也易于安装使用，但在传输距离、信道宽度和数据传输速率等方面均受到一定限制。

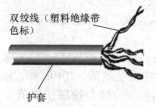

双绞线（塑料绝缘带色标）

护套

图 2-7　双绞线结构示意图

双绞线分为非屏蔽双绞线（unshilded twisted pair，UTP）和屏蔽双绞线（shielded twisted pair，STP）两类。目前局域网使用的双绞线主要是 3 类线、4 类线、5 类线和超 5 类线，其中 3 类线主要用于 10Mbit/s 网络的连接，而 100Mbit/s、1Gbit/s 网络需要使用 5 类线和超 5 类线。

（3）光缆

光缆由封装在隔开鞘中的两根光纤组成，其结构如图 2-8 所示。光纤是一根很细的可传导光线的纤维媒体，其半径仅几微米至一二百微米。制造光纤的材料可以是超纯硅和合成玻璃或塑料。相对于双绞线和同轴电缆等金属传输介质，光缆有轻便、低衰减、大容量和电磁隔离等优点。目前光缆主要在大型局域网中用作主干线路的传输介质。

图 2-8　光缆的结构示意图

光纤主要分单模光纤（single mode fiber）和多模光纤（multi mode fiber）两大类。单模光纤的纤芯直径很小，传输频带宽，传输容量大，性能好，可以覆盖更远的地域范围。与单模光纤相比，多模光纤的传输性能较差。

2．无线传输

如果通信线路要越洋过海，翻山越岭，那么靠有线传输介质是很难实现的，无线通信是解决问题的唯一方法。通常，对无线传输的发送与接收是靠天线发射、接收电磁波来实现的。目前比较成熟的无线传输方式有以下几种。

（1）微波通信

微波通信通常是指利用高频（2～40GHz）范围内的电磁波（微波）来进行通信。微波通信是无线局域网中主要的传输方式，其频率高，带宽宽，传输速率也高，主要用于长途电信服务、语音和电视转播。它的一个重要特性是沿直线传播，而不是向各个方面扩散。通过抛物状天线可以将能量集中于一小束上，以获得很高的信噪比，并传输很长的距离。微波通信成本较低，但保密性差。

（2）卫星通信

卫星通信可以看成是一种特殊的微波通信，它使用地球同步卫星作为中继站来转发微波信号，并且通信成本与距离无关。卫星通信容量大、传输距离远、可靠性高，但通信延迟时间长，误码率不稳定，易受气候的影响。

（3）激光通信

激光通信是利用在空间传播的激光束将传输数据调制成光脉冲的通信方式。激光通信不受电磁干扰，也不怕窃听，方向也比微波好。激光束的频率比微波高，因此可以获得更高的带宽；但激光在空气中传播衰减得很快，特别是雨天、雾天，能见度差时更为严重，甚至会导致通信中断。

2.2.4　局域网介质访问控制方法

1．局域网体系结构

1980 年 2 月，IEEE（美国电气和电子工程师协会）成立了局域网标准委员会，简称 IEEE 802 委员会。IEEE 802 委员会专门从事局域网标准化工作，对局域网体系结构进行了定义，称为 IEEE

802 参考模型，如图 2-9 所示。IEEE 802 参考模型只对应 OSI 参考模型的物理层和数据链路层，它

将数据链路层划分为逻辑链路控制（logical link control，LLC）子层与介质访问控制（media access control，MAC）子层。IEEE 802 标准主要包括以下几种。

① IEEE 802.1 标准：定义了局域网体系结构、网络互连、网络管理以及性能测试。

② IEEE 802.2 标准：定义了逻辑链路控制 LLC 子层功能与服务。

③ IEEE 802.3 标准：定义了（CSMA/CD）总线介质访问控制子层与物理层规范。IEEE 802.3u 定义了 100Base-T 访问控制方法与物理层规范。IEEE 802.3z 定义了 1000Base-SX 和 1000Base-LX

图 2-9 IEEE 802 参考模型

访问控制方法与物理层规范。

④ IEEE 802.4 标准：定义了令牌总线（token bus）介质访问控制子层与物理层规范。

⑤ IEEE 802.5 标准：定义了令牌环（token ring）介质访问控制子层与物理层规范。

⑥ IEEE 802.6 标准：定义了城域网 MAN 介质访问控制子层与物理层规范。

⑦ IEEE 802.7 标准：定义了宽带网络技术。

⑧ IEEE 802.8 标准：定义了光纤传输技术。

⑨ IEEE 802.9 标准：定义了综合语音与数据局域网（IVD LAN）技术。

⑩ IEEE 802.10 标准：定义了可互操作的局域网安全性规范。

⑪ IEEE 802.11 标准：定义了无线局域网技术。

2．局域网介质访问控制方法

传统的局域网是"共享"式局域网，在"共享"式局域网中，传输介质是共享的。网中的任何一个节点可以"广播"方式把数据通过共享介质发送出去，传输介质上所有节点都能收听到这个数据信号。由于所有节点都可以通过共享介质发送和接收数据，就有可能出现两个或多个节点同时发送数据、相互干扰的情况，从而不可避免的产生"冲突"现象，这就需要用介质访问控制方法控制多个节点利用公共传输介质发送和接收数据。这是所有共享介质局域网都必须解决的问题。介质访问控制方法应解决以下几个问题。

① 应该由哪个节点发送数据。

② 在发送数据时会不会产生冲突。

③ 如果产生冲突应该怎么办。

目前被普遍采用并形成国际标准的介质访问控制方法主要有以下 3 种。

（1）带有冲突检测的载波侦听多路访问（CSMA/CD）方法

CSMA/CD 适合于总线型局域网，它的工作原理是"先听后发，边听边发，冲突停止，随机延迟后重发"。CSMA/CD 的缺点是发送的延时不确定，当网络负载很重时，冲突会增多，降低网络效率。目前，应用最广的一类总线型局域网——以太网，采用的就是 CSMA/CD。

（2）令牌总线（token bus）方法

令牌总线是在总线型局域网中建立一个逻辑环，环中的每个节点都有上一节点地址（PS）与下一节点地址（NS）。令牌按照环中节点的位置依次循环传递。每一节点必须在它的最大持有时间内发完帧，即使未发完，也只能等待下次持有令牌时再发送。

（3）令牌环（token ring）方法

令牌环适用于环型局域网，它不同于令牌总线的是令牌环网中的节点连接成的是一个物理环结构，而不是逻辑环。环工作正常时，令牌总是沿着物理环中节点的排列顺序依次传递的。当 A

节点要向 D 节点发送数据时，必须等待空闲令牌的到来。A 持有令牌后，传送数据。B、C、D 都会依次收到帧，但只有 D 节点对该数据帧进行复制，同时将此数据帧转发给下一个节点，直到最后又回到了源节点 A。

3. 交换式局域网的工作原理

在传统共享介质局域网中，所有节点共享一条公共通信传输介质。随着局域网规模的扩大与网中节点数的不断增加，每个节点平均能分到的带宽很少。当网络通信负荷加重时，冲突与重发将会大量发生，使网络效率大大降低。为了解决网络规模与网络性能之间的矛盾，提出将共享介质方式改为交换方式，这就导致并促进了交换式局域网的发展。

交换式局域网的核心设备是局域网交换机。局域网交换机可以在多个端口之间建立多个并发连接，实现多节点之间数据的并发传输，增加网络带宽，改善局域网的性能与服务质量。

2.2.5　局域网的分类

按照网络的通信方式，局域网可以分为专用服务器局域网、客户机/服务器局域网和对等局域网 3 种。

1. 专用服务器局域网

专用服务器局域网（Server-Based）是一种主/从式结构，即"工作站/文件服务器"结构的局域网，它是由若干台工作站及一台或多台文件服务器，通过通信线路连接起来的网络。该结构中，工作站可以存取文件服务器内的文件和数据及共享服务器存储设备，服务器可以为每一个工作站用户设置访问权限；但是，工作站相互之间不可能直接通信，不能进行软硬件资源的共享，这使得网络工作效率降低。Netware 网络操作系统是工作于专用服务器局域网的典型代表。

2. 客户机/服务器局域网

客户机/服务器局域网（Client/Sever）由一台或多台专用服务器来管理控制网络的运行。该结构与专用服务器局域网相同的是所有工作站均可共享服务器的软硬件资源，不同的是客户机之间可以相互自由访问，所以数据的安全性较专用服务器局域网差，服务器对工作站的管理也较困难。但是，客户机/服务器局域网中服务器负担相对降低，工作站的资源也得到充分利用，提高了网络的工作效率。通常，这种组网方式适用于计算机数量较多、位置相对分散和信息传输量较大的单位。工作站一般安装 Windows 9x、Windows NT 和 Windows 2000 Sever，它们是客户机/服务器局域网的代表性网络操作系统。

3. 对等局域网

对等局域网（Point-to-Point）又称为点对点网络，网中通信双方地位平等，使用相同的协议来通信。每个通信节点既是网络服务的提供者——服务器，又是网络服务的使用者——工作站，并且各节点和其他节点均可进行通信，可以共享网络中各计算机的存储容量和计算机具有的处理能力。对等局域网的组建和维护较容易，且成本低，结构简单；但数据的保密性较差，文件存储分散，而且不易升级。

2.3　Internet 基础

2.3.1　Internet 概述

Internet 是从 20 世纪 60 年代末开始发展起来的，其前身是美国国防部高级研究计划署建立的一个实验性计算机网络（ARPA），目的是研究坚固、可靠并独立于各生产厂商的计算机网络所需要的有关技术。这些技术现在被称为 Internet 技术。Internet 技术的核心是 TCP/IP。

简单地讲，Internet 就是将成千上万的不同类型的计算机以及计算机网络通过电话线、高速专用线、卫星、微波和光缆连接在一起，并允许它们根据一定的规则（TCP/IP）进行互相通信，从而把整个世界联系在一起的网络。在这个网络中，几个最大的主干网络组成了 Internet 的骨架。主干网络之间建立起一个非常快速的通信线路并扩展到世界各地，其上有许多交汇的节点，这些节点将下一级较小的网络和主机连接到主干网络。

从另一个角度来看，Internet 又是一个世界规模的、巨大的信息和服务资源网络，因为它能够为每一个入网的用户提供有价值的信息和其他相关的服务。Internet 也是一个面向公众的社会性组织，有很多人自愿花费自己的时间和精力为 Internet 辛勤工作，丰富其资源，改造其服务，并允许他人共享自己的劳动成果。

总之，Internet 是当今世界最大的媒体，也是当今世界最大的计算机网络，是一个世界上最为开放的系统，更是一个无尽的信息资源宝库。

2.3.2 Internet 的基本服务功能

随着 Internet 的飞速发展，Internet 上的各种服务已多达上万种，其中大多数服务是免费的。本小节介绍 Internet 中最常见的、最重要的 4 种服务。

1. 电子邮件服务

电子邮件（E-mail）是 Internet 上最基本、最重要的服务。据统计，Internet 上 30%以上的业务量是电子邮件。电子邮件的优势是速度快，可靠性高，价格便宜，而且它不像电话那样要求通信双方同时在场，可以一信多发，可以将文字、图像和语言等多媒体信息集成在一个邮件中传送。

收发电子邮件要使用 SMTP（简单邮件传送协议）和 POP3（邮局协议）。用户通过 SMTP 服务器发送电子邮件，通过 POP3 服务器接收邮件。用户的计算机上运行电子邮件的客户程序（如 Outlook Express），Internet 服务提供商的邮件服务器上运行 SMTP 服务程序和 POP3 服务程序，用户通过建立客户程序与服务程序之间的连接来收发电子邮件，整个工作过程就像平时发送普通邮件一样，无论用户身处何地，只要能从互联网上连接到邮箱所在的 SMTP 服务器和 POP3 服务器，就可以收发电子邮件。

一封邮件由邮件头和邮件体两部分组成。邮件头类似于人工信件的信封，包括收件人、抄送和邮件主题等信息，如图 2-10 所示。邮件体是邮件的正文部分。

图 2-10 一封电子邮件

收件人：此栏填入收件人的 E-mail 地址，是必须填的。

抄送：此栏填入第二收件人的 E-mail 地址，可以不填写任何内容。

主题：是对邮件内容的一个简短概括。

使用电子邮件要有一个电子邮件信箱，用户可向 Internet 服务提供商（ISP）提出申请。邮件信箱实际上是在邮件服务器上为用户分配的一块存储空间，每个电子信箱对应着一个信箱地址或叫邮件地址，其格式如下：用户名@域名。其中，用户名是用户申请电子信箱时与 ISP 协商的一个字母或字母与数字的组合，域名是 ISP 的邮件服务器地址，字符"@"是一个固定符号，发音为英文单词"at"。例如，jl@email.edu.cn 和 ky@public.wh.hb.cn 是两个合法的 E-mail 地址。

2. WWW 服务

WWW 是 World Wide Web 的简称，译为万维网。WWW 是以超文本标记语言和超文本传输协议为基础，能够提供面向 Internet 服务的、一致的用户界面信息浏览系统。

（1）超文本和链接的概念

超文本是一种通过文本之间的链接将多个分立的文本组合起来的一种格式。在浏览超文本时，看到的是文本信息本身，同时文本中含有一些"热点"，选中这些"热点"又可以浏览到其他的超文本。这样的"热点"就是超文本中的链接。

（2）Web 页面

阅读超文本不能使用普通的文本编辑程序，而要在专门的应用程序（如 Internet Explorer）中进行浏览。在 World Wide Web 中，浏览环境下的超文本就是通常所说的 Web 页面。

（3）统一资源定位符

使用统一资源定位符（uniform resource locator，URL）可唯一地标识某个网络资源。URL 地址的思想是使所有资源都得到有效利用，实现资源的统一寻址。

（4）超文本标记语言

超文本是用超文本标记语言（hypertext markup language，HTML）来实现的，HTML 文档本身只是一个文本文件，只有在专门阅读超文本的程序中才会显示成超文本格式。

例如，有如下 HTML 文档：

```
<HTML>
<HEAD>
<TITLE>这是一个关于 HTML 语言的例子</TITEL>
</HEAD>
<BODY>这是一个简单的例子</BODY>
</HTML>
```

<HTML>、<TITLE>等内容叫做 HTML 语言的标记。从上例可以看出，整个超文本文档是包含在<HTML>与</HTML>标记对中的，而整个文档又分为头部和主体部分，分别包含在标记对<HEAD></HEAD>与<BODY></BODY>中。

HTML 中还有许多其他的标记（对），HTML 正是用这些标记（对）来定义文字的显示、图像的显示和链接等多种格式。

（5）WWW 的工作原理

WWW 服务采用客户机/服务器模式，Internet 中的一些计算机专门发布 Web 信息，这样的计算机被称为 Web 服务器。这些计算机上运行的是 WWW 服务程序，用 HTML 写出的超文本文档都存放在这些计算机上。同时，在客户机上，运行专门进行 Web 页面浏览的 WWW 客户程序（浏览器）。客户程序向服务程序发出请求，服务程序响应客户程序的请求，通过 Internet 将 HTML 文档传送到客户机，客户程序以 Web 页面的格式显示文档。

3. 文件传输服务

文件传输服务又称 FTP 服务，它是 Internet 最早提供的服务功能之一。文件传输是指通过网络将文件从一台计算机传送到另一台计算机上。Internet 上的文件传输服务是基于文件传输协议（file transfer protocol，FTP）的，故通常被称为 FTP 服务。FTP 服务采用客户机/服务器工作模式，服务器运行 FTP 服务程序，用户使用 FTP 客户端程序。用户通过用户名和密码与 FTP 服务器建立连接，一旦连接成功，用户就可以向 FTP 服务器发送文件或查看 FTP 文件服务器的目录结构和文件。

一些 FTP 服务器提供匿名服务，用户在登录时可以用"anonymous"作为用户名，用自己的 E-mail 地址作为口令。有些 FTP 服务器不提供匿名服务，它要求用户在登录时提供注册的用户名与口令，否则就无法使用服务器所提供的 FTP 服务。

FTP 有上载和下载两种方式，上载是用户将本地计算机上的文件传输到 FTP 服务器上；下载是用户将文件服务器上提供的文件传输到本地计算机上。用户登录到 FTP 服务器上后可以看到根目录下的多个子目录，一般供用户上载文件的目录名称是"incoming"，提供给用户下载文件的目录名称是"pub"，而其他的目录用户可能只能看到一个空目录，或者虽然可以看到文件但不能对其进行任何操作。也有一些 FTP 服务器没有提供用户上载目录，不支持上载服务。

FTP 服务实现了两台计算机之间的数据通信，但随着计算机网络通信的发展，FTP 服务显示出了一些不足之处，例如传输速度慢、传输安全性存在隐患等。目前基于 P2P 技术的文件传输有着更广泛的应用领域。

P2P（Peer-to-Peer，点对点）打破了传统的 Client/Server（C/S）模式，在网络中的每个节点的地位都是对等的。每个节点既充当服务器，为其他节点提供服务，同时也享用其他节点提供的服务。在 P2P 网络中，随着用户的加入，不仅服务的需求增加了，系统整体的资源和服务能力也在同步地扩充，始终能比较容易地满足用户的需要。P2P 架构由于服务是分散在各个节点之间进行的，部分节点或网络遭到破坏对其他部分的影响很小，因此 P2P 网络天生具有耐攻击、高容错的优点。目前，Internet 上各种 P2P 应用软件层出不穷，用户数量急剧增加，微软公司在新一代操作系统 Windows Vista 中也加入了 P2P 技术以用来加强协作和应用程序之间的通信。

4. 远程登录

远程登录是为用户提供以终端方式与 Internet 上的主机建立在线连接的一种服务。在这种连接建立以后，用户的计算机就可以作为远程主机的一台终端来使用远程主机上的各种资源。远程登录是 Internet 最基本的服务之一。实现远程登录的工具软件有很多，最常用的是 Telnet 程序。在 UNIX 操作系统和 Windows、DOS 操作系统中都有 Telnet 程序，其基本使用格式为 Telnet 主机名 端口号，例如：telnet lindar.youth.people.com。

5. Internet 其他最新服务

随着 Internet 的快速、全面发展，除了提供上述最基本的 4 项服务外，又增加了很多服务功能，例如电子公告牌（BBS）、电子商务、博客（Blog）、IP 电话、网格计算等。

总之，Internet 使现有的生活、学习、工作以及思维模式发生了根本性的变化。无论来自何方，Internet 都能把世界连在一起，Internet 使人们坐在家中就能够和世界交流。

2.3.3　Internet 的工作原理

Internet 中一个最重要的关键技术是 TCP/IP。TCP/IP 组成了 Internet 世界的通用语言，连入 Internet 的每一台计算机都能理解这个协议，并且依据它来发送和接收来自 Internet 上的另一台计算机的数据。

TCP/IP 建立了称为分组交换（或包交换）的网络，这是一种目的在于使沿着线路传送数据的丢失情况达到最少而又效率最高的网络。

当传送数据（如电子邮件或一个共享软件）时，TCP 首先把整个数据分解为称作分组（或称作包）的小块，每个分组由一个电子信封封装起来，附上发送者和接收者的地址，就像我们日常生活中收发邮件一样，然后 IP 解决数据应该怎样通过 Internet 中连接的各个子网的一系列路由器，从一个节点传送到另一个节点的问题。

每个路由器都会检查它所接收到的分组的目的地址，然后根据目的地址传送到另一个路由器。如果一个电子邮件被分成 10 个分组，每个分组可能会有完全不同的路由，但是收发邮件者是不会察觉这一点的，因为分组到达目的地以后，TCP 将其接收并鉴别每个分组是否正确、完整，一旦接收到了所有的分组，TCP 就会把它们组装成原来的形式。

2.3.4　Internet 在中国

Internet 在中国发展的历史，可以粗略地划分为两个阶段。

第一个阶段为 1987—1993 年，这个阶段的特征是通过 X.25 线路实现和 Internet 电子邮件系统的互连。在这个阶段中，我国的一些大学和科研机构通过与国外大学和科研机构的合作，通过拨号 X.25 连通了 Internet 电子邮件系统。1987 年 9 月 20 日 22 点 55 分，由北京计算机应用研究所向世界发出第一封中国的电子邮件，标志着我国开始进入 Internet。

第二个阶段从 1994 年开始，中国作为第 71 个国家级网络于 1994 年 3 月正式加入 Internet

并建立了中国顶级域名服务器，实现了网上全部功能。1996 年以后，Internet 在我国得到迅速发展。到目前为止，我国已建立起具有相当规模与技术水平的、接入 Internet 的八大互联网，形成中国的 Internet 主干网络，国际线路出口的总容量达 3 257Mbit/s。八大网络是指中国公用计算机互联网（CHINANET）、中国金桥信息网（CHINAGBN）、中国科学技术网（CSTNET）、中国教育科研网（CERNET）、中国联通网（UNINET）、中国网通网（CNCNET）、中国国际经济贸易互联网（CIETNET）、中国移动互联网（CMNET），如表 2-1 所示。其中，中国公用计算机互联网已覆盖了 30 个省、市的 200 多个城市；CSTNET 是在 NCFC 和 CASNET（中科院网络）的基础上建设和发展起来的，负责我国 Internet 域名和域名注册的机构——中国互联网络信息中心（CNNIC）就设在 CSTNET 网络中心；中国教育科研网已联通了 240 多所大专院校，使中国大学的教师与学生可直接访问 Internet；中国金桥信息网与中国国际经济贸易互联网将中国的经济信息展示给世界。

表 2-1　　　　　　　　　　　　　　　中国八大网络

网 络 名 称	国际联网时间	业 务 性 质	网 络 名 称	国际联网时间	业 务 性 质
CHINANET	1995.5	商业	UNINET	1994.7	商业
CHINAGBN	1996.9	商业	CNCNET	1999.5	商业
CSTNET	1994.4	科技	CIETNET	1996	商业
CERNET	1995.11	教育科研	CMNET	2000.4	商业

2.4　Internet 网络地址

2.4.1　IP 地址

1. 什么是 IP 地址

接入 Internet 的计算机如同接入电话网的电话，每台计算机应有一个由授权机构分配的唯一号码标识，这个标识就是 IP 地址。IP 地址是 Internet 上主机地址的数字形式，由 32 位二进制数组成。

在 Internet 的信息服务中，IP 地址具有以下重要的功能和意义。

① 唯一的 Internet 通信地址。在 Internet 上，每个网络和每一台计算机都被分配一个 IP 地址，这个 IP 地址在整个 Internet 中是唯一的。

② 全球认可的通用地址格式。IP 地址是供全球识别的通信地址，在 Internet 上通信必须采用这种 32 位的通用地址格式，才能保证 Internet 成为向全球开放的互连数据通信系统。

③ 计算机、服务器和路由器的端口地址。在 Internet 上，任何一台服务器和路由器的每一个端口都必须有一个 IP 地址。

④ 运行 TCP/IP 的唯一标识符。TCP/IP 与其他网络通信协议的区别在于 TCP/IP 是上层协议，无论下层是何种拓扑结构的网络，均应统一在上层 IP 地址上。任何物理网接入 Internet，都必须使用 IP 地址。

Internet 是一个复杂系统，为了唯一、正确地标识网中的每一台主机，应采用结构编址。IP 地址采用分层结构编址，将 Internet 从概念上分为 3 个层次，如图 2-11 所示。最高层是 Internet；第二层为各个物理网络，简称为"网络层"；第三层是各个网络中所包含的许多主机，称为"主机层"。这样，IP 地址便由网络号和主机号两部分构成，如图 2-12 所示。由此可见，IP 地址结构编址带有明显位置信息，给出一台主机的地址，马上就可以确定它在哪一个网络上。

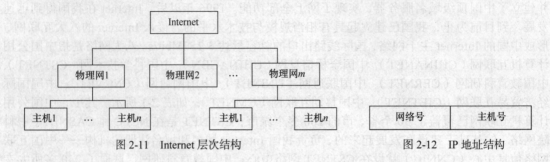

图 2-11　Internet 层次结构　　　　　　　图 2-12　IP 地址结构

2. IP 地址的格式

IP 地址可表达为二进制格式或十进制格式。二进制的 IP 地址格式为 X.X.X.X，每个 X 为 8 位二进制数。例如：10000111011011110000010100011011。十进制的 IP 地址格式是将每 8 位二进制数用一个十进制数表示，并以小数点分隔，这种表示法叫做"点分十进制表示法"，显然这比全是 1、0 容易记忆。例如，上例用十进制表示为 134.111.5.27。

3. IP 地址的等级与分类

TCP/IP 规定，IP 地址用 32 位二进制来表示且地址中包括网络号和主机号。如何将这 32 位的信息合理地分配给网络和主机作为编号，看似简单，意义却很重大，因为各部分的位数一旦确定，就等于确定了整个 Internet 中所能包含的网络规模的大小、数量以及各个网络所能容纳的主机数量。从这一点出发，Internet 管理委员会将 IP 地址划分为 A、B、C、D、E 五类地址。

A 类地址的最高端为 0，从 1.x.y.z～126.x.y.z；B 类地址的最高端为 10，从 128.x.y.z～191.x.y.z；C 类地址的最高端为 110，从 192.x.y.z～223.x.y.z；D 类地址的最高端为 1110，是保留的 IP 地址；E 类地址的最高端为 1111，是科研的 IP 地址。下面重点介绍 A、B、C 这三类地址，其示意图如图 2-13 所示。

A 类 IP 地址的高 8 位代表网络号，后 3 个 8 位代表主机号。IP 地址范围为 1.0.0.1～126.255.255.254。A 类地址用于超大规模的网络，每个 A 类网络能容纳 1 600 多万台主机。

B 类 IP 地址前两个 8 位代表网络号，后两个 8 位代表主机号。IP 地址范围为 128.0.0.1～191.255.255.254。B 类地址用于中等规模的网络，每个 B 类网络能容纳 65 000 多台主机。

图 2-13　Internet 前三类 IP 地址示意图

C 类地址一般用于规模较小的本地网络，如校园网等。前 3 个 8 位代表网络号，低 8 位代表主机号，十进制第 1 组数值范围为 192～223。IP 地址范围为 192.0.0.1～223.255.255.254。C 类地址用于小型的网络，每个 C 类网络仅能容纳 254 台主机。

从地址分类的方法来看：A 类地址的数量最少，只有 126 个；B 类地址有 16 000 多个；C 类地址最多，总计达 200 多万个。A、B、C 三类地址是平级，它们之间不存在任何从属关系。

Internet 地址的定义方式是比较合理的，它既适合大规模网少而主机多，小型网多而主机少的特点，又方便网络号的提取。因为在 Internet 中寻找路径时只关心找到相应的网络，主机的寻找只是网络内部的事情，所以便于提取网络号对全网的通信是极为有利的。

4. IP 地址的获取方法

IP 地址由国际组织按级别统一分配，用户在申请入网时可以获取相应的 IP 地址。

① 最高一级 IP 地址由国际网络信息中心（network information center，NIC）负责分配。其职责是分配 A 类 IP 地址，授权分配 B 类 IP 地址的组织，并有权刷新 IP 地址。

② 分配 B 类 IP 地址的国际组织有 3 个：ENIC 负责欧洲地区的分配工作，InterNIC 负责北美地区，设在日本东京大学的 APNIC 负责亚太地区。我国的 Internet 地址由 APNIC 分配（B 类地址），由原邮电部数据通信局或相应网管机构向 APNIC 申请地址。

③ C 类 IP 地址由地区网络中心向国家级网络中心（如 CHINANET 的 NIC）申请分配。

5. 子网编址

IP 地址有 32 位，可容纳上百万个主机，应该足够用了，可目前 IP 地址已经分配得差不多了。实际上，现在只剩下少部分的 B 类地址和一部分 C 类地址。IP 地址消耗如此之快的原因是存在巨大的地址浪费。以 B 类地址为例，它可以标志几万个物理网络，每个网络 65 534 台主机，如此大规模的网络几乎是不可实现的。事实上，一个数百台主机的网络已经很大了，何况上万台。因而在实际应用中，人们开始寻找新的解决方案以克服 IP 地址的浪费现象，于是便产生了子网编址技术。子网编址技术的思想是将主机号部分进一步划分为子网号和主机号两部分，这样不仅可以节约网络号，还可以充分利用主机号部分巨大的编址能力。

（1）子网编址模式下的地址结构

32 位 IP 地址被分为两部分，即网络号和主机号，而子网编址的思想是，将主机号部分进一步划分为子网号和主机号。在原来的 IP 地址模式中，网络号部分就是一个独立的物理网络，引入子网模式后，网络号加上子网号才能唯一地标识一个物理网络。

子网编址使得 IP 地址具有一定的内部层次结构，这种层次结构便于分配和管理。它的使用关键在于选择合适的层次结构——如何既能适应各种现实的物理网络规模，又能充分地利用地址空间（即从何处分隔子网号和主机号）。

（2）子网掩码

由以上分析可知，每一个 A 类网络能容纳 16 777 214 台主机，这在实际应用中是不可能的。而 C 类网络的网络 ID 太多，每个 C 类网络能容纳 254 台主机。在实际应用中，一般以子网的形式将主机分布在若干个物理地址上，划分子网就是使用主机 ID 字节中的某些位作为子网 ID 的一种机制。在没有划分子网时，一个 IP 地址可被转换成两个部分：网络 ID + 主机 ID；划分子网后，一个 IP 地址就可以成为网络 ID + 子网 ID + 主机 ID。

在实际中，采用掩码划分子网，故掩码也称子网掩码。子网掩码同 IP 地址一样，由 4 组，每组 8 位，共 32 位二进制数字构成，例如，255.255.0.0。每一类 IP 地址的缺省子网掩码如表 2-2 所示。

表 2-2　　　　　　　　　　　　　　缺省子网掩码

类　　别	子 网 掩 码
A	255.0.0.0
B	255.255.0.0
C	255.255.255.0

2.4.2　域名系统

1. 域名概述

Internet 由成千上万台计算机互连而成，为使网络上每台主机（host）实现互访，Internet 定义了 IP 地址作为每台主机的唯一标识；但数字 IP 地址表述不形象，没有规律，记忆不方便，人们更喜欢使用具有一定含义的字符串来标识 Internet 上的主机。为了向一般用户提供一种直观、明了的主机识别符，TCP/IP 专门设计了一种字符型主机命名机制，这个字符型名字就是域名。

2. 域名的构成

Internet 域名采用层次型结构，反映一定的区域层次隶属关系，是比 IP 地址更高级、更直观的地址。域名由若干个英文字母和数字组成，由 "." 分隔成几个层次，从右到左依次为顶级域、二级域、三级域等。例如在域名 tsinghua.edu.cn 中，顶级域为 cn、二级域为 edu、最后一级域为 tsinghua。

域名分为国际域名和国内域名两类。国际域名也称为机构性域名，它的顶级域表示主机所在机构或组织的类型，例如，com 表示营利性组织，edu 表示教育机构，org 表示非营利性组织机构等。国际域名由国际互联网络信息中心（INTERNIC）统一管理。Internet 顶级域名分配如表 2-3 所示。国内域名也称为地理性域名，它的顶级域表示主机所在区域的国家或地区代码，如表 2-4 所示。例如，中国的地理代码为 cn，在中国境内的主机可以注册顶级域为 cn 的域名。中国的二级域又分为类别域名和行政域名两类。国内域名由中国互联网络信息中心（CNNIC）管理。

表 2-3　　　　　　　　　　　　　　　　Internet 顶级域名分配

域　　名	域 机 构	全　　称
com	商业组织	Commercial organization
edu	教育机构	Educational institution
gov	政府部门	Government
mil	军事部门	military
net	主要网络支持中心	Networking organization
org	其他组织	Non-profit organization
int	国际组织	International organization
国家代码	各个国家	

表 2-4　　　　　　　　　　　　　　　　部分国家和地区的代码

域　　名	国　　家	全　　称
AT	奥地利	Austria
AU	澳大利亚	Australia
CA	加拿大	Canada
CH	瑞士	Switzerland（"Confoederatio Hlvetia"）
CN	中国	China
DE	德国	Germany（"Deutschland"）
DK	丹麦	Denmark
ES	西班牙	Spain（"Espana"）
FR	法国	France
GR	希腊	Greece
JP	日本	Japan
NZ	新西兰	New Zealand
UK	英国	United Kingdom
US	美国	United States

由于 Internet 主要是在美国成长壮大的，所以美国主机的顶级域名不是国家代码，而直接使

用机构组织类型。如果某主机的顶级域由 com、edu 等构成，一般可以判断这台主机在美国（也有美国主机顶级域名为 us 的情况）。其他国家、地区的顶级域名一般都是其国家、地区代码，如中国用 cn 表示，英国用 uk 表示。

3. 域名系统和域名服务器

（1）域名系统

把域名映射成 IP 地址的软件称为域名系统（domain name system，DNS）。域名系统采用客户机/服务器工作模式。

（2）域名服务器

域名服务器（domain name server）实际上就是装有域名系统的主机，是一种能够实现名字解析的分层数据库。

4. 域名系统与 IP 地址的关系

一般情况下，一个域名对应一个 IP 地址，这是域名与 IP 地址的一对一关系；但并不是每一个 IP 地址都有一个域名与之对应，还有一个 IP 地址对应几个域名的情况。例如，"瑞得在线"网站主页的 IP 地址为 168.160.233.10，它有提供不同服务的 3 个域名，分别是 www.rol.cn.net、www.rol.com.cn、www.readchina.com，使用 IP 地址和 3 个域名中的任何一个都可以找到该主页，这是域名与 IP 地址的一对多关系。

5. 域名寻址方式

对用户而言，使用域名比直接使用 IP 地址方便多了，但对于 Internet 的内部数据传输来说，使用的还是 IP 地址。域名到 IP 地址的转换就要用 DNS 来实现。实际上域名服务器相当于一本电话簿，已知姓名就可以查到电话号码。域名地址本身是分层的，所以域名服务器也是分层的。下面通过一个国外客户寻找一台叫 host.edu.cn 中国主机的例子，说明 Internet 中的域名寻址过程，其示意图如图 2-14 所示。

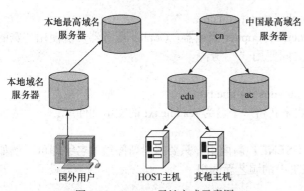

图 2-14　Internet 寻址方式示意图

① 国外客户提出查询 host.edu.cn 请求，本地域名服务器受理并分析该域名。

② 由于本地域名服务器数据库中没有中国域名资料，必须向本地域名服务器的上一级域名服务器查询。

③ 本地最高域名服务器检索自己的数据库，查到 cn 为中国，则指向中国的最高域名服务器。

④ 中国最高域名服务器分析号码，看到第二级域名为 edu，就指向 edu 域名服务器（图 2-14 中 ac 域名服务器与 edu 域名服务器是平级的）。

⑤ 经 edu 域名服务器分析，查到第三级域名是 host，就指向名为 host 的主机。整个寻址过程实际很像长话业务中的号码分析过程，只不过在这里进行号码分析的是域名服务器计算机，而不是交换机；而且寻址总是针对特定的网络，由一级一级的网络找到相应的主机。

2.4.3　URL 地址

1. URL 地址的概念及组成

统一资源定位符（URL）是 Internet 上描述信息资源位置的字符串，主要用在 WWW 客户程序和服务器程序中。采用 URL 可以用一种统一的格式描述和访问 Internet 上各种信息资源，包括文件、服务器的地址和目录。URL 的格式由以下 3 部分组成。

① 传输协议或服务方式。

② 主机的 IP 地址或域名。

③ 目录或文件名。

①和②之间应该用 "://" 符号隔开，②和③之间用 "/" 符号隔开。①和②是不可缺少的，③有时可以省略。例如：

http://www.sina.com/welcom.htm

　①　　　　②　　　　③

传输协议即访问页的方式，也就是浏览器用于取得超文本文件的协议或程序，如果浏览器利用HTTP方式来访问文件，那么协议部分就是 http。协议必须与系统安装的信息服务器匹配以便能正常工作。

主机名是 Internet 上保存信息的地方，同一个主机名也可以使用不同的协议而有不同的 URL。例如，http://mysystem.com、ftp://mysystem.com、gopher://mysystem.com。该例说明同一主机中安装了 3 个不同的信息服务器，使得浏览器可同时工作而不会引起任何问题。URL 的主机名中可包含一个端口号，它告诉浏览器用指定的网络端口来替代默认端口打开正确的协议链接，但仅当服务器只提供对应于该特定端口的信息服务时才有必要在 URL 中写上端口号。如果要在 URL 中包括端口号，应将端口号写在主机名与目录之间。例如，http://my-public-access-unix.com:150/pub/file。

目录是信息文件在主机上的位置。

2．URL 地址举例

（1）HTTP 的 URL

使用 HTTP 的 URL 格式为 http://www.microsoft.com/china/index.html。

该例子表示用户要连接到名为 www.microsoft.com 的主机上，采用 http 访问方式读取 china目录下名为 index.html 的超文本文件内容。

（2）Gopher 的 URL

使用 Gopher 的 URL 格式为 gopher://gopher.cemet.edu.cn。

该例表示用户要连接到名为 gopher.edu.cn 的 Gopher 服务器。Gopher 服务器可能使用特殊的端口，在这种情况下，主机 IP 地址与端口之间要用 ":" 分隔。

（3）文件的 URL

文件的 URL 格式为 ftp://ftp.pku.edu.cn/pub/dos/readme.txt。

该例表示用户要通过文件传输 FTP 方式来获得一个名为 readme.txt 的文本文件。

（4）网络新闻的 URL

利用 URL 访问网络新闻时，如果是 USENET 新闻组，只要指出新闻组的名字即可。例如news://rec.gardening。该例表示访问 USENET 上的园艺新闻组。

（5）Telnet 的 URL

Telnet 的 URL 格式为 telnet://cs.nankai.edu.cn:10。

该例子表示用户要远程登录到名为 cs.nakai.edu.cn 的主机的 10 号端口。

3．URL 的缺点

当信息资源的存放地点发生变化时，必须对 URL 作相应的改变，这是 URL 的最大缺点。目前人们正在研究新的信息资源表示方法，例如通用资源标识（URI）、统一资源名（URN）、统一资源引用符（URC）等。

2.5　Internet 接入方式

在讨论 Internet 的接入方式之前，用户首先应该明确接入 Internet 要做什么事情，也就是选择

Internet 接入点。如果用户只是希望获取信息资源和信息资源服务，那么应该选择一个合适的 ISP，申请一个账号，通过 ISP 连入 Internet。如果用户希望自己成为一个 ISP，为别人提供 Internet 服务，那么就必须与 NSP（network service provider）联系，通过 NSP 连入通信主干网。

确定接入点后，就可以决定 Internet 接入方式了。近几年来，随着信息业务的快速增长，特别是 Internet 的迅猛发展，人们对传输速率提出了越来越高的要求，网络接入技术也因此得到了迅速的发展，并且呈现出多样化的特征。一般用户接入 Internet 的基本要求如下。

① 有很高的传输率（即带宽），以便支持多媒体通信。一般情况下，人们对接收速率（即下行信道）的要求较高，而对发送速率（即上行信道）的要求较低，因此，传输率可以是不对称的。

② 接通速度快。

③ 上网费用低，通信质量高。

本节介绍几种常见的接入 Internet 的方式。

2.5.1　以终端方式入网

几乎所有的 ISP 都提供终端方式接入 Internet。这种方式利用已有的电话网，通过电话拨号程序将用户的计算机连接到 ISP 的一台主计算机上，成为该主机的一台仿真终端，经由 ISP 的主机访问 Internet。

以这种方式上网时，用户需要用拨号程序的拨号功能通过调制解调器（Modem）拨通 ISP 一端的 Modem，然后根据提示输入个人账号和口令。通过账号和口令检查后，用户的计算机就是远程主机的一台终端了。

2.5.2　通过 ISDN 专线方式入网

ISDN 是综合业务数据网（integrated services digital network）的缩写。ISDN 是电话网和数字网相结合演化出来的一种网络，它可以实现计算机之间的数字连接，提供包括话音和非话音在内的多种业务。ISDN 分为窄带 ISDN（N-ISDN）与宽带 ISDN（B-ISDN），目前通过改造电话线路而得到的就是窄带 ISDN，因此一般用户到电信部门申请的都是 N-ISDN。使用 N-ISDN，用户只需用一条电话线，通过一组标准多用途的用户/网络接口，就可将多种业务接入该网，并按统一的规则进行通信。将电信与广播电视合为一体，亦可将广播电视业务纳入电信业务之中。

通过 ISDN 接入 Internet 既可以用于局域网，也可以用于独立的计算机。对于单独的计算机入网，需要一块 ISDN 网卡和一台 ISDN 数字式 Modem。对于局域网连入 Internet，则需要 ISDN 接口的路由器。

ISDN 的速度能满足一般用户的要求，但由于它的网络结构、通信质量、安全性以及带宽无法满足政府、金融和企事业单位等的需求，因此，能够提供高速度、高质量、高安全性的通信链路 DDN 应运而生了。

2.5.3　通过 DDN 专线方式入网

DDN（digital data network）即数字数据网，它是利用数字传输通道（光纤、数字微波、卫星）和数字交叉复用设备组成的数字数据传输网。DDN 采用数字电路，传输质量高，误码率低，时延小，通信速率可根据用户需要任意选择，适用于大公司、科研机构等有自己局域网的用户。

DDN 专线入网是一个复杂的、成本昂贵的方式。使用这种连接方式时，需要在用户及 ISP 两端分别加装支持 TCP/IP 的路由器，为局域网上的每一台计算机申请一个静态 IP 地址，并向电信部门申请一条 DDN 数字专线，由用户独自使用。用户端的局域网经过一个路由器，为该局域网上的所有计算机提供完全的 Internet 连接。

CHINADDN 是中国电信经营管理的中国公用数字数据网。目前，网络已覆盖到全国所有省会城市、绝大部分地市和部分县城，可以方便地为用户提供上述各种业务，受到社会各界特别是对于传输要求高、信息量大的客户的普遍欢迎。

2.5.4 通过 XDSL 专线方式入网

近年来，Internet 以惊人的速度发展，各种新业务对传输速率提出了越来越高的要求，例如多媒体应用常常要求全屏动态图像，它需要至少 1.5Mbit/s（MPEG1）或 3Mbit/s～6Mbit/s（MPEG2）的带宽，这是 ISDN 和 DDN 远远不能满足的。于是，数字用户线路 XDSL（digital subscriber line）技术孕育而生。

XDSL 技术是一种点对点的宽带接入技术，利用现有电话网线路提供高速数据传输手段。"X"代表着不同类型的数字用户线路技术。各种数字用户线路技术的不同之处，主要表现在信号的传输速率与距离上。XDSL 技术分为对称 DSL（包括 HDSL 技术和 MVL 技术）和非对称 DSL（包括 ADSL 技术、RADSL 技术和 VDSL 技术）两种。其中，HDSL 技术和 ADSL 技术是比较成熟的技术并且已得到广泛的应用。

用户接入网（从本地电话局到用户之间的部分）是电信网的重要组成部分，也是信息高速公路的"最后一公里"。为实现接入网的数字化、宽带化，光纤用户网是今后发展的必然方向；但由于市话铜线已与大部分 Internet 用户相连接，现有市话铜线网的用户数目十分庞大，全部更换为光纤成本过高，因此在今后的十几年甚至几十年内仍将继续使用现有的铜线环路。XDSL 技术能利用全球现有的超过 7 亿条的市话铜线传输信号，而无须修改任何现有协约和网络结构。对于电信公司来说，则不用再为更换线路所要投入天文数字的资金而发愁，可以充分利用现有网络资源，非常灵活地根据用户量配置 XDSL 设备，为用户提供更多、更好的网上服务。

2.5.5 通过 Cable Modem 方式入网

所谓 Cable Modem，即电缆调制解调器，又名线缆调制解调器。有了它，就可以利用有线电视网 CATV 进行数据传输。电缆调制解调器主要是面向计算机用户的终端，它是连接有线电视同轴电缆与用户计算机之间的中间设备。目前的有线电视节目所占用的带宽一般在 50MHz～550MHz 范围内，有很多的频带资源没有得到有效利用。由于大多数新建的 CATV 网都采用光纤同轴混合网络（HFC 网），使原有的 550MHz CATV 网扩展为 750MHz 的 HFC 双向 CATV 网，其中有 200MHz 的带宽用于数据传输，接入 Internet 网。这种模式的带宽上限为 860～1000MHz。电缆调制解调器技术就是基于 750MHz HFC 双向 CATV 网的网络接入技术。

2.5.6 通过代理服务器入网

代理服务器入网方式是在局域网上的一台计算机中运行代理服务器软件，该计算机通常称为代理服务器或网关。这台代理服务器的广域网端口接入 Internet，局域网端口与局域网相连，局域网上运行 TCP/IP。当局域网内的其他计算机有访问 Internet 资源和服务请求时，这些请求被提交给代理服务器，由代理服务器将请求送到 Internet 上去并把取回的信息送给该计算机，从而完成为局域网中的计算机的代理服务。这种代理服务是同时实现的，即局域网中的每台计算机都可以同时通过代理服务器访问 Internet，它们共享代理服务器的一个 IP 地址和同一账号。

2.5.7 无线局域网入网

伴随移动通信技术的飞速发展，无线局域网开始进入市场。无线局域网指的是通过无线手持终端或移动终端、无线的基站、无线的路由器、无线的集线器、无线网卡、卫星等通信技术和设备连接的局域网。无线局域网采用 IEEE 802.11 标准，使用 ISM 无线网络频段，可以作为有线计算机网络的补充，在实际联网中起着非常重要的作用。无线局域网的通信部分、协议部分与有线局域网的不同，但无线局域网无论采用什么形式，什么拓扑结构，最终都要与有线局域网或 Internet连接，利用其中丰富的信息资源。

目前，个人计算机可以通过以下 4 种方式无线连入 Internet。

① WLAN（Wireless Local Area Networks，无线局域网络）。其由电信公司或单位统一部署无线接入点，建立起无线局域网 WLAN，并接入 Internet。该方式在校园、机场、医院、饭店等人流量大的场所应用得极其广泛，如：餐饮服务业可使用无线局域网络产品，直接从餐桌即可输入并传送客人点菜内容至厨房、柜台；仓储人员透过无线网络的应用，能立即将最新的资料输入计算机仓储系统；一般位于远方且需受监控的场所，由于布线困难，可借助无线网络将远方之影像传回主控站。

② GPRS（General Packet Radio Service，通用分组无线业务）。GPRS 是以分组的形式把数据通过手机信号传送给用户。笔记本电脑可以通过 GPRS 无线网卡连接到 Internet 上，也可以把开通了 GPRS 业务的手机直接当作 GPRS 无线 Modem 使用。

③ CDMA（Code Division Multiple Access，称码分多址）。与 GPRS 相比，CDMA 具有抗干扰能力强、宽带传输的优点。笔记本电脑同样可以使用 CDMA 无线网卡连接到 Internet。

④ 3G（3rd-generation，第三代移动通信技术）。与之前的无线上网方式相比，3G 在传输声音和数据的速度上有很大提升，能够在全球范围内更好地实现无线漫游，并能处理图像、音乐、视频流等多种媒体形式，提供包括网页浏览、电话会议、电子商务等多种信息服务。

表 2-5 列出了各种接入技术的比较，目前还不能说哪一种技术占有绝对优势。在一段时期里，它们可能会一起发展，然后在竞争中逐渐分出高低。有些技术则可能相互补充，满足不同的需求。

表 2-5　　　　　　　　　　　　　各种接入技术的比较

接入方式	接入速率 （bit/s）	主 要 特 点	适 用 范 围
Modem	56k	上网费用低、设备安装简单、不能与电话共用	个人和业务量小的单位
ISDN	64k/128k	拨号上网、上网须交话费、同时可打电话，费用较低	个人或业务量小的单位
DDN	64k～2M	速度快、线路稳定、属于专线上网，费用较高	上网业务量大或需要建立自己网站的单位
CableModem	约 2M	下行速率很高、不通过电话网、使用有线电视线路	个人或业务量小的单位
XDSL	1M～8M	速率高、利用现有电话线、属于专线上网，不需要额外交纳电话费	个人或企业
代理服务器		加快网络浏览速度、节省 IP 开销、安全性好、便于管理	校园或企业
无线网		可以满足移动、重定位、特殊网络的要求，还能覆盖有限网络难以涉及的范围	局域网扩充、漫游访问、建筑物互连、特殊网络

2.6　网络互连

国际标准化组织（ISO）提出了 OSI/RM 作为计算机网络体系结构的参考模型，但并非所有的计算机网络都严格遵守这个标准，大量同构网、异构网仍然存在（包括各种各样的局域网、城域网、广域网）。为了达到更大范围内的信息交换和资源共享，需要将这些网络互相连接起来。网络互连是计算机网络发展到一定阶段的产物，是网络技术中的一个重要组成部分。本节介绍网络互连定义、网络互连类型及网络互连层次。

2.6.1　网络互连的定义

网络互连是指用一定的网络互连设备将多个拓扑结构相同或不同的网络联接起来，构成更大规模的网络。网络互连的目的是使得网络上的一个用户可以访问其他网络上的资源，实现网络间的信息交换和资源共享。网络互连允许不同的传输介质、不同的拓扑结构共存于一个大的网络中。

根据网络的地理覆盖范围，网络互连可分为4种类型。

1. 局域网之间的互连（LAN-LAN）

局域网与局域网的互连是实际中最为常用的一种互连形式，其互连结构如下。

① 同构网互连。同构网互连是指具有相同协议的局域网的互连。这种互连比较简单，使用网桥就可以实现多个局域网的互连。

② 异构网互连。异构网互连是指具有不同网络协议的共享介质局域网的互连。这种互连也可以通过网桥实现。

2. 局域网与广域网之间的互连（LAN-WAN）

局域网与广域网的互连应用广泛，可通过路由器或网关实现互连。

3. 广域网之间的互连（WAN-WAN）

广域之间通过路由器或网关实现互连。

4. 通过广域网实现的局域网之间的互连（LAN-WAN-LAN）

两个分布在不同地理位置的局域网通过广域网实现互连。

无论哪种类型的互连，每个网络都是互连网络的一部分，是一个子网。子网设备、子网操作系统、子网资源、子网服务将成为一个整体，使互联网上的所有资源实现共享。

2.6.2 网络互连的层次

由于网络体系结构上的差异，实现网络互连可在不同的层次上进行。按 OSI/RM 模型的层次划分，可将网络互连分为 4 个层次，如图 2-15 所示。

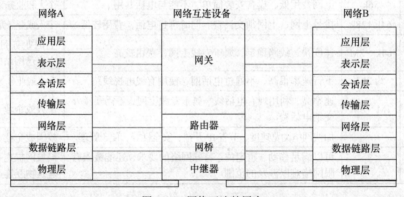

图 2-15 网络互连的层次

与之对应的网络互连设备如下。

① 物理层——使用中继器（repeater）在不同的电缆段之间复制位信号，实现物理层的互连；

② 数据链路层——使用网桥（bridge）在局域网之间存储、转发数据帧，实现数据链路层的互连；

③ 网络层——使用路由器（router）在不同的网络之间存储、转发分组，实现网络层的互连；

④ 传输层及以上——使用网关（gateway）实现网络高层的互连。

2.6.3 网络设备

一台计算机作为端系统 ES（end system）连网，需要解决两方面的问题：第一，它首先要加入一个局域网；第二，为了能与远方的端系统通信，还必须解决它所在的局域网与别的网络互连的问题。

1. 网卡

局域网只有物理层和数据链路层，不需要网络层。局域网使用共享介质，网上所有端系统之间是全连通的，这就使局域网的通信子网中的节点也只需要物理层和数据链路层，而且使这个节点与端系统结合在一起，这个节点就是端系统联网所必需的网络接口卡 NIC（network interface card），简称网卡，也叫网络适配器（adapter）。

网卡是网络通信的主要部件之一。计算机通过添加网卡，可以将计算机与局域网中的通信介质相连，从而达到将计算机接入网络的目的。网卡的性能直接影响网络功能和网上运行应用软件的效果。随着网络技术的迅速发展，网卡的总线位数已由 8 位提高到 16 位、32 位、64 位，其数据速率也由 10Mbit/s 上升到 100Mbit/s、1000Mbit/s。网卡主要以适应何种主机总线来分类，当前各种计算机提供的总线扩展槽口主要有工业总线 ISA、扩展工业总线 EISA、外围控制器接口总线 PCI、微通道总线 MCA 等。

2. 网络连接设备

互连在一起的网络要通信，需要解决很多问题。通用的方法是用一些网络连接设备在互连的网络之间做协议转换工作，从而达到网络的互连互通。所以，网络连接设备是实现网络互连的关键。常用的网络连接设备主要有中继器、集线器、网桥、路由器、网关和交换机，不同的网络连接设备工作在不同的协议层中。

（1）中继器

中继器（repeater）工作在物理层，用于延伸同构局域网。中继器的作用是对信号进行放大、整形，以驱动长线电缆。它的主要优点体现在延长网段距离，扩展局域网覆盖的范围。

（2）网桥

网桥（bridge）工作于数据链路层，用以实现局域网网段的互连。网间通信从网桥传送，网内通信被网桥隔离。网桥即可以连接同构网也可以连接异构网（如以太网到以太网、以太网到令牌环网），它要求两个互连网络在数据链路层以上采用相同或兼容的网络协议。网桥的主要功能是隔离网段，以提高网络可靠性及通信效率。

（3）路由器

路由器（router）工作在网络层，是比网桥更复杂的网络互连设备。路由器的互连能力强，可以执行复杂的路由选择算法，用来实现不同类型的局域网互连，如以太网、令牌环网、ATM、FDDI、AppleTalk 等的互连。路由器也可用来实现局域网与广域网互连。在这种情况下，要求网络层以上的高层协议相同或兼容。路由器除具备网桥的全部功能外，还具有路由选择功能。

（4）网关

网关（gateway）也称网间协议转换器，工作于 OSI/RM 的传输层、会话层、表示层和应用层，用于连接网络层之上执行了不同协议的子网，从而组成异构的互联网。网关具有对不兼容的高层协议进行转换的功能，可实现两种不同协议的网络互连。它是比网桥、路由器更加复杂的网络连接设备。

（5）集线器

集线器（hub）实际上是一个多端口中继器，使用的还是 CSMA/CD 协议。集线器的功能是分配带宽，将局域网内各自独立的计算机连接在一起。

（6）交换机

交换机（switch）也叫交换式集线器，是一种新型的网络连接设备。它将传统网络"共享"媒体技术改变为交换式的"独享"媒体技术，提高了网络的带宽。

2.6.4　网络互连的优点

网络互连给整个网络系统带来的益处有以下几点。

（1）提高系统的可靠性

一个有缺陷的节点会严重破坏网络的运行。通过网络互连，将一个网络分成若干个独立的子网，可以防止因单个节点失常而破坏整个系统。

（2）改进系统的性能

一般而言，局域网的性能随着网中站点的增加而下降。有必要将一个逻辑上单独的局域网分为若干个分离的局域网以调节负载，提高系统性能。

（3）加强系统的保密性

通过网络互连设备，拦截无须转发的重要信息，防止信息被窃。

（4）建网方便

一个单位在地理上可能分散在相距较远的若干个建筑物中，直接铺设电缆比较困难，较方便的方法是在各个建筑物内分别建立局域网，用网络互连设备将若干个局域网连接起来。

（5）增加地理覆盖范围

一个单位可以在不同的地点建立多个网络，并希望这些网络具有单一集成的特点，这种网络覆盖范围的扩展可以用网络互连技术实现。

2.7　Intranet、Extranet、电子政务

2.7.1　Intranet 基本概念

1. 什么是 Intranet

Intranet 是基于 TCP/IP，使用 WWW 工具，采用防止外界侵入的安全措施，为企业内部服务并有连接 Internet 功能的企业内部网络，简称内联网。由于 Intranet 采用了企业级的 TCP/IP 技术，使 Intranet 与遍及全球的 Internet 可以很方便地互连，从而使企业内部网很自然地成为全球信息网的一个组成部分。

在过去，企业内部网采用的基本上都是局域网，利用局域网来管理企业内部的业务。在这种方式下，一旦涉及远程管理和远程信息的获取与交换时，局域网就显得无能为力了。基于 Internet 技术的企业内部网可在不改变原有系统功能要求的基础上，增加许多新的网络服务功能，实现与 Internet 的互连，获取更高的经济效益；能以较少的投资和较短的开发周期，创建或改造企业内部的 MIS（管理信息系统），使之成为一个开放、安全、高效的企业信息系统。

从这个定义出发，Intranet 的要点可概括如下：

① Intranet 是根据企业内部的需求而设计，它的规模和功能是根据企业经营和发展的需求确定的；

② Intranet 不是一个孤岛，它能方便地和外界连接，尤其是和 Internet 的连接；

③ Intranet 采用了 TCP/IP 及相应的技术和工具，是一个开放系统；

④ Intranet 根据企业的安全要求，设置相应的防火墙、安全代理等，以保护企业内部的信息，防止外界侵入；

⑤ Intranet 广泛使用 WWW 的工具，使企业员工和用户能方便地浏览和运用企业内部的信息以及 Internet 丰富的信息资源，这些工具包括超文本标记语言（hypertext markup language，HTML）、公共网关接口（common gateway interface，CGI）以及新的编程语言 Java 等。

2. Intranet 的基本功能

Intranet 内联网提供了比传统企业网络更加完善的服务功能，现归纳其主要功能如下。

- 文件共享。
- 信息发布与浏览。
- 目录查询。
- 网上讨论。

- 电子邮件。
- 网络安全管理。

3. Intranet 的构成

对于新建的企业网络环境，完整的企业内部网主要由网络硬件系统和网络服务系统两大部分组成。它们有的实现网络上基本的信息传输功能，有的实现网上信息的安全转发，包括基本网络环境、WWW 系统、文件传输（FTP）系统、信息检索（gopher）系统、电子邮件（E-mail）系统、新闻组（news groups）、远程登录（telnet）等。

4. Intranet 的优点

Intranet 优于传统的客户机/服务器（client/server，C/S）结构，生成一种三层的浏览器/Web 服务器/数据库服务（Browse/Web Server/DataBase Server，B/W/D）结构，这种结构称厚客户机模式。

2.7.2　Extranet 基本概念

Extranet 是供应链上企业之间信息交换的行业网络系统，是企业内部网向外部的延伸，简称外联网。Extranet 与 Internet、Intranet 不同，它既不像内联网那样主要为企业内部服务，也不像 Internet 那样完全对公众开放，它只是有选择地对外开放。Extranet 允许企业的贸易伙伴和客户获得企业内部网上的一些重要信息，在保证企业内联网核心数据安全的同时，扩大了对网络的访问范围。

外联网概念最早出现于 1996 年，当时无论技术还是市场都不够成熟。比如：为使企业外部网的 Web 服务器能够存取企业内联网的数据，人们必须在防火墙上凿一个洞，这种"洞"在方便外部伙伴检索信息的同时，也留下了隐患。尽管如此，业界仍对外联网的发展前景十分看好，认为外联网是继因特网和内联网之后，互联网发展的第三次浪潮。

2.7.3　电子政务

1. 什么是电子政务

我国电子政务始于 1999 年开始实施的政府上网工程，随着对电子化认识的不断深入，政府上网被赋予了更多的内涵，提法也变为"电子政府""电子政务"。

电子政务是政府在国民经济和社会信息化的背景下，以提高政府办公效率，改善决策和投资环境为目标，将政府的信息发布、管理、服务、沟通功能向 Internet 转移的系统解决方案。电子政务是一个系统工程，它采用先进的网络及软件技术，支持快速开发、灵活部署和高效安全运行，是一个可以实现政府内部、政府部门之间以及面向社会的信息共享、业务联动、科学决策的系统。

实施电子政务的最终目的就是建立电子政府。根据电子政务的发展过程和最终目标，电子政务的建设可分为网上政府、增值服务和电子社区 3 个阶段。

2. 网上政府

网上政府是电子政务的初级阶段，是指政府部门利用 Internet/Intranet 等通信技术，推动政府办公自动化建设，并向各种社会组织及公民提供政府部门的各种服务，从而在因特网上实现政府在政治、经济、社会、生活等诸多领域的管理与服务职能。网上政府是电子政务的基础。政府上网工程的建设应注意以下的一些问题。

① 电子政务应循序渐进，避免一刀切。
② 安全问题成为瓶颈，但是管理运营机制是真正的障碍所在。
③ 电子政务实施面临的不只是一两个问题，整体上依然处在摸索阶段。
④ 国产软件要想真正打开电子政务市场，软件企业还必须做很多努力。

3. 增值服务

增值服务是指在网上政府的基础上，政府机关合理利用自身资源优势，建立一个文件资料的电子化中心以开展网上办公业务。将各种证明文件和办事流程电子化、网络化，增加办事服务渠道，减少办事环节，提高办事效率。相对于电子政务初级阶段的网上政府而言，这些业务更能体现动态资源的再利用，并能以此拓展新的商务机会，所以称为电子政务的增值运营。增值服务是电子政务的最大创收点。按照其实际应用的领域，增值服务可分为以下 3 种类型。

（1）事务服务

政府模式的逐步信息化、网络化，使得传统政府的各种事务能逐渐集中到网上处理，政府事务更加规范化，体现了公开、公平、公正的原则，其广泛性、先进性、方便性也为人们普遍接受和应用。例如，网上进出口管理、网上税务、网络银行、网上会议等。

（2）信息服务

随着政府机关的职能优化和对资源的深入挖掘，许多政府部门都陆续建立了面向行业内部和面向公众开放的数据库，这些信息库富含了大量有价值的信息资源，从而形成服务市场与多方盈利机会。例如，北京市工商行政管理局的"三网一体"系统。北京市工商行政管理局先后开发建设了"金网""红盾信息网"和"红盾 3.15 网"，初步形成了工商行政管理日常业务、电子政务和信息服务"三网一体"的政务信息化格局。

（3）功能服务

很多政府机关属于特定行业，拥有自己的技术优势，将部分资源整合后可以向公众提供各种专业性服务，同时也对行业内相关法律法规的制定拥有主导的权力。因此，电子政务对其来说更能监督检验法律法规的实施程度，便于规范行业秩序，另外也可带动企业有效地进行各类电子商务运作。例如，卫生部的网上医院工程，应用前景有远程医疗、专家咨询、药品（含医疗器械）电子商务等；教育部的网上教育系统工程，其应用前景有远程教育、实时应试、实时留学双方接洽等。

4. 电子社区

电子社区就是指政府机关与社会各界建立广泛深入的网络服务连接，使得公民在网上可以享受政府全程服务，使社会资源各环节能达到无缝链接的高度应用集成状态。电子社区是电子政务的高级应用阶段，是全民性的电子政务系统。

电子社区属于电子政务第三阶段的应用产物。在此之前，必须要求政府完成上网以及数据库资源网络共享，另外，全民网络应用意识的广泛、深入普及也是必要条件之一。只有具备这两个条件，电子社区才可能提上议事日程。

2.8　网络安全与管理

随着计算机网络的发展，各行各业对计算机网络的依赖程度也越来越高，这种高度依赖将使网络变得十分脆弱，一旦网络受到攻击，轻者不能正常工作，重者危及国家安全，网络安全问题刻不容缓。

2.8.1　网络安全

1. 什么是网络安全

网络安全是指通过采取各种技术和管理措施，确保网络数据的可用性、完整性和保密性，其目的是确保经过网络传输和交换的数据不会发生改变、丢失和泄露。网络安全包括 5 个基本要素：机密性、完整性、可用性、可控性与可审查性。网络安全是一门涉及计算机科学、网络技术、通信技术、密码技术、信息安全技术、应用数学、数论、信息论等多种学科的综合性学科。

2. 计算机网络面临的安全威胁

计算机网络面临以下 4 种威胁。

① 截获：攻击者从网络上窃听他人的通信内容。

② 中断：攻击者有意中断他人在网络上的通信。

③ 篡改：攻击者故意篡改网络上传送的报文。

④ 伪造：攻击者伪造信息在网络上传送。

以上 4 种威胁可划分为被动攻击和主动攻击两类。截获信息的攻击是被动攻击，篡改信息和中断用户使用资源的攻击是主动攻击。

3. 网络安全技术

网络安全技术包括：防火墙技术、加密技术、鉴别技术、数字签名技术、审计监控技术、病毒防治技术。网络安全工作的目的就是为了在安全法律、法规、政策的支持与指导下，通过采用合适的安全技术与安全管理措施，完成以下任务。

① 使用访问控制机制，阻止非授权用户进入网络，即"进不来"，从而保证网络系统的可用性。

② 使用授权机制，实现对用户的权限控制，即不该拿走的"拿不走"；同时结合内容审计机制，实现对网络资源及信息的可控性。

③ 使用加密机制，确保信息不泄漏给未授权的实体或进程，即"看不懂"，从而实现信息的保密性。

④ 使用数据完整性鉴别机制，保证只有得到允许的人才能修改数据，而其他人"改不了"，从而确保信息的完整性。

⑤ 使用审计、监控、防抵赖等安全机制，使得攻击者、破坏者、抵赖者"走不脱"，并进一步对网络出现的问题提供调查依据和手段，实现信息安全的可审查性。

4. 网络安全措施

作为普通的网络用户，应该掌握下述一般的安全防护措施。

① 身份验证。通过用户名和密码来验证该用户是否合法。

② 存取控制。赋予不同身份的用户不同的操作权限。通过身份验证后，再按不同级别来设置各个用户的权限，实现信息的分级管理。

③ 数据的完整性。确保数据在传输过程中不被篡改。

④ 可靠性保护。通过数据传输加密技术，来确保信息不被泄密。

作为系统管理员，应该注意通过以下措施来保护服务器。

① 经常备份系统。

② 为不同的用户分配各自相应的权限。

③ 不要将服务器用作工作站。

④ 不要在服务器上运行应用程序。

⑤ 仅安装正版程序。

2.8.2　防火墙技术

内联网通常采用一定的安全措施与企业或机构外部的 Internet 用户相隔离，这个安全措施就是防火墙。防火墙是一种由软件、硬件构成的系统，用来在两个网络之间实施存取控制机制。软件部分可以是专利软件、共享软件或免费软件，硬件部分是由路由器构成的。

防火墙的功能有两个：一个是阻止，另一个是允许。"阻止"就是阻止某种类型的通信量通过防火墙（从外部网到内部网，或从内部网到外部网）；"允许"功能与"阻止"恰好相反。多数情况下防火墙的主要功能是"阻止"，但绝对的"阻止"也是很难做到的。

防火墙覆盖 OSI 结构的网络层、传输层与应用层，它主要由以下两部分组成。

（1）分组过滤路由器

分组过滤路由器（packet filter router）作用在网络层和传输层，它根据分组包头源地址、目的地址和端口号、协议类型等标志确定是否允许数据包通过，但是不能在用户级别上进行过滤。

（2）应用网关

应用网关（application gateway）作用在应用层，通常使用应用网关或代理服务器来区分各种应用。特点是完全"阻隔"了网络通信流，通过对每种应用服务编制专门的代理程序，实现监视和控制应用层通信流的作用。

图 2-16 所示的防火墙就同时具有这两种技术，它包括两个分组过滤路由器和一个应用网关，它们将两个局域网连接在一起。无论何种类型的防火墙，从总体上看，都应具有以下 5 大基本功能：过滤进、出网络的数据，管理进、出网络的访问行为，封堵某些禁止的业务，记录通过防火墙的信息内容和活动，对网络攻击的检测和告警。应该强调的是，防火墙是整体安全防护体系的一个重要组成部分，而不是全部，因此必须将防火墙的安全保护融合到系统的整体安全策略中，才能实现真正的安全。

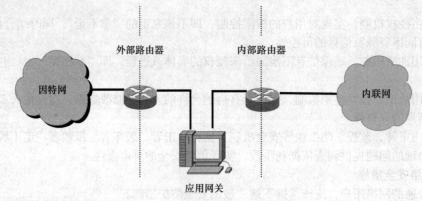

图 2-16　防火墙在互联网中的位置

目前，防火墙也存在一定的局限性。首先，对网络安全性的加强是以降低网络服务的灵活、多样和开放性作为代价的；其次，不能防范人为因素的攻击，不能防止用户误操作造成的威胁，不能防止受病毒感染的软件或文件的传输。

2.8.3　计算机病毒及其防治

计算机病毒是互联网上的巨大安全隐患之一，这些病毒可以随下载的软件、Java 程序、ActiveX 空间进入公司的内部网络，对计算机系统安全构成严重威胁。

1. 病毒的定义与特征

计算机病毒中的"病毒"一词来源于生物学。"计算机病毒"实际是一段可执行的程序代码，它能隐藏在计算机系统中，利用系统资源进行繁殖并生存，影响计算机系统正常运行，并通过系统进行传染。

计算机病毒作为一种特殊的程序，应具有如下特征。

① 传染性：计算机病毒可以从一个程序传染到另一个程序，从一台计算机传染到另一台计算机，同时使被传染的计算机程序、计算机以及计算机网络成为计算机病毒的生存环境和新的传染源。

② 隐蔽性：计算机病毒是一种具有很高编程技巧、短小精悍的可执行程序，它通常附着在正常程序之中或磁盘引导扇区中，想方设法隐藏自身，这是它的非法可存储性。

③ 破坏性：计算机病毒感染系统后，被感染的系统在病毒发作条件满足时，表现出一定的症状，如屏幕显示异常、系统速度变慢、文件被删除等。

④ 针对性：一种计算机病毒针对某一种计算机系统或某一类程序。

⑤ 变种性：病毒在发展、演化过程中产生变种，有些病毒能产生几十种变种。

⑥ 潜伏性：计算机病毒在传染计算机系统后，病毒的触发是由发作条件来确定的，在发作条

件满足前，病毒可能在系统中没有表现症状，不影响系统的正常运行。

2. 病毒的分类与症状

（1）病毒的分类

从已发现的计算机病毒来看，小的病毒程序只有几十条指令，不到百字节，而大的病毒程序简直像个操作系统，由上万条指令组成。计算机病毒一般可分成 4 种主要类别。

① 引导区型病毒。引导区型病毒是最流行的病毒类型，主要通过软盘在 DOS 操作系统里传播。引导区型病毒侵染软盘中的引导区，蔓延到用户硬盘，并能侵染到硬盘的主引导记录。一旦硬盘中的引导区被病毒侵染，病毒就试图侵染每一个插入计算机从事访问的软盘的引导区。

② 文件型病毒。文件型病毒是文件侵染者，也被称为寄生病毒。它运作在计算机存储器里，通常它感染扩展名为 COM、EXE、DRV、OVL 和 SYS 等的文件。每一次病毒被激活时，感染文件把自身复制到其他文件中，并能在存储器里保存很长时间，直到病毒再次被激活。

③ 复合型病毒。复合型病毒有引导区型病毒和文件型病毒两者的特征。

④ 宏病毒。宏病毒一般是指用 BASIC 语言书写的病毒程序，寄存在 Microsoft Office 文档的宏代码上。它影响对文档的各种操作，如打开、存储、关闭和清除等。当打开 Office 文档时，宏病毒程序就会被执行，即宏病毒处于活动状态；当触发条件满足时，宏病毒才开始传染、表现和破坏。

根据美国"国家计算机安全协会"统计，宏病毒目前占全部病毒的 80%，是发展最快的病毒，它能通过电子邮件、Web 下载以及文件传输等应用很容易地得以蔓延。

（2）病毒的症状

从目前发现的病毒来看，主要症状如下。

① 由于病毒程序把自己或操作系统的一部分用坏簇隐藏起来，磁盘坏簇莫名其妙地增多。

② 由于病毒程序附加在可执行程序头尾或插在中间，可执行程序长度增大。

③ 由于病毒本身或其复制品不断侵占磁盘空间，可用磁盘空间变小。

④ 由于病毒程序的异常活动，造成异常的磁盘访问。

⑤ 由于病毒程序附加或占用引导部分，系统引导变慢，或系统不认识软盘或硬盘，不能引导系统。

⑥ 死机现象增多或系统出现异常动作。

3. 计算机病毒的预防

（1）病毒的传染途径

病毒的传染途径主要有以下两种。

① 通过外存储器传染：使用不明渠道来的系统盘、软件、游戏等是最普遍的传染途径，由于使用带有病毒的软盘、活动硬盘、盗版光盘，使机器感染病毒，并传染给未被感染的"干净"的系统。

② 通过网络传染：在网络上浏览、下载文件或接收 E-mail，都会受到病毒的侵蚀和感染，这种传染扩散极快，能在很短时间内传遍正在网络上运行的机器。

（2）预防病毒的措施

一般来说，计算机病毒预防分为两种：管理方法的预防和技术上的预防，而在一定的程度上，将两种方法结合是行之有效的病毒预防措施。

用管理手段预防计算机病毒的传染，有下面 3 个措施。

① 不在计算机上使用来历不明的软盘。

② 经常对计算机和软盘进行病毒检测。

③ 在网上下载的软件要先经过病毒检测后再使用。

可采用一定的技术手段预防计算机病毒的传染，例如使用"病毒防火墙"等软件，预防计算机病毒对系统的入侵，或发现病毒欲传染系统时，向用户发出警报。"病毒防火墙"这一概念是伴随着 Internet 及网络安全技术引入的，它的原理是实时"过滤"，当应用程序对文件或邮件进行打开、关闭、执行、保存、发送时，首先自动清除文件中包含的病毒，之后再完成用户的操作，保护计算机系统不受任何来自"本地"或"远程"病毒的危害，同时也防止"本地"系统内的病毒向网络或其他介质扩散。

4．病毒的清除

目前病毒的破坏力越来越强，几乎所有的软、硬件故障都可能与病毒有牵连。而检查和清除病毒的最佳办法就是使用各种杀毒软件。McAfee VirusScan 软件是世界上最早开发、最著名的反病毒软件，也是最早进入我国的杀毒软件。Norton AntiVirus 软件是集防毒、查毒、杀毒功能于一身的综合性病毒防治软件。我国病毒清查技术目前已逐步走向成熟，市场上也出现了一些世界领先水平的杀毒软件，例如，KV3000、KILL 和 VRV 等。一般来说，无论是国外还是国内的杀毒软件，都能不同程度地解决一些病毒困扰的问题，但任何一种杀毒软件都不可能解决所有问题。

2.8.4　网络管理

随着网络规模的不断扩大，网络结构变得越来越复杂，用户对网络的应用需求不断提高，依赖程度不断加大。在这种情况下，网络管理的好坏可使网络发挥的效用大为不同，网络管理已成为现代网络技术中最重要的问题。

1．网络管理的定义

网络管理是指对整个网络应用系统的管理。具体来说，网络管理就是用软件手段对网络进行监视和控制，以减少故障发生的概率，一旦故障发生能及时发现，并能采用有效的恢复手段，最终使网络性能达到最优，进而减少网络的维护费用。

2．网络管理的功能

OSI 网络管理标准中定义了网络管理的 5 大功能，这 5 大功能是网络管理的最基本功能。

（1）配置管理

只有在有权配置整个网络时，用户才可能正确地管理该网络，排除出现的问题，所以配置管理是网络管理的最重要功能之一。

（2）故障管理

故障管理包括故障检测、故障诊断和故障维修。它的主要目标是快速定位网络中的故障点（或潜在故障），找出发生故障的原因和解决办法。

（3）性能管理

性能管理指标通常包括网络响应时间、吞吐量和网络负载等参数。网络性能管理可分为性能监测和网络控制两部分。性能监测指网络工作状态信息的收集和整理。网络控制是为改善网络设备的性能而采取的动作和措施。

（4）记账管理

记账管理包括收集和解释网络费用信息。可以利用这一功能摊派费用或为改善工作做计划。通过记账管理，还可以了解网络的真实用途，定义它的能力和制定政策，使网络更有效。

（5）安全性管理

安全性管理能保护用户的数据和设备，防止来自内部的和外部的危险涉及硬件、软件和过程。另外，随着各种网络应用的不断增加，网络资源管理问题也变得越来越重要，例如域名注册、网络地址分配、代理服务器等。

3．简单网络管理协议

ISO 的网络管理标准 CMIS/CMIP 同其开放系统互连参考模型标准一样，始终没有得到社会的广泛支持和应用，目前符合 ISO 网络管理标准的实用产品几乎没有，ISO 的网络管理标准只具有参考指导作用。相反，广泛应用于 TCP/IP 网络的简单网络管理协议（SNMP）得到所有网络厂商的一致支持。

SNMP 由管理进程、管理代理、管理信息库 3 个部分组成，管理进程是一个或一组软件程序，运行在网络管理站的主机上，执行各种管理操作。管理代理是一种在被管理网络设备中运行的软件，负责执行管理进程的管理操作。管理代理可直接对本地信息库进行操作，或将数据传送到管理进程。管理信息库是一个概念上的数据库，由管理对象组成。每个管理代理管理信息库中属于本地的管理对象，各管理代理控制的管理对象共同构成全网的管理信息库。

SNMP 是在应用层上进行网络设备间的管理，可以进行网络设备状态监视、网络参数设定、网络流量的分析统计、发现网络故障等。由于它的使用及开发极为简单，所以在现代网络中得到普遍的应用。因为 SNMP 简单，所以功能有限，其主要缺点如下。

① 不能有效地传送大块数据。

② 不能将网络管理的功能分散化。

③ 安全性不够好。

1993 年发布的 SNMP v2 解决了前两个问题，SNMP v3 可以解决安全性问题。

思考与练习

1. 简述计算机网络的定义、分类和主要功能。
2. 计算机网络发展分为几个阶段？每个阶段各有什么特点？
3. 计算机网络由哪几个部分组成？各部分的作用是什么？
4. 举例说明计算机网络的主要应用范围。
5. 你对资源共享有何理解？
6. 局域网的主要特点是什么？
7. 局域网的基本网络拓扑结构有哪些？各有什么特点？
8. 计算机网络为什么采用层次化的体系结构？
9. 谈谈你对 MAC 地址的理解。
10. 常用的传输介质有哪几种？各有什么特点？
11. 局域网的种类有哪些？它们的主要特点是什么？
12. 试说明在局域网中 3 种介质访问控制方法的异同点。
13. 说明 Internet、WWW、Intranet 的含义。
14. Internet 使用的是什么通信协议？
15. 阐述 Internet 的工作原理。
16. 域名等于 IP 地址，这种说法对吗？为什么？
17. 一台拥有 A 类 IP 地址的主机肯定比拥有 B 类或 C 类 IP 地址的主机性能高，这种说法是否正确？
18. Internet 在中国的情况如何？
19. 试举例说明 Internet 服务项目。
20. 电子政务可分为哪 3 个阶段？
21. 电子政务建设应注意哪些问题？
22. 简述电子政务提供的 3 类增值服务。
23. 简述网络安全的意义。
24. 网络管理的内容主要有哪几个方面？
25. 举例说明几种 Internet 接入技术。

第3章
多媒体基础知识

多媒体技术是基于计算机、网络和电子技术发展起来的一门新技术，它与计算机技术和网络技术相互融合、相辅相成。多媒体技术的发展和应用，正在对信息社会及人们的工作、学习和生活产生着重大影响。

本章主要针对计算机的基本操作和基本应用，概要介绍多媒体技术的基本知识。掌握多媒体技术的基本知识，对多媒体计算机系统的全面了解、熟练操作和实际应用都是十分重要和非常必要的。

3.1　多媒体概述

3.1.1　多媒体的概念

1. 媒体

在人类社会中，信息的表现形式是多种多样的，这些表现形式叫做媒体。通常遇到的文字、声音、图形、图像、动画、视频等都是表现信息、传播信息的媒体，所以说媒体就是承载信息的载体。

在计算机领域中，媒体有两种含义：存储信息的实体和表现信息的载体。纸张、磁盘、磁带、光盘等都是存储信息的实体，而诸如文本或文字、声音、图形、图像、动画、视频等则是用来表现信息的载体。

2. 多媒体与多媒体技术

所谓多媒体，是指由文本、声音、图形、动画、图像、视频等媒体中两种以上媒体的有序组合。多媒体不是几个媒体简单地随意组合，而是为了表达一个共同的较为复杂的信息（内容），实现某个技术目标，采用相应的技术，有规律地组合在一起。

多媒体技术是指对多媒体信息进行采集/数字化、压缩/解压、存储、传输、加工/综合处理、显示/播放等的技术，它包括多媒体计算机技术和多媒体网络技术。

3. 超文本与超媒体

传统的线性文本（text）是用字符流的方式存储和显示文本的，它具有结构上的线性和顺序的特性。而超文本（hypertext）则是文字信息的非顺序表现形式，它把信息分成互相关联的多个块，采用非线性的网状结构把各个信息块链接在一起。链有多种，通常是从一个信息单元（源节点）指向另一个信息单元（目的节点）的有方向的指针，没有固定的存储顺序，也没有固定的阅读顺序。简单地讲，超文本就是使用链接技术的文本。

引进了多媒体技术的超文本就称为多媒体超文本，简称超媒体（Hypermedia）。

4. 多媒体的基本特性

多媒体具体有以下几种基本特性。

（1）多样性

多样性一方面是指信息媒体的多样性，另一方面是指对信息的获取、交换、组合、加工、显示等处理的多样性。

（2）数字化

数字化是指多媒体中的各种信息都是以数字形式存储、处理和传输的。

（3）集成性

集成性是指以计算机为中心综合处理多种信息媒体，将其集成为一体，使多种媒体能够充分发挥综合作用，效应更加明显。集成性既是指存储信息的实体的集成，也是指承载信息的载体的集成。

（4）交互性

交互性即人机交互，没有交互性的系统就不是多媒体系统。多媒体计算机可以让人们主动交互，即用户和计算机之间可以相互通信，从内容上、方式上实现有选择的操作或播放。

（5）实时性

在多媒体播放系统中，各种媒体（尤其是声音和视频）之间是同步的，播放的时序、速度及各媒体之间的其他关系也必须符合实际规律。多媒体系统在存储、压缩、传输和做其他处理时，必须重视实时性，支持实时播放，否则将会破坏多媒体的实时性，出现声音、图像、文字等信息无序、无章、违反实际规律的播放效果。

3.1.2　多媒体技术的产生和发展

在计算机发展的初期，信息的表现形式只有数字和文字。从 20 世纪 80 年代后期开始，人们致力于研究将声音、图形和图像作为新的信息媒体输入、输出计算机。

1984 年，美国 Apple 公司在研制 Macintosh 计算机时，创造性地使用了位映射、窗口、图符等技术，同时引入了鼠标作为交互设备，对多媒体技术的发展做出了重要贡献。

1985 年，随着 Windows 操作系统的问世，美国 Commodore 公司首先推出世界上第一台多媒体计算机 Amiga 系统，这是多媒体计算机的雏形。此后，多媒体个人计算机相继推出，并于 1990 年—1995 年先后制定出了多媒体个人计算机标准 MPC 1、MPC 2 与 MPC 3。现在，多媒体计算机技术已经成熟，性能指标不断提高，实际执行的是 MPC 4 标准。

1986 年，荷兰 Philips 公司和日本 Sony 公司联合推出 CD-I（交互式紧凑光盘系统），同时公布了该系统所采用的 CD-ROM 光盘的数据格式，对大容量存储设备（光盘）的发展产生了巨大的影响。

1987 年，美国 RCA 公司推出了交互式数字视频系统 DVI，它以计算机技术为基础，用标准光盘标准来存储和检索静止图像、活动图像、声音和其他数据。

1987 年，Intel 公司与 IBM 公司合作推出 Action Media 750 多媒体开发平台。1991 年，Intel 和 IBM 又合作推出了改进型的 Action Media Ⅱ。从此，其他多媒体开发平台、各种多媒体处理软件、各种多媒体创作工具相继推出。由此，引发了多媒体应用软件的积极开发和多媒体技术的广泛应用。

20 世纪 90 年代以来，随着多媒体模拟信号数字化技术、多媒体数字压缩技术、调制/解调技术和网络宽带技术的发展，本来就传输数字信号的计算机网络，传输数字化了的多媒体信息成为现实，本来就传输模拟信号的广播电视网与电信网的数字化也同时得以实现，于是三网合一成为定局。三网合一，大大推动了多媒体技术的发展，扩大了多媒体信息的共享范围与多媒体技术的应用范围。多媒体技术渗透到各行各业，深入到各家各户，影响到每一个人的工作、学习与生活，世界从此变得绚丽多彩。

3.1.3　多媒体技术的应用

多媒体技术的应用几乎覆盖了计算机应用的绝大多数领域，而且还开拓了涉及人类工作、学习、生活和娱乐等方面的新领域。

1. 计算机辅助系统

计算机辅助教学，是利用多媒体技术设计和制作的多媒体课件来进行教学。利用多媒体技术教学，内容直观，生动活泼，寓教于乐，在听和看的同时还可以完成各种练习，这样可以提高学生的学习兴趣，便于理解，加深记忆，教学效率高、效果好。

计算机辅助设计，是利用多媒体技术中的二维/三维绘图技术、二维/三维动画技术、RGB 调色技术等进行各种设计，例如美术图案设计、服装设计、工艺设计、动画设计、土木建筑设计、水利工程设计、机械设计、园林设计等。计算机辅助设计可以实现设计迅速准确、模拟与修改灵活方便，设计效果好，同时又便于计算机辅助制造和自动化作业。

计算机辅助管理，是利用多媒体网络功能、图形/图像识别技术及多媒体数据库管理技术等，进行现场管理、身份识别、多媒体咨询及建立多媒体管理信息系统等。利用计算机辅助管理，可以使管理人员通过友好、直观的界面及人机交互的工作方式，获得多种形象、生动、活泼、直观的多媒体信息，并使用计算机进行记忆、识别、统计、查询等工作。计算机辅助管理改善了工作环境，提高了工作质量，有很好的应用前景。

2. 远程工作系统

远程教育是利用多媒体网络技术、多媒体教学软件和多媒体课件，通过课程上网、网上培训和网上学历教育等形式，完成教学、答疑、布置与批改作业、考试与答辩、教学管理等任务。远程教育可以共享教育资源（教学环境、教学设备、教学资料、教材、师资等），使受教育者不受时间和地点的限制，自主地接受教育，而且成本低、效果好。

远程医疗是利用多媒体网络技术进行远程数据检查与图表分析、远程诊断与会诊、远程治疗与健康咨询等。远程医疗可以共享医疗资源，不论相隔多远，如同面对面一般。

远程工作的内容还包括视频会议、远程查询、文件的接收与发布、协议/合同的签订以及分布式多媒体计算机系统支持的远程协同工作等。

3. 在商业与服务业中的应用

多媒体技术广泛应用于商业与服务业中。用于商业的有网上广告、网上购物、多媒体售货亭以及电子商务等。多功能信息咨询和服务系统（point of information，POI），可以向公众提供诸如旅游、交通、邮电、商业、气象等公共信息和类似宾馆、商业大楼、影剧院、美容中心等的服务指南，POI 的应用十分广泛。

4. 文化娱乐与游戏

文化娱乐与游戏是人们生活的重要组成部分，多媒体技术给影视作品和游戏作品的制作带来了革命性变化，由电影/电视作品、戏剧/曲艺/音乐/歌曲节目、动画/卡通片，到声、文、图并茂的逼真实体模拟的游戏，画面、声音更加逼真，特技、编辑技术更加高超，趣味性、娱乐性更强，文化娱乐业出现了空前繁荣景象。在多媒体网络上，电影、电视、歌曲和广播的点播业务发展很快，人们不受地点和时间的限制，随心所欲地点播节目，深受广大用户的欢迎。随着 VCD、DVD 的出现与发展，价廉物美的文化娱乐及游戏产品备受人们欢迎，对启迪儿童的智慧、丰富成年人的娱乐活动大有益处。

5. 新闻出版与彩色印前处理

多媒体应用在新闻出版方面，出现了无纸化的电子新闻和电子出版。利用多媒体网络技术，网上新闻快速、真实，使人如同亲临现场一般。电子出版完全抛弃了传统的出版技术，速度快、成本低、利用率高，而且发行与订阅的手续简单，用户的检索查询与浏览阅读十分方便。电子出版物越来越普及，或将图书资料、期刊杂志、电子教材等上网发行，用户可在任何有终端的地方（不管有多远）阅读浏览，或将各种出版物制成光盘，用户可以浏览也可以收藏保存。

所谓彩色印前处理，就是利用多媒体图像处理和调色技术，完成彩色印刷前的处理工作。彩色印前处理的效率高、效果好。

6. 虚拟现实

虚拟现实是用多媒体计算机及其他装置虚拟现实环境，其实质是人与计算机之间或人与人借助计算机进行交流，这种交流十分逼真。人的所有感觉都能在虚拟环境中得到体现，用户在虚拟环境中具有临场感，虚拟环境中的事物运动与真实世界的运动规律一样，用户对虚拟环境中物体的控制与操作，使物体能够产生和真实世界一样的实时效果。虚拟现实技术广泛用于科学研究、各种训练、机器人技术、虚拟实验、多维电影、游戏等方面，用户不仅感觉到如同置身于实际环境一般，而且效果好、成本低。

7. 多媒体技术在其他方面的应用

多媒体技术在其他很多方面都得到了广泛应用。例如军事方面的军事指挥与通信、电子头盔与军服、电子侦察与监听、目标识别与定位、导航与效果重现等，在气象、地质、航测、遥测等方面对图像的识别与处理、模拟与预测等方面，都很好地应用了多媒体技术。

3.2　多媒体信息和文件

3.2.1　文本信息

文字是记录语言的书写符号，其作用在于表意达情，具有存储量小、信息量大的特点，是多媒体不可或缺的要素。

文本信息可采用不同的字处理软件来制作，如 WPS、Word、记事本等，随之也产生了与之相对应的多种文件格式，如 WPS、DOC、TXT 等。有些图像处理软件（如 Photoshop）也提供"输入文本"的功能，并能制作精美的艺术字。

向计算机输入文本信息主要靠键盘输入，也可以使用扫描仪输入已打印的文本，利用光学字符识别器/阅读器（optical character recognition/reader，OCR），还可以输入手写的字符。

3.2.2　声音信息

声音包括音乐与语音，具有烘托气氛的效果。现实世界中的各种声音必须由模拟信号通过采样、量化和编码转化成数字信号，计算机才能接受和处理，其质量取决于采样频率与量化精度。这种数字化的声音信息以文件形式保存，即通常所说的音频文件或声音文件。

多媒体计算机中的声音文件一般分为两类：WAV 文件和 MIDI 文件。前者是通过外部音响设备输入到计算机的数字化声音，后者是完全通过计算机合成产生的，它们的采集、表示、播放以及使用的软件都各不相同。

1. WAV 文件

WAV 文件也叫做波形文件，是 Microsoft 公司开发的一种声音文件格式，可以由 Microsoft 公司的"录音机"程序来录制和播放。WAV 格式文件的数据是直接来源于对声音模拟波形的采样。用不同的采样频率对声音的模拟波形进行采样可以得到一系列离散的采样点，以不同的量化位数把这些采样点的值转换成二进制数，然后存入磁盘，这就产生了声音的 WAV 文件。WAV 文件所需要的存储容量很大，如果对声音质量要求不高的话，可以通过降低采样频率、采用较低的量化位数或利用单声道来录制 WAV 文件，此时的 WAV 文件大小可以大大减小。

WAV 文件数据没有经过压缩，数据量大，但音质最好。大多数压缩格式的声音都是在它的基础上经过数据的重新编码来实现的，这些压缩格式的声音信号在压缩前和回放时都要使用 WAV 格式。

2. MIDI 文件

乐器数字接口（musical instrument digital interface，MIDI）是在音乐合成器、乐器和计算机之

间交换音乐信息的一种标准协议。MIDI 文件就是一种能够发出音乐指令的数字代码。与 WAV 文件不同，它记录的不是各种乐器的声音，而是 MIDI 合成器发音的音调、音量、音长等信息，所以 MIDI 总是和音乐联系在一起，它是一种数字式乐器。

利用具有乐器数字化接口的 MIDI 乐器（如 MIDI 电子键盘、合成器等）或具有 MIDI 创作能力的计算机软件可以制作或编辑 MIDI 音乐。

由于 MIDI 文件存储的是命令，而不是声音波形，所以生成的文件较小，只是同样长度的 WAV 音乐的几百分之一。

3. 常见声音文件格式

- WAV 格式

WAV 格式是 Microsoft 公司开发的一种声音文件格式，用于保存 Windows 平台的音频信息资源，被 Windows 平台及其应用程序所广泛支持。文件尺寸较大，多用于存储简短的声音片段。

- MP1/MP2/MP3 格式

MPEG 是运动图像专家组（Moving Picture Experts Group）的英文缩写，代表 MPEG 运动图像压缩标准，这里的音频文件格式指的是 MPEG 标准中的音频部分，即 MPEG 音频层（MPEG Audio Layer）。MPEG 音频文件的压缩是一种有损压缩，根据压缩质量和编码复杂程度的不同可分为三层（MPEG Audio Layer 1/2/3），分别对应 MP1、MP2 和 MP3 这三种声音文件。MPEG 音频编码具有很高的压缩率，MP1 和 MP2 的压缩率分别为 4∶1 和 6∶1~8∶1，而 MP3 的压缩率则高达 10∶1~12∶1，也就是说一分钟 CD 音质的音乐，未经压缩需要 10MB 存储空间，而经过 MP3 压缩编码后只有 1MB 左右，同时其音质基本保持不失真，因此，目前使用最多的是 MP3 文件格式。

- RA/RM/RAM 格式

RealAudio 文件是 RealNetworks 公司开发的一种新型流式音频（Streaming Audio）文件格式，它包含在 RealNetworks 公司所制定的音频、视频压缩规范 RealMedia 中，主要用于在低速率的广域网上实时传输音频信息。网络连接速率不同，客户端所获得的声音质量也不尽相同：对于 14.4Kbps 的网络连接，可获得调幅（AM）质量的音质；对于 28.8Kbps 的连接，可以达到广播级的声音质量；如果拥有 ISDN 或更快的线路连接，则可获得 CD 音质的声音。

- MID 格式

MIDI 是乐器数字接口（Musical Instrument Digital Interface）的英文缩写，是数字音乐/电子合成乐器的统一国际标准，它定义了计算机音乐程序、合成器及其他电子设备交换音乐信号的方式，还规定了不同厂家的电子乐器与计算机连接的电缆和硬件及设备间数据传输的协议，可用于为不同乐器创建数字声音，可以模拟大提琴、小提琴、钢琴等常见乐器。相对于保存真实采样数据的声音文件，MIDI 文件显得更加紧凑，其文件尺寸通常比声音文件小得多。

3.2.3 图形与图像信息

1. 图形信息

图形又叫矢量图，基本元素是图元，采用矢量图形方法来绘制图形。矢量图形方法不直接描述画面的每一个点，而是描述产生这些点的过程及方法，即用一组指令描述构成画面的直线、矩形、椭圆、圆弧、曲线等的属性和参数（长度、大小、形状、位置、颜色等）。由于不用对画面上的每一个点进行量化保存，所以图形需要的存储量很少，但显示画面的计算时间较长，显示图形时往往可以看到画图过程。

矢量图形方法通常用于工程制图、广告设计、装潢图案设计、地图绘制等领域。

图形文件的类型有 WMF、CDR、FHX 或 AI 等，一般是直接用软件程序制作的。

- CDR 格式

CDR 格式是著名绘图软件 CorelDRAW 的专用图形文件格式。由于 CorelDRAW 是矢量图形绘制软件，所以 CDR 可以记录文件的属性、位置和分页等；但它在兼容度上比较差，所有 CorelDraw

应用程序中均能够使用，但其他图像编辑软件打不开此类文件。

- **WMF 格式**

WMF（Windows Metafile Format）是 Windows 中常见的一种图元文件格式，属于矢量文件格式。它具有文件短小、图案造型化的特点，整个图形常由各个独立的组成部分拼接而成，其图形往往较粗糙。

2. 图像信息

图像是位图的概念，基本元素是像素，采用点位图的方法绘制图像。点位图方法描述的是画面中的每一个像素点的亮度和颜色。显示器显示一幅图像时，是按照像素的顺序，根据各像素的数据（代表对应的颜色），一点一点地显示，而与图像的具体内容无关。

图像可通过扫描仪输入计算机，或者用数码照相机拍摄后输入计算机。打开一个已制作完成的图像文件，即可在相应的环境中显示出与之对应的图像。

常见的图像格式有 BMP、GIF、JPEG、PNG、TIFF、PCX 等。

- **BMP 格式**

BMP 是一种位图（BitMap）文件格式，它是一组点（像素）组成的图像，Windows 系统下的标准位图格式，使用很普遍。BMP 结构简单，未经过压缩，一般图像文件会比较大。它最大的好处就是能被大多数软件"接受"，可称为通用格式。

- **GIF 格式**

图形交换格式（Graphics Interchage Format，GIF）支持 256 色，分为静态 GIF 和动画 GIF 两种，支持透明背景图像，适用于多种操作系统，"体型"很小，网上很多小动画都是 GIF 格式。其实 GIF 是将多幅图像保存为一个图像文件，从而形成动画，所以归根结底 GIF 仍然是图像文件格式。

- **JPEG 格式**

JPEG 是应用最广泛的图片格式之一，它采用一种特殊的有损压缩算法，将不易被人眼察觉的图像颜色删除，从而达到较大的压缩比（可达到 2∶1 甚至 40∶1），所以"身材娇小，容貌姣好"，特别受网络青睐。

- **PSD 格式**

PSD 是图像处理软件 Photoshop 的专用图像格式，图像文件一般较大。

- **PNG 格式**

PNG 与 JPEG 格式类似，网页中有很多图片都是这种格式，压缩比高于 GIF，支持图像透明，可以利用 Alpha 通道调节图像的透明度。

3.2.4 动画与视频信息

1. 动画信息

人眼有一种称为"视觉暂留"的生理现象，凡是观察过的物体映像，都能在视网膜上保留一段短暂的时间。利用这一现象，让一系列计算机生成的可供实时演播的连续画面以足够多的画面连续出现，人眼就可以感觉到画面上的物体在连续运动，这样就形成了动画。动画要求的速率为 25～30 帧/秒。

动画的画面可以逐帧绘制，也可以根据设定的场景，用计算机和图形加速卡等硬件实时地"计算"出下一帧的画面。前者的工作量大，后者计算量大，但大部分工作可以用工具软件来完成。

今天，动画广泛应用于电视广告、网页和其他多媒体演示软件。

- **GIF 格式**

GIF 是图形交换格式（Graphics Interchange Format）的英文缩写，是由 CompuServe 公司于 20 世纪 80 年代推出的一种高压缩比的彩色图像文件格式。目前 Internet 上大量采用的彩色动画文件多为 GIF 格式文件，在 Flash 中可以将设计输出为 GIF 格式。

- **SWF 格式**

利用 Flash 我们可以制作出一种后缀名为 SWF（Shockwave Format）的动画，这种格式的动画图像能够用比较小的体积来表现丰富的多媒体形式。在图像的传输方面，不必等到文件全部下载才能观看，而是可以边下载边看，因此特别适合网络传输，特别是在传输速率不佳的情况下，也能取得较好的效果。SWF 如今已被大量应用于 WEB 网页进行多媒体演示与交互性设计。此外，SWF 动画是基于矢量技术制作的，因此不管将画面放大多少倍，画面不会因此而有任何损害。综上，SWF 格式作品以其高清晰度的画质和小巧的体积，受到了越来越多网页设计者的青睐，也越来越成为网页动画和网页图片设计制作的主流，目前已成为网上动画的事实标准。

2. 视频信息

同样是利用人眼"视觉暂留"的生理现象，当每一幅图像为实时获取的真实的自然景物和情景时，就把这种动态图像称为动态视频信息，简称视频。

在实际的电影、电视和录像节目中，动态视频并不单独出现，常常是在录制动态视频的同期录制声音，或在后期配音。多媒体应用软件中的视频与音频也常常是同步实时播放的。我们把这种动态视频与音频制作在一起的可以音、像同步实时播放的信息，称为影视信息。因为动态视频信息往往和音频信息共存于同一个影视信息之中，所以人们把影视信息也称作视频信息（简称为视频）。模拟的影视信息经过采集（数字化）、编辑、压缩等步骤，存储（刻录或压制）在光盘上，就成为各种规格的多媒体应用光盘。

常用的视频文件主要有 AVI、MPEG、FLV 等格式。

- AVI 格式

AVI（Audio Video Interleaved，音频视频交错）格式是一种可以将视频和音频交织在一起进行同步播放的数字视频文件格式。AVI 格式由 Microsoft 公司于 1992 年推出，随 Windows3.1 一起被人们所认识和熟知。它采用的压缩算法没有统一的标准，除 Microsoft 公司之外，其他公司也推出了自己的压缩算法，只要把该算法的驱动加到 Windows 系统中，就可以播放该算法压缩的 AVI 文件。AVI 格式的优点是图像质量好，可以跨多个平台使用，但是其缺点是体积过于庞大，其文件扩展名为.avi。

- MOV 格式

MOV 格式是美国 Apple 公司开发的一种视频格式，默认的播放器是 Apple 公司的 QuickTime Player。MOV 格式不仅能支持 MacOS，同样也能支持 Windows 系列计算机操作系统，有较高的压缩比率和较完美的视频清晰度。MOV 格式定义了存储数字媒体内容的标准方法，使用这种文件格式不仅可以存储单个的媒体内容，如视频帧或音频采样数据，而且还能保存对该媒体作品的完整描述。因为这种文件格式能用来描述几乎所有的媒体结构，所以它是不同系统的应用程序间交换数据的理想格式。这种数字视频格式的文件扩展名包括.qt、.mov 等。

- MPEG 格式

MPEG 的英文全称为 Moving Picture Expert Group，即运动图像专家组格式，家里常看的 VCD、SVCD、DVD 就是这种格式。目前 MPEG 格式主要有三个压缩标准，即 MPEG-1、MPEG-2 和 MPEG-4。

MPEG-1：这种视频格式的文件扩展名包括.mpg、.mlv、.mpe、.mpeg 及 VCD 光盘中的.dat 文件等。

MPEG-2：这种视频格式的文件扩展名包括.mpg、.mpe、.mpeg、.m2v 及 DVD 光盘上的.vob 文件等。

MPEG-4：这种视频格式的文件扩展名包括.asf、.mov 和 DivX AVI 等。

- RM 格式

RealNetworks 公司所制定的音频视频压缩规范称为 Real Media。用户可以使用 RealPlayer、RealOnePlayer 播放器，对符合 RealMedia 技术规范的网络音频/视频资源进行实况转播；并且 RealMedia 可以根据不同的网络传输速率制定出不同的压缩比率，从而实现在低速率的网络上进行影像数据实时传送和播放。

- WMV 格式

WMV（Windows Media Video）格式是 Microsoft 公司将其名下的 ASF（Advanced Stream

Format）格式升级延伸而来的一种流媒体格式。WMV 格式的主要优点包括：本地或网络回放、可扩充的媒体类型、可伸缩的媒体类型、多语言支持、环境独立性、丰富的流间关系以及扩展性等。WMV 格式的文件扩展名为.wmv。

- FLV 格式

FLV （Flash Video）格式是随着 Flash MX 的推出发展而来的流媒体视频格式。它的出现有效地解决了视频文件导入 Flash 后，使导出的 SWF 文件体积庞大，不能在网络上很好地使用等缺点。FLV 文件体积极小，1 分钟清晰的 FLV 视频大小在 1MB 左右，加上 CPU 占用率低，视频质量良好等特点使其在网络上极为盛行。目前网上多数视频网站使用的都是这种格式的视频。FLV 格式的文件扩展名为.flv。

- 3GP 格式

3GP 是一种 3G 流媒体的视频编码格式，主要是为了配合 3G 网络的高传输速度而开发的一种媒体格式，具有很高的压缩比，特别适合手机上观看电影。3GP 格式的视频文件体积小，移动性强，适合在手机、PSP 等移动设备使用；缺点是在 PC 机上兼容性差，支持软件少，且播放质量差，帧数低，较 AVI 等格式相差很多。3GP 格式的文件扩展名为.3gp。

- F4V 格式

F4V 是 Adobe 公司为了迎接高清时代而推出继 FLV 格式后的支持 H.264 的 F4V 流媒体格式。它和 FLV 主要的区别在于，FLV 格式采用的是 H.263 编码，而 F4V 则支持 H.264 编码的高清晰视频，码率最高可达 50Mbps。使用最新的 Adobe Media Encoder CS4 软件即可编码 F4V 格式的视频文件。

3.2.5　多媒体文件

存储多媒体信息的文件称为多媒体文件。多媒体文件具有以下特点。

（1）具有不同的格式

计算机中，多媒体信息均可用数据文件来存储。有些文件只有一种媒体类型，如 TXT、WAV 等，也有些可包含多种媒体类型，如 AVI 可包含音频文件和视频文件。文件的格式不仅随所描述的媒体而有区别，也随着使用它的公司或软件而不同。图像和图形文件拥有的格式最多，仅在 Windows 环境中可能用到的格式就有 20 余种。

（2）占用空间巨大

多媒体的数据量非常大，例如，1 分钟 44.1kHz 采样频率、16 位量化精度的立体声（CD 音质）数据约为 10MB，一幅分辨率为 1 024 像素×768 像素的 BMP 图像的数据量约为 2.25MB，而且，对声音和图像的质量要求越高，所需的存储空间也越大。

（3）不同的多媒体文件应使用不同的工具来制作

各种多媒体文件都有其相应的制作工具，没有任何一种工具可以功能强大到制作和处理每一种多媒体文件。

3.3　多媒体关键技术

多媒体技术涉及计算机、通信、电视和现代音像处理等多种技术。如果说超大规模集成电路和多任务实时操作系统分别从硬件、软件两个方面对多媒体系统的制作提供了重要的支持，那么大容量存储器、数据压缩技术和超文本/超媒体等技术更是实现多媒体应用的关键和核心。不掌握大容量存储器和数据压缩技术，多媒体应用将无法实现；而离开了超文本/超媒体技术的支持，网络多媒体应用也很难顺利进行。

3.3.1　大容量存储技术

数据量大是多媒体文件的显著特点。从目前的技术来看，在大容量、高速度和低价格的存储器尚未解决之前，只读光盘、U盘是广受用户欢迎、较为理想的多媒体存储介质。

1. CD-ROM光盘

CD-ROM盘片是用塑料压制成的圆盘，盘片的直径为120mm，中心定位孔为15mm，厚度为1.2mm。CD-ROM盘片的最上层是涂了漆的保护层，该层上印有商标。第二层是铝反射层，当驱动器读光盘时用来反射激光光束。第三层是用聚碳酸脂压制的透明衬底，同时压制出的预刻槽用来对光道径向定位，信息通常存储在光道上。如图3-1所示。

CD-ROM光盘上的数据是沿着盘面螺旋形状的光道由内向外以一系列长度不等的凹坑和凸区的形式存储的。光道上不论内圈还是外圈，各处的存储密度是一样的。光道的间距为1.66μm，光道宽度为0.6μm，光道上凹坑深约为0.12μm。

在CD-ROM盘片上记录信息时，使用功率较强的激光光源，将其聚集成1μm的光，照射到介质表面上，并用输入数据来调制光的强弱。激光束会使介质表面的微小区域温度升高，从而产生微小的凹坑，于是改变了表面的反射性质，该过程叫做烧蚀。

在读光盘时，CD-ROM驱动器的激光器发出的激光束经透镜整形和聚焦后照在螺旋磁道上，对光道进行扫描。由于从凹坑和非凹坑反射回来的激光强度不同，在边沿发生突变，通过CD-ROM的光电检测器检测出来，从而读出"0""1"信号，再现原来烧蚀在光道上的信息。注意：凹坑和非凹坑本身并不代表"0"或"1"，而是凹坑端部的前沿和后沿代表"1"，其他代表"0"。如图3-2所示。

一张CD-ROM光盘的容量约为650MB。

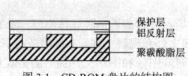

图3-1　CD-ROM盘片的结构图

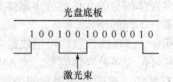

图3-2　在光盘上刻录信息示意图

2. DVD-ROM光盘

DVD在诞生之初称为"数字视频光盘"（digital video disc），后来又改称为"数字通用光盘"（digital versatile disc），简称仍为DVD。与使用不可见红外光的CD-ROM光盘相比，它使用波长更短的红色可见激光，能读取更小的凹坑和更密的光道。例如，光道间隔从CD-ROM盘的1.66μm减小为DVD盘的0.74μm，存储容量也因此提高了约7倍，即从650MB提高到4.7GB。

另外，CD-ROM光盘只有单面盘，而DVD可以制成双层盘和双面盘。双层盘有两个反射层，上一个反射层为半透明的，允许激光束透过它读到下一层的数据，标准容量为8.5GB；双面盘由两张单面盘背靠背地黏结而成，标准容量为9.4GB；双面双层盘的容量可以高达17GB。

3. 闪存盘

新一代的多媒体计算机都提供了USB设备接口，大容量的USB移动存储设备便产生了，闪存盘就是其中的一种。闪存不仅具有RAM可擦、可写、可编程的优点，而且还具有ROM写入数据再断电后不会消失的优点。USB闪存盘（USB flash disk）由于内部装有nand flash memory作为数据存储单元，因此它在掉电状态下可永久保存信息（大于10年），并可电擦写100万次以上，且擦写速度非常快。

由于闪存盘普遍采用USB接口，不需要驱动器及外接电源，其体积小、重量轻、抗震性强，具有易扩展、可热插拔和容量大等特点，现在已经普遍地被广大计算机爱好者选用。

4. CD-R 和 CD-RW 存储器

CD-R（Compact Disc-Recordable）激光存储器又名"光盘刻录片"，所使用的光盘具有"一次写入，永久读"的性质。基于橙皮书的 CD-R 空白光盘实际上没有记录任何信息，一旦按照某种文件格式并通过刻写程序和设备将需要长期保存的数据写入空白的 CD-R 盘片上，这时的 CD-R 光盘就可以变成基于红皮书、绿皮书和黄皮书等格式。写入 CD-R 盘上的数据可在 CD-ROM 驱动器上读出。

CD-RW（Compact Disc-Rewriteable）激光存储器又名"可擦写光盘"，CD-RW 盘片具有反复擦写功能。CD-RW 盘片的记录介质层采用了相变材料，这种材料的特点是在固态时存在两种状态：非晶态和晶态。利用记录介质的非晶态和晶态之间的互逆变化来实现数据的记录和擦除。写过程是把记录介质的信息点从晶态转变为非晶态；擦过程是写过程的逆过程，即把激光束照射的信息点从非晶态恢复到晶态。

同 CD 光存储系统一样，DVD 光存储设备也分只读型 DVD-ROM、写读型 DVD-R 和可重写型 DVD-RW。

3.3.2 数据压缩和解压缩技术

数据量巨大的多媒体信息不但对存储设备的容量提出了很高的要求，更主要的是影响了数据的传输、处理和运行，对计算机的处理速度、传输速度、内存等提出了更加苛刻的要求。所以，对多媒体数据进行数据压缩，是实现实时有效地存储、传输和处理多媒体数据需首要解决的问题和根本方法。

1. 数据压缩技术基础

数字化的多媒体信息之所以能够压缩，一方面是因为原始的视频信号和音频信号数据存在很大冗余，如视频图像帧内邻近像素之间的空间相关性和帧与帧之间的时间相关性都很大；另一方面是由于人类对视觉和听觉所具有的不灵敏性，即人的视觉对于图像的边缘急剧变化不敏感及人的耳朵很难分辨出强音中的弱音。因此，我们可以在一定的范围内实现高压缩比，使压缩后的声音数据和图像数据经还原后仍能得到满意的质量。

图像数据的压缩和声音数据的压缩采用了许多相同的技术，如量化技术、预测技术等。图像数据和声音数据的压缩通常分为两类：一类是无损压缩，另一类是有损压缩。无损压缩是利用信息相关性进行的数据压缩，并不损失原信息的内容，是一种可逆压缩，即经过文件压缩后原有的信息可以完整保留的一种数据压缩方式，如 RLE 压缩，huffman 压缩、算术压缩和字典压缩。有损压缩是指经压缩后不能将原来的文件信息完全保留的压缩，是不可逆压缩，如静态图像的 JPEG 压缩和动态图像的 MPEG 压缩等。有损压缩丢失的是对用户来说并不重要的、不敏感的、可以忽略的数据。

2. 数据压缩系统

一个完整的数据压缩系统应具备对原始数据进行压缩编码，以实现对数据存储、传输和处理的需求，最后对压缩数据进行解码还原成原始数据的完整功能。一般的数据压缩系统结构如图 3-3 所示。

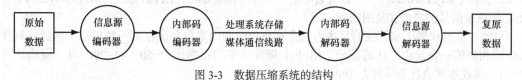

图 3-3 数据压缩系统的结构

3. 数据压缩标准

音频与视频作为多媒体数据中两种主要的媒体，同时也是数据量最为庞大的媒体，所以多媒体数据压缩主要是针对音频与视频设计的。由于音频与视频的数据结构区别较大，所以对它们进行数据压缩时采用了不同的压缩算法。另外，实际的多媒体信息一般都同时包含了音频与视频两种媒体，对此又设计了同时压缩音/视频数据的算法。从 20 世纪 80 年代初开始，一些国际标准化组织先后公布了音频、视频、音视频数据压缩的标准。

（1）音频压缩标准

由原 CCITT（国际电话电报咨询委员会）制定的音频压缩标准包括：G.711、G.721、G.722、G.728、G729 等。

- G.711：1972 年制定，采用脉冲编码调制（PCM）编码方法。

- G.721：1978 年制定，ADPCM（自适应差分脉冲编码调制）编码方法，速率为 32kbit/s，广泛用于对中等质量的音频信号进行高效的编码压缩的领域，如电话语音、调幅广播、CD-I 音频等。

- G.722：1988 年制定，采用子带编码方法。编码系统把输入的音频信号划分为高子带信号和低子带信号，分别进行 ADPCM 压缩，最后混合输出统一的音频压缩数据流，压缩后的速率为 64kbit/s。适用于视频会议、视听多媒体等领域。

- G.728：1992 年制定，采用短延时代码激励的线性预测（LD-CELP）方法，速率为 16kbit/s，质量与 32kbit/s 的 G.721 标准相当。

- G.729：1996—1998 年制定，采用共轭结构代码激励线性预测（CS-ACELP）声音编码方法。

（2）图像的压缩标准

图像的压缩标准非常多，这里主要介绍 JBIG 标准和 JPEG 标准。

- JBIG 标准

JBIG 标准是由国际标准化组织（international standard organization，ISO）制定的，其全称是 Joint Bi-level Image Group，目标是对二值图像（没有灰度变化的黑白图像，如传真图像）进行压缩。JBIG 的压缩比可达 10：1，同时适用于多灰度或彩色图像的无失真压缩。

- JPEG 标准

JPEG 标准是联合图片专家组（joint photographic experts group）制定的，是用于连续色调（包括灰度和彩色）静止图像的压缩编码标准。JPEG 标准的压缩编码算法是"多灰度静止图像的数字压缩编码"。

（3）音频、视频压缩标准

多媒体信息尤其是影视信息往往同时包含音频和视频信息，所以同时对音频、视频数据进行压缩是多媒体技术的重要任务。主要的音频、视频数据压缩标准是动态图像专家组（moving picture experts group，MPEG）制定的 MPEG 标准。

MPEG 标准的全称是"用于数字存储媒体运动图像及其伴音速率为 1.5Mbit/s 的压缩编码"，被广泛用于运动影视信号的音频、视频数据压缩编码。MPEG 标准考虑到了与 JPEG 标准和 H.261 标准的兼容问题，并支持这两个标准。

- MPEG 标准的组成

MPEG 标准由 3 部分组成：MPEG 视频（MPEG-Video）——研究视频信号的数据压缩算法；MPEG 音频（MPEG-Audio）——研究音频信号的数据压缩算法；MPEG 系统（MPEG-System）——研究音/视频信号的同步和复用问题。

MPEG 标准视频压缩算法的基本方法是在单位时间内采集并保存第一帧信息，然后就只存储其余帧相对第一帧发生变化的部分。MPEG 标准的平均压缩比为 50：1～200：1，保质量时为 50：1，可观察到质量下降时为 200：1。

- MPEG 标准

MPEG-1：1993 年 8 月成为国际标准（ISO/IEC11172），其任务是在一种可接受的质量下，把视频及其伴音信号压缩到速率大约为 1.5Mbit/s 的单一 MPEG 位流。VCD 就采用 MPEG-1 压缩标准。

MPEG-2：1994 年 11 月成为国际标准（ISO/IEC13818），它由一组不同于 MPEG-1 的标准组成，但对 MPEG-1 兼容。最初的 MPEG 标准并没有考虑高清晰度电视（HDTV）的需要，但在 1993 年公布 MPEG-1 标准的时候，除了功能增强外，也包含了 HDTV 的需求。MPEG-2 被广泛用于多媒体通信、CD 存储、广播、高清晰度电视等的压缩编码。多媒体宽带网络、广播电视网络的压缩标准大都选用 MPEG-2 压缩标准，DVD 技术也选用 MPEG-2 压缩标准。

MPEG-3：原拟的目标是压缩到 40Mbit/s，因为 MPEG-2 已经将之覆盖了，所以后来这一标准被取消，并于 1992 年 7 月合并到高清晰度电视（HDTV）工作组。

MPEG-4：把无线移动通信、交互式计算机应用和音视频与不断增加的各种应用汇聚在一起，提供一种允许交互式高压缩和通用的可访问性的新音视频压缩编码标准。

MPEG-7：也称为多媒体内容描述接口（multimedia content description interface），目的是制定一套描述符标准，用来描述各种类型的多媒体信息和它们之间的关系，以便更快、更有效地检索信息。主要的应用领域包括数字图书馆（digital library），如图像目录、音乐词典等；多媒体目录服务（multimedia directory services）；广播媒体的选择等。MPEG-7 潜在应用领域还包括教育、娱乐、新闻、旅游、医疗、购物等。

MPEG-21：总体上来讲是一个支持通过异构网络和设备使用户透明而广泛地使用多媒体资源的标准，其目标是建立一个交互的多媒体框架。MPEG-21 的目标是要为多媒体信息的用户提供透明而有效的电子交易和使用环境。

3.3.3　超文本和超媒体技术

超文本（hypertext）和超媒体（hyperMedia）是一种按信息之间关系非线性地组织、管理和浏览信息的一种技术。与传统的线性文本结构有很大的不同，超文本以信息与信息之间的关系建立和表示现实世界中的各种知识、各种系统，是一种网状链接结构，更符合人们的联想思维习惯。

随着多媒体技术的发展，计算机中表达信息的媒体已不再限于文字和数字，超文本中也广泛采用图形、图像、音频、视频等媒体元素来表达思想，这时人们也称超文本为"超媒体"。

超媒体有一种有效的多媒体信息管理技术，它允许以事物的自然联系组织信息，实现多媒体信息之间的链接，从而构造出能真正表达客观世界的多媒体应用系统。超媒体的数据模型是一个复杂的网状结构，其基本的要素是节点、链和网络。节点是表达信息的一个基本单位，其大小可变，内容可以是文本、图像、音频、视频等，也可以是一段程序；链在形式上是从一个节点指向另一个节点的指针，本质上表示不同节点间存在着的联系；网络是由节点和各种链组成的有向图。

3.3.4　虚拟现实技术

虚拟现实技术（Virtual Reality），又称灵境技术。20 世纪 90 年代初逐渐为各界所关注，在商业领域得到了进一步的发展，是 21 世纪信息技术的代表。虚拟现实技术的特点在于利用计算机构成三维数字模型，产生一种开放、互动的环境，具有想象性的人工虚拟环境，使得用户在视觉上产生一种沉浸于虚拟环境的感觉。

虚拟现实是指用立体眼镜、传感手套等一系列传感辅助设施来实现的一种三维现实，人们通过这些设施以自然的方式（如头的转动、手的运动等）向计算机送入各种动作信息，并且通过视觉、听觉以及触觉设施使人们得到三维的视觉、听觉等感觉世界。随着人们不同的动作，这些感觉也随之改变。

例如，计算机虚拟的环境是一座楼房，内有各种设备、物品。操作者会如同身临其境一样，可以通过各种传感装置在屋内行走查看、开门关门、搬动物品；对房屋设计上的不满意之处，还可随意改动。

3.4 多媒体计算机系统

具有多媒体功能的计算机被称为多媒体计算机，其中最广泛、最基本的是多媒体个人计算机（multimedia personal computer，MPC）。具备多媒体功能的计算机系统即是多媒体计算机系统。

3.4.1 多媒体计算机系统的结构

多媒体计算机系统是一个复杂的硬件、软件相结合的综合系统，它把音频/视频等媒体与计算机系统融合起来，并由计算机系统对各种媒体进行数字化处理。和计算机系统类似，多媒体计算机系统由多媒体硬件系统和多媒体软件系统两大部分组成。

一个多媒体计算机系统结构如图 3-4 所示。

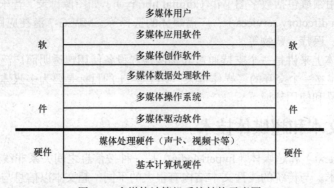

图 3-4　多媒体计算机系统结构示意图

1. 多媒体个人计算机硬件系统

多媒体个人计算机硬件系统是由计算机传统硬件设备、光盘存储器（CD-ROM）、音频输入/输出和处理设备、视频输入/输出和处理设备等选择性组合而成，其基本框图如图 3-5 所示。

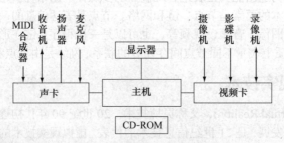

图 3-5　多媒体硬件系统组成

在多媒体硬件系统中计算机主机是基础性部件，是硬件系统中的核心。由于多媒体系统是多种设备、多种媒体信息的综合，因此计算机主机是决定多媒体性能的重要因素，这就要求其具有高速的 CPU、大容量的内外存储器、高分辨率的显示设备、宽带传输总线等。

声卡是处理和播放多媒体声音的关键部件，它通过插入主板扩展槽中与主机相连。卡上的输入/输出接口可以与相应的输入/输出设备相连。常见的输入设备包括麦克风、收录机和电子乐器等，常见的输出设备包括扬声器和音响设备等。声卡由声源获取声音，并进行模拟/数字转换和压缩，而后存入计算机中进行处理。声卡还可以把经过计算机处理的数字化声音通过解压缩、数/模转换后，送到输出设备进行播放或录制。

视频卡是通过插入主板扩展槽中与主机相连。卡上的输入/输出接口可以与摄像机、影碟机、录像机和电视机等设备相连。视频卡采集来自输入设备的视频信号，并完成由模拟信号到数字量信号的转换、压缩，以数字化形式存入计算机中，数字视频可在计算机中进行播放。

光盘存储器由 CD-ROM 驱动器和光盘片组成。光盘片是一种大容量的存储设备，可存储任何多媒体信息。CD-ROM 驱动器用来读取光盘上的信息。

多媒体信息输入、输出还需要一些专门的设备，如使用扫描仪把图片转换成数字化信息输入到计算机、图文信息通过打印机输出、开发的多媒体应用系统需要使用刻录机将其制作成光盘进行传播等。

多媒体个人计算机系统在硬件方面，根据应用不同，构成配置可多可少，其基本硬件构成包括计算机传统硬件、CD-ROM 驱动器和声卡。

2. 多媒体个人计算机软件系统

任何计算机系统都是由硬件和软件构成的，多媒体系统除了具有前述的有关硬件外，还需要配备相应的软件。

（1）多媒体驱动软件

多媒体驱动软件是多媒体计算机软件系统中直接和硬件打交道的软件。它完成设备的初始化，完成各种设备的操作以及设备的关闭等。驱动软件一般常驻内存，每种多媒体硬件都需要一个相应的驱动软件。

（2）多媒体操作系统

操作系统是计算机的核心，负责控制和管理计算机的所有软硬件资源，对各种资源进行合理的调度和分配，改善资源的共享和利用情况，最大限度地发挥计算机的效能。它还控制计算机的硬件和软件之间的协调运行，改善工作环境，向用户提供友好的人机界面。

多媒体操作系统简言之就是具有多媒体功能的操作系统。多媒体操作系统必须具备对多媒体数据和多媒体设备的管理和控制功能，具有综合使用各种媒体的能力，能灵活地调度多种媒体数据并能进行相应的传输和处理，且使各种媒体硬件和谐地工作。

多媒体操作系统大致可分为两类：一类是为特定的交互式多媒体系统使用的多媒体操作系统，如 Commodore 公司为其推出的多媒体计算机 Amiga 系统开发的多媒体操作系统 Amiga DOS，Philips 公司和 SONY 公司为其联合推出的 CD-I 系统设计的多媒体操作系统 CD-RTOS（real time operation system）等；另一类是通用的多媒体操作系统。随着多媒体技术的发展，通用操作系统逐步增加了管理多媒体设备和数据的内容，为多媒体技术提供支持，成为多媒体操作系统。目前流行的 Windows XP、Windows 7 主要适用于多媒体个人计算机，Macintosh 是广泛用于苹果机的多媒体操作系统。

（3）多媒体数据处理软件

多媒体数据处理软件是专业人员在多媒体操作系统之上开发的。在多媒体应用软件制作过程中，对多媒体信息进行编辑和处理是十分重要的，多媒体素材制作的好坏，直接影响到整个多媒体应用系统的质量。

常见的音频编辑软件有 Sound Edit、Audition 等，图形图像编辑软件有 Illustrator、CorelDraw、Photoshop 等，非线性视频编辑软件有 Premiere 等，动画编辑软件有 Flash、Animator Studio 和 3D Studio MAX 等。

（4）多媒体创作软件

多媒体创作软件是帮助开发者制作多媒体应用软件的工具，如 Authorware、Director 等。能够对文本、声音、图像、视频等多种媒体信息进行控制和管理，并按要求连接成完整的多媒体应用软件。

（5）多媒体应用系统

多媒体应用系统又称多媒体应用软件。它是由各种应用领域的专家或开发人员利用多媒体开发工具软件或计算机语言，组织编排大量的多媒体数据而成为最终多媒体产品，是直接面向用户的。多媒体应用系统所涉及的应用领域主要有文化教育教学软件、信息系统、电子出版、音像影视特技、动画等。

3.4.2 多媒体个人计算机标准

计算机技术及产品的迅速发展，其关键是实现标准化和具有兼容性。多媒体技术和产品在其发展的过程中同样需要标准化，同样要重视产品的兼容性。

Microsoft、IBM、Philips、NEC 等主要计算机生产公司，于 1990 年成立了多媒体计算机市场协会（INC-Multimedia PC Marketing Council），分别于 1990 年和 1993 年制定出多媒体个人计算机（MPC）的标准 MPC 1、MPC 2。1995 年 6 月该协会更名为"多媒体 PC 工作组"（The Multimedia PC Working Group），同时公布了新的多媒体个人计算机标准 MPC 3。现在实际执行的是 MPC 4标准。MPC 1～MPC 4 是 MPC 标准的 4 个级别，规定了当时的多媒体计算机的最低配置要求，具体如表 3-1 所示。

表 3-1　　　　　　　　　　　　　　　　MPC 标准

	MPC 1	MPC 2	MPC 3	MPC 4
CPU	80386 SX/16	80486 SX/25	Pentium 75	Pentium 133
内存容量	2MB	4MB	8MB	16MB
硬盘容量	80MB	160MB	850MB	1.6GB
CD-ROM 速率	1x	2x	4x	10x
声卡	8 位	16 位	16 位	16 位
图像	256 色	65 535 色	16 位真彩	32 位真彩
分辨率	640×480	640×480	800×600	1280×1024
软驱	1.44MB	1.44MB	1.44MB	1.44MB
操作系统	Windows 3.x	Windows 3.x	Windows 95	Windows 95

目前，市场上的主流计算机配置都大大超过了 MPC 4 标准对硬件的要求，硬件的种类也大大增加，功能更加强大，某些硬件的功能已经由软件取代。

3.5　计算机网络中的多媒体技术

在 Internet 上运行的万维网是全球性分布式信息系统。由于它支持多媒体数据类型，而且使用超文本、超链接技术把全球范围内的多媒体信息链接在一起，所以实现了世界范围内的信息共享。随着多媒体网络技术的逐渐发展、相关工具软件的普及和多媒体信息的日益丰富，万维网已经吸引了越来越多的用户。由于万维网上的多媒体具有超链接特性，所以人们接受和使用这种新的全球性的媒体比任何一种通信媒体都迅速、方便、随意自主，因此万维网受到了人们的普遍欢迎。现在，万维网已经聚集了巨大的信息资源。人们的工作、学习和日常生活越来越离不开网络，可以说，网络和多媒体是 21 世纪人们生存的重要基础。

3.5.1 Internet 中的多媒体

Internet 上已经开发了很多应用，归纳起来大致可分成两类：一类是以文本为主的数据通信，包括文件传输、电子邮件、远程登录、网络新闻和 Web 等；另一类是以声音和电视图像为主的通信。通常把任何一种声音通信和图像通信的网络应用称为多媒体网络应用（multimedia networking application）。网络上的多媒体通信应用和数据通信应用有比较大的差别。多媒体应用要求在客户端播放声音和图像时要流畅，声音和图像要同步，因此对网络的时延和带宽要求很高；而数据通信应用则把可靠性放在第一位，对网络的时延和带宽的要求不那么苛刻。

1．多媒体网络应用

下面是 Internet 上现在已经存在并且是很重要的几类应用。

① 现场声音和电视广播或者预录制内容的广播。这种应用类似于普通的无线电广播和电视广播，不同的是在 Internet 上广播，用户可以接收世界上任何一个角落里发出的声音和电视广播。这种广播可使用单目标广播传输，也可使用更有效的多目标广播传输。

② 声音点播。在这一类应用中，客户请求传送经过压缩并存放在服务器上的声音文件，这些文件可以包含任何类型的声音内容。例如，教师的讲课、摇滚乐、交响乐、著名的无线电广播档案文件和历史档案记录。客户在任何时间和任何地方都可以从声音点播服务器中读取声音文件。使用 Internet 点播软件时，在用户启动播放器几秒钟之后就开始播放，一边播放一边从服务机上接收文件，而不是在整个文件下载之后开始播放。边接收文件边播放的特性叫做流放。许多这样的产品也为用户提供交互功能。例如，暂停/重新开始播放，跳转等功能。

③ 影视点播，也称交互电视。这种应用与声音点播应用完全类似。存放在服务器上的压缩的影视文件可以是教师的讲课、整部电影、预先录制的电视片、（文献）纪录片、历史事件档案片、卡通片和音乐电视片等。存储和播放影视文件比声音文件需要大得多的存储空间和传输带宽。

④ Internet 电话。这种应用使人们在 Internet 上进行通话，就像人们在传统的线路交换电话网络上相互通信一样，可以近距离通信，也可以长途通信，而费用却非常低。

⑤ 分组实时电视会议。这类多媒体应用产品与 Internet 电话类似，但可允许许多人参加。在会议期间，可为用户所想看到的人打开一个窗口。

2．多媒体信息传输对网络性能的要求

（1）网络传输能力

网络传输能力是指网络传输二进制信息的速率，又称传输速率或比特率。在网络中，不同类型的应用服务需要网络提供满足需求的传输能力。数字视频的传输对网络传输能力的要求是最高的。

（2）传输延时

网络的传输延时定义为从信源发出一组数据到达信宿被接收之间的时间差，它包含信号在物理介质中的传播延时、数据在信源或信宿中的处理延时以及数据在网络中的转发延时，也称为用户端到用户端的延时。

（3）信号失真

如果网络传送数据时，传输延时变化不定，就可能引起信号失真，也称"延时抖动"。产生信号失真的因素主要包括：传输系统引起的抖动，噪声相互干扰，共享传输介质的局域网介质访问时间的变化；广域网中的流量控制节点拥塞而产生的排队延时变化等。一般来讲，人耳对声音抖动比较敏感，人眼对视频抖动并不很敏感。

（4）传输错误率

传输错误率即误码率，指从信源到信宿的传输过程中出错的信号数占传送的所有信号数的比例。

3．流媒体技术

随着 Internet 的发展，流媒体越来越普及。流媒体是通过网络传输的音频、视频或多媒体文件。流媒体在播放前不需要下载整个文件，流媒体的数据流随时传送随时播放，只是在开始时有一些延迟。当流式媒体文件传输到客户方的计算机时，在播放之前该文件的部分内容已存入内存。流媒体简单来说就是应用流媒体技术在网络上传输的多媒体文件。

流放技术就是把连续的视频和声音等多媒体信息经过压缩处理后放置在特定的服务器上，让用户一边下载一边观看、收听，而不需要等整个压缩文件下载到自己机器后才可以观看的网络传

输技术。该技术首先在用户端的计算机上创造一个缓冲区，播放前预先下载一段资料作为缓冲，当网路实际连线速度小于播放所耗用资料的速度时，播放程序就会取用这一小段缓冲区内的资料，避免播放的中断，也使得播放品质得以维持。目前在这个领域上，竞争的公司主要有 Microsoft 公司、Real Networks 公司、Apple 公司，而相应的产品是 Windows Media、Real Media、Quicktime。

网络环境中，利用流放技术传播多媒体文件有如下优点。

① 实时传输和实时播放。流放多媒体使得用户可以立即播放音频和视频信号，无须等待文件传输结束，这对获取存储在服务器上的流化音频、视频文件和现场回访音频和视频流都具有十分重要的意义。

② 节省存储空间。采用流媒体技术，可以节省客户端的大量存储空间，使用预先构造的流文件或用实时编码器对现场信息进行编码。

③ 信息数据量较小。现场流都比原始信息的数据量要小，并且用户不必将所有下载的数据都同时存储在本地存储器上，可以边下载边回放，从而节省了大量的磁盘空间。

3.5.2 多媒体网络应用类型

按照用户使用时交互的频繁程度来划分，多媒体网络应用可分成以下 3 种类型。

（1）现场交互应用

Internet 上的 IP 电话和远程会议是现场交互的应用例子。在现场交互时，参与交互的各方的声音或者动作都是随机发生的。多媒体信息数据包从一方传输到另一方的时延必须在几百毫秒以内才能为用户所接受，不然将会出现明显的声音断续和图像抖动的现象。

（2）交互应用

音乐/歌曲点播、电影/电视点播就是交互应用的例子。交互应用时，用户只是要求开始播放、暂停、步进、快进、快退、从头开始播放或者是跳转等，从用户按照自己的意愿单击鼠标开始到在客户机上开始播放之间的时延在 1～5s 就可以接受。对防止数据包时延抖动的要求不像 IP 电话和远程会议那样高。

（3）非实时交互应用

声音广播和电视广播是非实时交互应用的例子。在这些应用场合下，发送端连续发出声音和电视数据，而用户只是简单地调用播放器播放，如同普通的无线电广播或者电视广播。从源端发出声音或者电视信号到接受端播放之间的时延在 10s 或者更多一些都可以为用户所接受。对信号的抖动要求也比交互应用的要求低。

思考与练习

一、填空题

1. 多媒体计算机技术是指运用计算机综合处理＿＿＿＿＿＿＿的技术，包括将多种信息建立＿＿＿＿＿＿，进而集成一个具有＿＿＿＿＿＿性的系统。

2. 在播放 CD 唱盘时，将数字化信息转化为模拟信号的部件是＿＿＿＿＿＿。

3. 一张 DVD 光盘片的存储容量大约是＿＿＿＿＿＿。

4. 多媒体技术和超文本技术的结合，即形成了＿＿＿＿＿＿技术。

5. 扩展名 ovl、gif、bat 中，代表图像文件的扩展名是＿＿＿＿＿＿。

6. 数据压缩算法可分无损压缩和＿＿＿＿＿＿压缩两种。

7. 在 Windows 中，波形文件的扩展名是＿＿＿＿＿＿。

8. 使得计算机有"听懂"语音的能力，属于语音识别技术；使得计算机有"讲话"的能力，属于_____。

9. _____又称静态图像专家组，制定了一个面向连续色调，多级灰度，彩色和单色静止图像的压缩编码标准。

10. MP3 采用的压缩技术是有损与无损两类压缩技术中的_____技术。

二、选择题

1. 多媒体技术的特性不包括（　　）。
   A. 集成性　　　　B. 网络化　　C. 交互性　　　　D. 数字化

2. 多媒体计算机必须包括的设备（　　）。
   A. 软盘驱动器　　B. 网卡　　　C. 打印机　　　　D. 声卡

3. 通用的动态图像压缩标准是（　　）。
   A. JPEG　　　　B. MP3　　　C. MPEG　　　　D. VCD

4. 计算机用（　　）设备把波形声音的模拟信号转换成数字信号再存储。
   A. DAC　　　　B. ADC　　　C. VCD　　　　D. DVD

5. 关于 MIDI 文件与 WAV 文件的叙述正确的是（　　）。
   A. WAV 文件比 MIDI 文件占用的存储空间小
   B. 多个 WAV 文件可以同时播放，而多个 MIDI 文件不能同时播放
   C. MIDI 文件的扩展名为.MID
   D. MIDI 文件的优点是可以重现自然声音

6. MPC 是指（　　）。
   A. 能处理声音的计算机
   B. 能处理图像的计算机
   C. 能进行通信处理的计算机
   D. 能进行文本、声音、图像等多种媒体处理的计算机

7. 媒体是（　　）。
   A. 表示信息和传播信息的载体　　B. 各种信息的编码
   C. 计算机输入与输出的信息　　　D. 计算机屏幕显示的信息

8. 在当今数码系统中主流采集卡的采样频率一般为（　　）。
   A. 44.1 kHz　　　B. 88.2 kHz　C. 20 kHz　　　D. 10 kHz

9. JPEG 格式是一种（　　）。
   A. 能以很高压缩比来保存图像而图像质量损失不多的有损压缩方式
   B. 不可选择压缩比例的有损压缩方式
   C. 有损压缩方式，支持 24 位真彩色以下的色彩
   D. 可缩放的动态图像压缩格式的有损压缩格式

10. Windows 中的 WAV 文件，声音质量高，但（　　）。
    A. 参数编码复杂　B. 参数多　　C. 数据量小　　　D. 数据量大

三、简答题

1. 什么是多媒体计算机?
2. 多媒体数据压缩编码方法可分为哪两大类?
3. 要把一台普通的计算机变成多媒体计算机需要解决哪些关键技术?
4. 什么是 MIDI?
5. 多媒体技术促进了通信、娱乐和计算机的融合，主要体现在哪几个方面?

第二篇
操作篇

- 第 4 章　Windows7 操作系统
- 第 5 章　常用工具软件

第4章
Windows7 操作系统

Windows 操作系统是当前应用范围最广、使用人数最多的个人计算机操作系统。Windows 7（以下简称 Win7）操作系统是在之前的 Windows 版本基础上，改进而开发出来的新一代的图形操作系统，为用户提供了易于使用和快速操作的应用环境。

4.1 Win7 概述

Win7 是 Microsoft 公司推出的新一代操作系统。这个版本汇聚了微软多年来研发操作系统的经验和优势，其最突出的特点是用户体验、兼容性及性能都得到极大提高。与其他 Windows 版本相比，它对硬件有着更广泛的支持，能最大化地利用计算机自身硬件资源。根据用户的不同，Win7分为 6 个版本：入门版、家庭普通版、家庭高级版、专业版、企业版和旗舰版。

4.1.1 Win7 概述

Win7 是微软公司发布的面向家庭用户、企业台式机和工作站平台的最新操作系统，作为 Vista 的继任者，Win7 有 20 个甚至更多的优点、优势，同时 Win7 操作系统在设计方面更加模块化，更加基于功能。

1. Win7 的设计重点

Win7 的设计重点包括以下几点。

- 针对笔记本电脑的特有设计。
- 基于应用服务的设计。
- 用户的个性化。
- 视听娱乐的优化。
- 用户易用性的新引擎。

围绕这几方面，Win7 操作系统较以前的操作系统使用起来更加简单、更加安全、更低成本、更易连接。

2. Win7 新特性

Win7 在功能和性能上比之前的版本有了大的改进，其新特性主要有以下几个方面。

（1）安装和设置

安装 Win7 只需花费 30 多分钟的时间，并且在安装过程中减少了重启次数以及用户交互。与 Windows 旧版本的安装相比，时间短、设置简单。

（2）新的任务栏

Win7 的任务栏不仅可以显示当前窗口中的应用程序，还可以显示其他已经打开的标签，包括开始菜单、Internet Explorer 8、Windows 资源管理器、Windows Media Player 等。

（3）任务缩略图

当用户将鼠标停留在任务栏的某个运行程序上时，将显示一个预览对话框，以便于用户了解最小化程序的当前运行状态。

（4）Win7 桌面新特性

Win7 将支持 Desktop Slideshow 幻灯片壁纸播放功能，在桌面单击鼠标右键选择"个性化"选项，即可选择要设置的桌面壁纸、主题、自定义主题等操作。

（5）全新的 IE8 浏览器

Win7 自带的 IE8 浏览器在 IE7 的基础上增添了网络互动功能、网页更新订阅功能、实用的崩溃恢复功能，改进的仿冒网页过滤器以及新的 InPrivate 浏览模式。

（6）无线网络使用

只要单击通知区域中的网络图标，用户就会得到附近可访问的无线网络列表，再选择相应的网络连接即可。

（7）操作中心

Win7 将原来的"安全中心"用"操作中心"取代。除了原有安全中心的功能以外，还有系统维护信息、计算机问题诊断等实用信息；并且"操作中心"包含对十大 Windows 功能的提示。"操作中心"如图 4-1 所示。

（8）数据备份和系统修复

在 Win7 系统中允许将数据备份存储到任何可访问的网络驱动器中。

（9）家庭网络

家庭网络是一个本地网络共享工具，当用户在某台计算机上创建家庭网络时，Win7 会自动为该网络建立一个密码，当其他 Win7 用户要加入家庭网络时只需提供正确的密码便可加入，访问或共享其内容。

（10）库

库是 Win7 众多新特性的又一项。库是包含了系统中的所有文件夹集合的一个文件管理库，它可将分散在不同位置的照片、视频或文件集中存储，方便用户查找或使用。一般有 4 种默认的库，即"文档""音乐""图片"和"视频"，如图 4-2 所示。

图 4-1　操作中心设置窗口

图 4-2　库窗口

（11）触摸功能

Win7 提供了不需要第三方支持的触摸屏功能。与鼠标相比，触摸技术更快、更方便、更直观，用户只需要通过手指触摸来指示 Win7 做什么。但是，实现或者体验 Win7 触摸屏的关键是，用户需要整合计算机硬件配置以及显示器等来支持该功能。

（12）PowerShell 2.0

PowerShell 是一种脚本语言，用户可通过编写脚本管理或设置系统中任何需要自动化完成的工作，在 Win7 中，已捆绑 PowerShell 2.0 作为系统的一部分。

这些仅是 Win7 的一部分新特性，Win7 还有一些其他的方便用户使用的新特性，需要在后面的章节中慢慢认识。

4.1.2　安装 Win7 的硬件配置

安装 Win7 系统的硬件配置需求有最低需求和推荐需求，两种配置需求如表 4-1 所示。

表 4-1　　　　　　　　　　安装 Win 7 系统的硬件需求

硬件设备	最低需求	推荐需求
硬盘	硬盘容量至少 40GB，同时可用空间不少于 16GB	硬盘容量至少 80GB，同时可用空间不少于 40GB
内存	512MB	最少 1GB
显示卡	至少拥有 32MB 显示缓存并兼容 Directx9 的显示卡	至少拥有 128MB 显示缓存并兼容 Directx9 于 WWDM 标准的显示卡
中央处理器	至少 800MHz 的 32 位或 64 位处理器	1GHz 或更快的 32 位或 64 位处理器
显示器	分辨率在 1 024 像素×768 像素及以上，或可支持触摸技术的显示设备	
磁盘分区格式	NTFS	
光驱	DVD 光驱	
其他	微软兼容的键盘及鼠标	

4.2　使用与管理桌面

4.2.1　桌面与图标

登录 Win 7 后出现在屏幕上的整个区域即成为"系统桌面"，也可简称为"桌面"。主要包含桌面图标、任务栏、开始菜单等项，如图 4-3 所示。

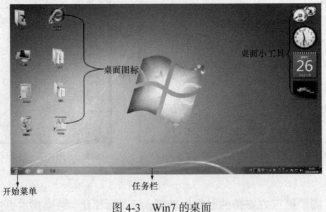

图 4-3　Win7 的桌面

桌面图标是代表文件、文件夹、程序或其他项目的小图片，是一种快捷方式，用于快速地打开相应的项目及程序。桌面图标分为系统图标和快捷图标两种。其中，系统图标使用户可进行与系统相关的操作；快捷图标可使用户双击图标后直接访问程序或文件夹。

1. 系统图标的设置

在 Win7 中，默认的桌面上只显示一个"回收站"图标。可以根据实际需要添加其他图标，如"计算机"图标、"控制面板"图标等；也可以根据需要删除不常用的桌面图标。操作方法与步骤如下。

（1）在桌面空白处右击，弹出快捷菜单，如图 4-4 所示。单击其中的"个性化"菜单命令。

（2）打开"个性化"设置窗口，单击"更改桌面图标"命令，如图 4-5 所示。

图 4-4　桌面快捷菜单

图 4-5　桌面图标设置对话框

（3）在打开的"桌面图标设置"对话框中，选中"计算机"和"控制面板"复选框，并单击"确定"按钮。可以看到，桌面上已添加了"计算机"和"控制面板"图标。

（4）在打开的"桌面图标设置"对话框中，取消"控制面板"图标前面的复选框勾选，单击"确定"按钮后可以看到桌面上的"控制面板"图标被删除。

在 Win7 中，桌面上没有"我的文档"图标，取而代之的是"用户的文件"图标；也没有"网上邻居"图标，取而代之的是"网络"图标。

2. 在桌面上创建应用程序的快捷方式

图标左下角有箭头表示是快捷方式图标。快捷方式是一个表示与某个项目链接的图标，而不是项目本身。双击快捷方式图标，即可打开相应的应用程序。如果删除快捷方式，只会删除这个快捷方式，而不会删除相应原始程序。在桌面上创建快捷方式的具体方法与步骤有两种，分别如下。

方法一：单击"开始"菜单，从快速启动栏里找到要创建快捷方式的程序图标，按住鼠标左键向桌面空白方向拖动，当看见"在桌面创建链接"的字样时，松开鼠标左键，此时看到桌面上就有了相应程序的快捷方式图标，如图 4-6 所示。

方法二：单击"开始"菜单，从快速启动栏里找到要创建快捷方式的程序图标，单击鼠标右键，从弹出的快捷菜单中选择"发送到"→"桌面快捷方式"菜单命令，就可以看到桌面上的快捷方式图标已创建，如图 4-7 所示。

3. 删除桌面图标

桌面上有大量的图标时，可能会影响计算机的速度，降低工作效率，可以删除不需要的图标。方法是对要删除的桌面图标右击鼠标，从弹出的快捷菜单中选择"删除"命令。

图 4-6　鼠标拖动方式创建快捷图标

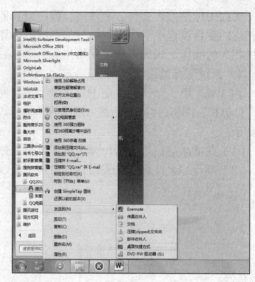

图 4-7　用快捷菜单创建快捷图标

4. 隐藏桌面图标

当桌面图标太多，或不想让其他用户看到桌面图标时，可以使用 Win7 的隐藏图标功能。具体方法是，在桌面空白区域右击鼠标，从弹出的快捷菜单中选择"查看"→"显示桌面图标"命令，将该菜单前面的勾选去掉。此时可以看到，桌面上没有任何图标。再勾选"显示桌面图标"，桌面图标重新显示出来。

5. 移动图标的位置

Win7 默认的将桌面图标排列在桌面左侧的列中，如果需要改变位置，可以直接拖动需要移动位置的图标，将其移至新的位置。也可以在桌面空白处右键单击鼠标，弹出快捷菜单中选择"查看"→"自动排列图标"命令，Windows 会将图标排列在左上角并将其锁定在该位置。

6. 调整图标大小

右键单击桌面，指向"查看"，然后选择"大图标""中等图标"或"小图标"。也可以使用鼠标上的滚轮调整桌面图标的大小，在桌面上滚动滚轮的同时按住【Ctrl】键可放大或缩小图标。

7. 图标排序

可以对桌面上的所有图标进行排序。在桌面空白处单击鼠标右键，指向"排序方式"，然后单击"名称""大小""项目类型"或"修改日期"，就可以按相应方式实现图标的排序。

4.2.2　任务栏

任务栏是位于桌面底部的水平长条，主要由 4 部分构成："开始"菜单、快速启动栏、任务按钮区和通知区域，如图 4-8 所示。任务栏是桌面的重要对象，其中的"开始"菜单可以打开大部分已经安装的软件，快速启动栏中存放的是最常用程序的快捷方式，任务栏按钮区是用户进行多任务工作时的主要区域之一，通知区域是以图标形象地显示计算机软硬件的重要信息。

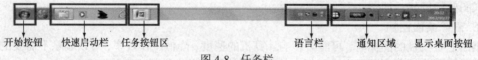

开始按钮　　　快速启动栏　　　任务按钮区　　　　　　　　　语言栏　　　通知区域　　显示桌面按钮

图 4-8　任务栏

1．任务栏外观设置

在任务栏的空白区域右键单击鼠标，在弹出的快捷菜单中单击"属性"命令，打开"任务栏和开始菜单属性"对话框，再单击"任务栏"选项卡，设置任务栏的显示情况，如图 4-9 所示。

（1）"锁定任务栏"选项，可以使任务栏的大小和位置保持在固定状态而不能被改动。

（2）"自动隐藏任务栏"选项，可以使鼠标指针在离开任务栏时将任务栏自动隐藏。

（3）"使用小图标"选项，可以使任务栏中的程序图标都以缩小的图标形式出现。

（4）"屏幕上的任务栏位置"后的列表框中，可选择"底部""左侧""右侧"和"顶部" 4 个位置选项以确定任务栏在桌面上的位置。

（5）"任务栏按钮"后的列表框中，可以选择任务栏上按钮的排列方式，有"始终合并、隐藏标签""当任务栏被占满时合并""从不合并" 3 种。

2．任务栏的大小调整

图 4-9　任务栏和开始菜单属性设置

为了实际使用时方便显示，任务栏的大小可以调整。在任务栏空白处右击鼠标，观察弹出菜单中的"锁定任务栏"命令，如果其前面有勾选标记，则单击该菜单命令，清除其前面的勾选标记，单击"确定"按钮，解除对任务栏的锁定。将鼠标指针指向任务栏的边缘，看到指针呈双箭头形状，按住鼠标左键向上或向下拖动，调整到合适位置时释放鼠标左键，即可调整任务栏的大小。

当"锁定任务栏"命令前面有勾选标记时，任务栏处于锁定状态，大小与位置是不可以调整的，鼠标指针指向任务栏的边缘也看不到双箭头形状的指针。

3．任务栏的移动

首先，在任务栏的空白处右击鼠标，在弹出的菜单中取消"锁定任务栏"前面的勾选标记。然后，将鼠标指针放在任务栏空白处的边缘，按下鼠标左键，将其拖动至桌面的左边，任务栏就位于桌面的左边。同样方法，可以将任务栏拖动至顶端、右边。

4．跟踪窗口

如果一次打开多个程序或文件，则所有窗口都会堆叠在桌面上。由于多个窗口经常相互覆盖或者占据整个屏幕，因此有时很难看到被覆盖的其他内容，或者不记得已经打开的内容，这种情况下使用任务栏很方便。无论何时打开程序、文件或文件夹，Windows 都会在任务栏上创建对应的已打开程序的图标按钮。当单击任务栏上的图标按钮，可以实现不同窗口之间的切换，且当某一窗口为当前"活动"窗口时，其对应的任务栏按钮是突出显示的。

将鼠标指针移向任务栏按钮时，会出现一个小图片，上面显示缩小版的相应窗口，称为"缩略图"，鼠标指向该缩略图时可全屏预览该窗口，如图 4-10 所示。如果想要切换到正在预览的窗口，只需要单击该缩略图即可。

图 4-10　指向任务栏 IE 图标出现预览窗口

仅当 Aero 可在计算机上运行且在运行 Windows 7 主题时，才可以查看缩略图。

5. 快速启动栏图标的添加与删除

为了启动程序的方便，可以把常用的程序启动图标添加到任务栏中，具体操作方法如下。

（1）找到需要添加的程序，用鼠标左键拖动程序图标至任务栏中的快速启动栏目标位置。

（2）抬起鼠标左键，即可将启动程序的图标添加到任务栏上。

如果不需要该程序作为快速启动项，此时，可以将鼠标在该程序图标上右击，从弹出的快捷菜单中单击"将此程序从任务栏解锁"菜单命令。

6. 通知区域

在 Win7 中，通知区域是一个用于集中管理安全和维护通知的单一窗口。它位于任务栏的最右侧，包括一个时钟和一组图标，外观如图 4-11 所示。

可以根据实际选择通知区域的图标显示与隐藏，可避免大量图标挤在一起给操作带来麻烦。其具体操作方法如下。

图 4-11　任务栏通知区域

（1）在任务栏空白处右击鼠标，在弹出的快捷菜单中单击"属性"命令，打开"任务栏和开始菜单属性"对话框。

（2）在"通知区域"选项区中单击"自定义"按钮，如图 4-12 所示。

（3）打开"通知区域图标"窗口，在"选择在任务栏上出现的图标和通知"列表框中，找到相应的程序图标，在其后单击选择要显示或隐藏图标。设置完成后，单击窗口中的"确定"按钮，保存设置，如图 4-13 所示。

图 4-12　任务栏和开始菜单属性对话框

图 4-13　"通知区域图标"窗口

7. 在任务栏中添加工具栏

为方便操作，可以将某些常用工具栏放置到任务栏上，具体的操作方法与步骤如下。

（1）右击任务栏上的空白位置，从弹出的快捷菜单中选择"工具栏"命令，打开"工具栏"级联菜单。

（2）选择相应的选项，即可向任务栏中添加"地址"工具栏和"链接"工具栏，如图 4-14 所示。

图 4-14　添加"地址"和"链接"工具栏的任务栏

另外，对于不经常使用的工具，一般不用显示在"任务栏"上，以免影响日常工作。删除工具的方法是，右击任务栏上的空白位置，从弹出的快捷菜单中选择"工具栏"命令，打开"工具栏"级联菜单，去掉对应工具栏前面的"√"勾选标记。

8. 显示桌面

在 Win7 任务栏的最右端的小矩形是"显示桌面"按钮，单击此按钮，可以最小化打开的全部窗口，再次单击此按钮，会重新显示这些曾打开的窗口。当鼠标指向"显示桌面"按钮，打开的窗口会逐渐淡去并随之变成透明，即可看见桌面；将鼠标从"显示桌面"按钮移去，就会重新显示这些打开的窗口。使用快捷键【Win+Space】也可以实现相同功能，但需要保持【Win】键（键盘上的 Windows 系统徽标键）的按下状态。

4.2.3　窗口管理

窗口是 Win7 操作系统的基础，每当打开程序、文件或文件夹时，其内容都会在屏幕上称为窗口的框或框架中显示。在 Win7 中窗口分为两种：应用程序窗口和文档窗口。应用程序窗口是指一个应用程序运行时的窗口，该窗口可以放到桌面上的任何位置，也可以最小化到任务栏；文档窗口是指一个应用程序窗口中打开的其他窗口，用来显示文档和数据文件，该窗口可以最大化、最小化和移动，但这些操作都只能在应用程序窗口中进行。

1. 窗口的组成

虽然每个窗口的内容各不相同，但所有窗口都是始终显示在屏幕的主要工作区域上。另一方面，窗口都包括标题栏、菜单栏和工具栏等相同的基本组成部分，如图 4-15 所示。

（1）标题栏：显示文档和程序的名称，如果正在文件夹中工作，则显示文件夹的名称，右上角有最小化、最大化或还原以及关闭按钮。

（2）最小化、最大化和关闭按钮：这些按钮分别可以隐藏窗口、放大窗口使其填充整个屏幕或者关闭窗口。

（3）菜单栏：包含程序中可单击进行选择的项目，为用户在操作过程中提供了访问方法。

（4）滚动条：可以滚动窗口的内容以查看当前视图之外的信息。

（5）边框和角：可以用鼠标指针拖动这些边框和角以更改窗口的大小。

（6）工具栏：包含一些常用的功能按钮。

上述只是窗口的一些基本组成部分,其他窗口除这些基本组成部分外可能还具有其他的按钮、框或栏。

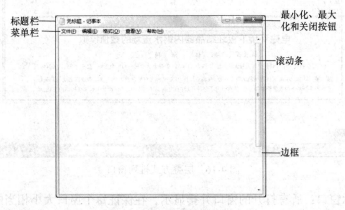

图 4-15　窗口的组成

2. 更改窗口的大小

用户可以根据实际需要任意调整窗口的大小，具体方法与步骤如下。

（1）若要使窗口填满整个屏幕，单击"最大化"按钮或双击该窗口的标题栏。

（2）若要将最大化的窗口还原到以前大小，单击"还原"按钮或者双击窗口的标题栏。

（3）若要调整窗口的宽度，把鼠标放在窗口的垂直边框上，当鼠标指针变成双向的箭头时，左右拖动即可改变窗口的宽度。

（4）若要调整窗口的高度，把鼠标放在窗口的水平边框上，当鼠标指针变成双向箭头时，上下拖动就可以改变窗口的高度。

（5）若要使窗口等比缩放，把鼠标放在窗口的边框角上，当鼠标指针变成双向箭头时，拖动边框角可以等比缩放窗口。

 　已最大化的窗口无法调整大小，必须先将其还原为先前的大小。

3．移动窗口

在窗口打开之后，若要移动窗口，可以用鼠标指针指向其标题栏，然后拖动窗口的标题栏至目标处，抬起鼠标左键即可将窗口拖动到希望的位置。若想要把窗口还原至以前的状态，只需按【Esc】键，撤销此次移动窗口的操作。

4．自动排列窗口

如果桌面上打开的窗口不止一个，并且要求全部处于显示状态，可用 Windows 提供的三种自动排列窗口方式：层叠、纵向堆叠或并排。用鼠标右击任务栏空白处，弹出快捷菜单，单击其中的"层叠窗口""堆叠显示窗口"或"并排显示窗口"即可。

（1）层叠窗口：把所有已打开的显示在桌面上的应用程序窗口都层叠在一起，如图 4-16 所示。这时，只有最前面的窗口可以完整地被看到，其他窗口都可以通过它们的标题栏来识别。当想把层叠状态中的任何一个被遮盖的窗口提升到所有窗口的最前面时，可以用鼠标左键单击相应窗口的标题栏，被单击的窗口立即成为活动窗口，处于桌面窗口的最前面。

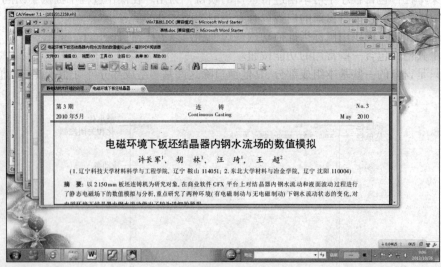

图 4-16　层叠方式排列窗口

（2）堆叠显示窗口：所有打开的窗口并排显示，在保证每个窗口大小相当的情况下，使窗口尽量向水平方向伸展，如图 4-17 所示。

（3）并排显示窗口：排列过程中，在保证每个窗口都显示的情况下，使窗口尽量向垂直方向伸展，如图 4-18 所示。

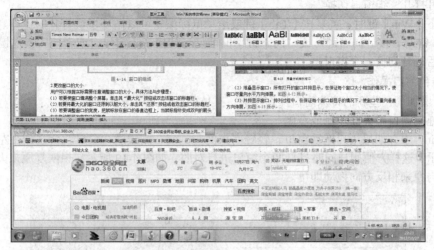

图 4-17 堆叠显示窗口

图 4-18 并排显示窗口

5. 多窗口间切换

如果打开了多个程序或文档，桌面会快速布满杂乱的窗口，通常不容易跟踪已打开的窗口，可通过下面 3 种方法实现多窗口的切换。

（1）使用任务栏

任务栏提供了整理所有窗口的方式。每个窗口都在任务栏上具有相应的按钮，若要切换到其他窗口，只需单击其任务栏按钮，该窗口将出现在所有其他窗口的前面，成为活动窗口，即当前正在使用的窗口。

若要轻松地识别窗口，可以将鼠标指向其任务栏按钮。此时，将看到一个缩略图大小的窗口预览，无论该窗口的内容是文档、照片，甚至是正在运行的视频。如果无法通过其标题识别窗口，则该预览功能特别有用。

（2）使用 Alt+Tab 组合键

通过按【Alt+Tab】组合键可以切换到先前的窗口，或者通过按住【Alt】键并重复按【Tab】键循环切换所有打开的窗口和桌面，释放【Alt】键可以显示所选的窗口。

（3）使用 Aero 三维窗口切换

Aero 三维窗口切换以三维堆栈排列窗口，可快速浏览这些窗口。具体方法是，按住【Win+Tab】

组合键即可打开三维窗口切换。

当按下【Win】键时，重复按【Tab】键或滚动鼠标滚轮可以循环切换打开的窗口。也可以按下【Win】键时，按"向右键"或"向下键"向前循环切换一个窗口，或者按"向左键"或"向上键"向后循环切换一个窗口。

6. 特色窗口操作

Win7增加了一些新的特殊窗口操作功能，具体的操作方法与步骤如下。

（1）拖动窗口碰桌面左侧或右侧

在Win7中，如果用户拖动窗口，轻轻向桌面左侧或右侧碰撞，窗口就会立刻在左侧或右侧以半屏显示，这样方便用户同时打开两个窗口进行对照，如图4-19所示。想恢复原来大小，只需将窗口向与原来相反方向拖动即可。

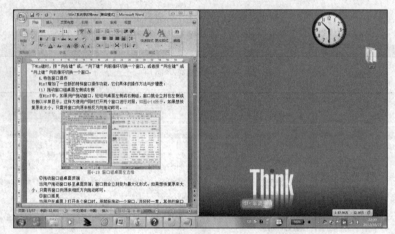

图4-19　窗口碰桌面左边缘后效果图

（2）拖动窗口碰桌面顶端

当用户拖动窗口移至桌面顶端，窗口就会立刻变为最大化形式。想恢复原来大小，只需将窗口向原来相反方向拖动即可。

（3）窗口摇晃

当用户在桌面上打开多个窗口时，用鼠标左键选中窗口不放，并轻轻一晃，其他的窗口立刻变为最小化，只留当前窗口。再用鼠标拖动此窗口，轻轻一晃，则消失的窗口又会出现在原来的位置。

7. 对话框

对话框是一种特殊类型的窗口，它可以提出问题，允许用户选择选项来执行任务，或者提供信息。当程序或Windows需要用户进行响应它才能继续时，经常会看到对话框。它与窗口的区别在于，它没有"最小化""最大化"按钮，不能改变大小，但是可以被移动，如图4-20所示。

4.2.4　系统属性

在桌面图标"计算机"上右键单击，弹出快捷菜单中单击"属性"命令，打开"系统"窗口，就可以查看基本硬件信息。例如可以看到用户当前的计算机名，通过单击"系统"左窗格中的链接还可以更改重要系统设置，如图4-21所示。

图4-20　对话框

1. 查看有关计算机的基本信息

在窗口的右窗格中"系统"提供"查看有关计算机的基本信息"，包括"Windows版本""系统""计算机名称、域和工作组设置"和"Windows激活"4部分内容。

- 在"Windows版本"中列出了有关当前计算机的基本详细信息的摘要视图和Windows版

图 4-21 "系统"属性窗口

本，以及有关计算机上运行的 Windows 版本的信息。

- 在"系统"一栏中显示出当前计算机的 Windows 体验指数基本分数，这是描述计算机总体能力的数字。列出计算机的处理器类型和速度，如果所用的计算机使用多个处理器，还将列出计算机处理器的数量。例如，当前计算机有两个处理器，则将会在此看到显示"2 个处理器"，还显示安装的随机存取内存（RAM）容量，某些情况下还显示 Windows 可以使用的内存数量。用鼠标单击"Windows 体验指数"，可以看到计算机各主要系统组件的"评分的项目"和"子分数"等详细评分信息。

- 在"计算机名称、域和工作组设置"一栏中显示计算机名称以及工作组或域信息，通过单击"更改设置"可以更改该信息并添加用户账户。

- 在"Windows 激活"一栏中激活验证当前的 Windows 副本是否是正版，及显示产品 ID 号，这有助于防止软件盗版。

2. 更改 Windows 系统设置

可通过以下方式更改 Windows 系统设置。

- 单击"系统"窗口左窗格中的"设备管理器"，打开"设备管理器"窗口，来更改系统各硬件的设置和更新驱动程序。

- 单击"系统"窗口左窗格中的"远程设置"，打开"系统属性"窗口的"远程"选项卡页面，在此更改可用于连接到远程计算机的"远程桌面"设置和可用于邀请其他人连接到用户的计算机以帮助解决计算机问题的"远程协助"设置。

- 单击"系统"窗口左窗格中的"系统保护"，打开"系统属性"窗口的"系统保护"选项卡页面，可以使用其来撤销不需要的系统更改，还原以前版本的文件。

- 单击"系统"窗口左窗格中的"高级系统设置"，打开"系统属性"窗口的"高级"选项卡页面，访问高级性能、用户配置文件和系统启动设置，包括监视程序和报告可能的安全攻击的"数据执行保护"，还可以更改计算机的虚拟内存设置。

4.3 管理文件与文件夹

文件是包含文本、图像或音乐等信息的项。文件夹则是存储文件的容器。在 Win7 操作系统中，绝大部分信息是以"文件"形式保存在计算机中的。文件与文件夹管理是 Win7 操作系统的基本功能，也是用户常用的操作任务。

4.3.1 "计算机"和"资源管理器"

在 Win7 中，存储在计算机上的大量文件和文件夹可以使用"计算机"和"资源管理器"进行查看和管理。

1. 使用"计算机"查看文件

Win7 中的"计算机"窗口相当于 Windows XP 系统中"我的电脑"窗口，也具有查看和管理文件的功能。

（1）打开"计算机"窗口

方法一：双击桌面"计算机"图标；方法二：单击"开始"菜单中"计算机"命令。

（2）显示"计算机"窗口

打开的"计算机"窗口如图 4-22 所示，在窗口中显示计算机所有的磁盘列表。

（3）使用"计算机"窗口

当在"计算机"窗口中，单击某个磁盘盘符时，窗口的底部区域显示驱动器的大小、文件系统和可用空间等信息，如图 4-22 所示。双击某个磁盘盘符时，即打开磁盘，可以看到磁盘中存储的所有文件和文件夹。双击文件夹，就可以查看文件里存放的所有文件和文件夹。双击文件，就可以打开或运行该文件。单击文件或文件夹，就可以看到文件或文件夹的详细信息包括预览信息，如图 4-23 所示。

图 4-22 "计算机"窗口

图 4-23 文件的详细信息

当在"计算机"窗口中，单击左侧窗格中树形结构的某一图标，右面窗格就会显示相应的文件夹与文件内容。

2. 使用"资源管理器"查看文件

资源管理器是 Win 7 操作系统提供的资源管理工具，用其可以查看计算机的所有资源，特别是它提供的树形文件系统结构，使用户更清楚、更直观地认识文件管理。

（1）打开"资源管理器"窗口

方法一：单击"开始"菜单，选择"所有程序"→"附件"，单击"Windows 资源管理器"。

方法二：使用快捷键【Win+E】组合键。

（2）显示"资源管理器"窗口

打开的"资源管理器"窗口如图 4-24 所示，与"计算机"窗口一样，用户可以在此窗口中对整个计算机库中存储的文件进行访问和操作。

图 4-24　资源管理器窗口

（3）使用"资源管理器"窗口

① 导航窗格

资源管理器的左窗格是导航窗格，用户可以使用树状结构的导航窗格来查找文件和文件夹，还可以在导航窗格中将项目直接移动或复制到目标位置。

如果在已打开窗口的左侧看不到导航窗格，可单击"组织"按钮，选择"布局"，然后单击"导航窗格"将其显示出来，如图 4-25 所示。

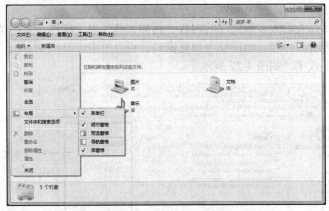

图 4-25　资源管理器窗口显示导航窗格设置

② "前进"和"后退"按钮

使用"前进"按钮和"后退"按钮，用户可以导航至前、后已打开的其他文件夹和库，而无需关闭当前窗口。

③ 工具栏

用户使用工具栏可以执行常规任务，如更改文件和文件夹的外观、将文件刻录到 CD 或启动数字图片的幻灯片放映等。

④ 地址栏

用户使用地址栏可以导航至指定的文件夹或库，或返回前一个文件夹或库。可以通过单击某个链接或键入位置路径来导航到相应位置。

⑤ 库窗格

仅当用户在使用某个库时，库窗格才会出现。使用库窗格可自定义库或按不同的属性排列文件。

⑥ 文件列表

文件列表是资源管理器的主要显示部分，显示当前文件夹或库的内容。用户在搜索框中键入内容来查找文件，则列表仅显示与当前搜索匹配的文件，包括子文件夹中的文件。

⑦ 搜索框

搜索框位于资源管理器的右侧顶部，在搜索框中键入关键词或短语查找当前文件夹或库中的项。它根据所键入的文本筛选当前视图。搜索将查找文件名和文件内容中的文本，以及标记等文件属性中的文本。在库中搜索时，将遍历库中所有文件夹及其子文件。

例如，当用户键入"我"时，所有名称与"我"有关的文件将显示在文件列表中，如图4-26所示。

图4-26　使用搜索框

⑧ 预览窗格

使用预览窗格可以查看大多数文件的内容。例如，选择电子邮件、文本文件或图片，则无需在程序中打开即可查看其内容。如果没有预览窗口，可以单击工具栏中右边"预览窗格"按钮，就会出现相应的预览效果，如图4-27所示。

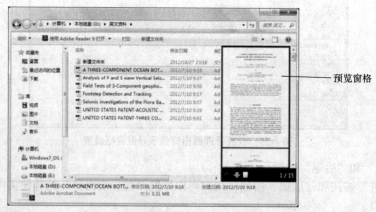

图4-27　在资源管理器窗口使用预览窗格

4.3.2　文件的路径名称及类型

1. 文件的路径名称

文件的路径是指文件存储的位置。用户在磁盘上寻找文件时，所历经的文件夹线路叫路径。

路径分为绝对路径和相对路径。绝对路径是指从根文件夹开始的路径，以 "\" 作为开始。

相对路径是指从当前文件夹开始的路径。这里主要介绍文件的绝对路径，为了找到需要的文件，必须知道文件在计算机上的位置，而详细描述这个位置的就是路径名称。在描述路径名称时，对于盘符要用 ":" 分开，对于文件夹里的文件夹，可以用 "\" 分开。例如，只要看到这个路径："D:\图片\myphoto\abc.jpg"，就知道 "abc.jpg" 文件是在 D 盘的 "图片" 文件夹中的 "myphoto" 文件夹。

2. 文件的名称与文件的类型

就像人的名字一样，为了区分不同的文件，需要给不同的文件一个名字，即文件名。每一个文件名都由主名和扩展名两部分组成，它们两者之间用一个圆点分隔符隔开，其中主名用来表明文件的名字，是由用户根据文件随意的命名，可以改变的；扩展名用来注册文件的类型，是系统根据文件类型给出的，是不能改变的。

文件名最长可达到 256 个字符，文件命名时必须遵循以下规则。

（1）文件名中不能使用? 、*、/、<、>、? 、: 及 "等符号。

（2）文件名不区分大小写。

（3）文件名中可以使用空格，但开头不能为空格。

在 Win7 操作系统中，默认情况下，文件扩展名都是隐藏的。可以打开任意的文件夹窗口，单击 "组织" 按钮，从弹出的菜单列表中选择 "文件夹和搜索选项" 命令，弹出 "文件夹选项" 对话框，单击 "查看" 选项卡，再从 "高级设置" 下拉列表框中选中 "隐藏文件和文件夹" 组中的 "显示隐藏的文件、文件夹和驱动器" 单选按钮。设置完成后，单击 "应用" 按钮，最后单击 "确定" 按钮，此时就可以看见所有文件的扩展名了。常用的文件类型与扩展名对照如表 4-2 所示。

表 4-2　　　　　　　　　　　　常用文件类型与扩展名对照表

扩 展 名	文 件 含 义
.JPEG 或.jpg	静态图像，具有很高的压缩比例，使用非常广泛，效果好，文件体积小
.bmp	位图文件，不压缩的文件格式，显示文件颜色没有限制，效果好，缺点是文件体积太大
.docx 或.doc	办公软件 Mircrosoft Office 字处理软件 Word 创建的文档
.txt	文本文件
.jnt	手写输入日记本文档
.wma	声音文件
.xsl 或.xlsx	电子表格处理文档
.rar 或.zip	常见的压缩文件格式
.ppt	幻灯片处理，演示文稿文档
.pdf	Adobe Acrobat 文档
.html	Web 网页文件
.mp3	使用 MP3 格式压缩存储的声音文件，使用最为广泛的文件格式
.wmv	微软指定的声音文件格式，可被媒体播放器直接播放，体积小，便于传播

4.3.3　文件及文件夹操作

文件与文件夹的操作包括对文件和文件夹的新建、浏览、创建、移动、复制和删除等操作。

1. 浏览文件和文件夹

在 Win 7 中，用户可以根据需要以不同的查看方式来浏览文件和文件夹，查看方式包括超大图标、大图标、中等图标、小图标、列表、详细信息、平铺和内容 8 种。具体的操作步骤如下。

（1）双击 "计算机" 窗口，打开 "计算机" 窗口（或打开 "资源管理器" 窗口），在该窗口的常用工具栏中单击"视图"按钮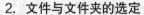，弹出下拉菜单，如图 4-28 所示。

（2）在下拉菜单选项中用户根据需要进行选择。

① 超大图标：以最大图标格式显示文件和文件夹，通过超大图标方式，用户可以直接浏览当前文件夹或文件样式。

② 大图标：以较大图标格式显示文件与文件夹，用户可以粗略浏览到当前文件夹或文件样式。

③ 中等图标：以中等图标格式显示文件与文件夹，用户可以模糊浏览到当前文件夹或文件样式。

④ 小图标：以小图标格式显示文件与文件夹。

⑤ 列表：以单列小图标格式排列来显示文件与文件夹。

⑥ 详细信息：显示文件的名称、大小、类型、修改日期和时间。

图 4-28　单击"视图"按钮 后弹出的下拉菜单

⑦ 平铺：与"中等图标"命令的排列方式类似。

⑧ 内容：以图标格式显示文件及文件夹，当用户指问某一文档文件，可以预览到该文件中的内容。

2. 文件与文件夹的选定

在文件管理操作中，大多数操作都遵循"先选定目标，后进行操作"的步骤，也就是在进行一项操作之前，要先选定操作对象，然后再进行操作。在文件管理的文档窗口（"计算机"或"资源管理器"）中，要选定对象（作为操作对象的文件或文件夹），最方便的方法是用鼠标操作，也可以用键盘来操作。选定的对象目标被深色块罩住，下面介绍几种情况的具体操作步骤。

（1）单个目标的选定

用鼠标左键单击要选定的文件对象，该对象的图标改变了颜色，表示该对象被选中了，如图 4-29 所示。

（2）多个连续目标的选定

单击要选定的一批连续分布文件对象的第一个，该对象的图标即改变了颜色，然后按住【Shift】键再单击要选定的一批连续分布文件对象的最后一个，此时从第一个到最后一个全部文件对象便都变了颜色，表示它们都被选中了，如图 4-30 所示。

另外，还可以用【Shift 键+光标键】进行多个连续目标的选定。

图 4-29　单个文件的选中

图 4-30　选择多个连续文件或文件夹

（3）多个分散目标的选定

按住【Ctrl】键，分别单击要选定的分散目标，在整个过程中始终按住【Ctrl】键，所有被单击过的目标便被选中了，如图 4-31 所示。

（4）全部选定

单击工具栏中"组织"命令，选择"全选"菜单命令或按【Ctrl+A】组合键，可以选取当前窗口中的所有文件和文件夹，如图 4-32 所示。

图 4-31 选定分散的多个文件夹或文件　　　　　图 4-32 选定全部文件

（5）使用矩形框选定多个目标

把鼠标指针指向目标的左上角（或右上角）区域（注意一定要指在目标外的空白区域，不能指在目标上），然后按住鼠标左键，向右下角（或左下角）拖动，随着鼠标的移动，出现一个矩形虚线框，当这个虚线矩形框罩住所有要选目标时，松开鼠标左键，这些目标便都被选中了，也可以从右下角或左下角向左上角或右上角拖动。

（6）放弃已选定的部分目标

如果要从选中的目标中去掉某些已选中的目标，可以按住【Ctrl】键，再单击这些目标，就可以把这些目标从选中的目标中去掉了。

（7）反选文件或文件夹

有时用户可能遇到除了几个文件不需要选择外，其他的文件需要全选的情况，这时就可以利用系统提供的反选功能进行操作。方法是文件管理的文档窗口首先利用【Ctrl】键或【Shift】键，选择几个不需要选择的文件夹，然后按下【Alt】键，调出窗口菜单栏，再选择"编辑"→"反向选择"命令即可。

（8）用选项选择文件

Win7 为同时选取多个文件或文件夹的操作提供了一个新的方法，即使用复选框选项。使用这种方法来选择文件更加简单并且具有灵活性，具体操作步骤如下。

① 在"资源管理器"或"计算机"窗口，选择"工具"→"文件夹选项"命令，如图 4-33 所示。

② 弹出"文件夹选项"对话框，单击"查看"选项卡，在此页面找到"高级设置"下拉列表框中的"使用复选框以选择项"选项进行勾选，如图 4-34 所示。

图 4-33 选择"文件夹选项"选项　　　　图 4-34 勾选"使用复选项以选择项"选项

③ 单击"应用"按钮，然后单击"确定"按钮，完成设置。开启该选项功能后，将鼠标移动到需要选择的文件的上方，文件的左边会出现一个复选框，单击该选框，方框中出现一个小勾，表示该文件已被选中。按照该方法继续单击其他的选项即可选中多个文件，如图 4-35 所示。

在选中文件时，单击工具栏上的"显示预览窗格"按钮▢，或按【Alt+P】组合键，可开启（或关闭）预览窗格。这样，无论是 Office 文档，还是视频、照片，都可以在不打开文件的情况下就能在预览窗格内进行实时预览。

3. 新建文件夹

为了方便用户快速地找到想要使用的文件，通常将同一类型的文件放置在同一个由用户创建的文件夹中，其具体的操作步骤如下。

（1）在想要新建文件夹的磁盘分区的空白处右键单击，或在任一文件夹内空白处，或在桌面空白处右键单击，然后从弹出的快捷菜单中选择"新建"→"文件夹"命令，如图 4-36 所示，即可新建一个文件夹。

图 4-35　用选项选取多个文件及文件夹　　　　图 4-36　创建新文件夹

（2）新建的文件夹名称处于蓝底白字的可编辑状态，此时用户根据需要输入相应的文件夹名称即可。

4. 重命名文件和文件夹

在管理文件或文件夹的过程中，经常会遇到需要对已有文件或文件夹的名称进行更改的情况，此时，在需要重命名的文件或文件夹上右击鼠标，然后从弹出的快捷菜单中选择"重命名"命令，其名称文本框呈蓝底白字的可编辑状态，输入新的名字后，按【Enter】键即可完成重命名操作。其具体的方法与操作步骤如下。

（1）在文档窗口中，按下【Alt】键，选中需要重命名的文件夹，然后单击"文件"，选择"重命名"菜单命令。此时，被选中的文件或文件夹的名称将以高亮形式显示，并且在名称的末尾出现闪烁的光标，这时直接输入新的文件或文件夹名称即可。

（2）在需要重命名的文件或文件夹上右键单击，然后从弹出的快捷菜单中选择"重命名"命令，也可以重命名文件或文件夹。

（3）选中需要重命名的文件或文件夹后，按快捷键【F2】，此时选中的文件或文件夹将以高亮形式显示，再输入新的名称即可。

（4）如果用户需要重命名相似的多个文件，可以使用批量命名文件的方法，其具体操作过程如下。

① 在窗口中选中所有需要重命名的文件，单击"组织"命令，从弹出的下拉菜单中选择"重命名"命令，如图 4-37 所示。

② 此时所选文件中的第一个文件的名称会呈现可编辑状态，如图 4-38 所示。

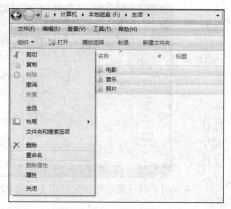

图 4-37　选择"重命名"命令　　　　　　图 4-38　第一个文件的名称呈现可编辑状态

③ 直接输入新文件名，在这里输入"新文件名"，如图 4-39 所示。

④ 在窗口空白处单击鼠标左键即可完成所选文件的批量重命名，如图 4-40 所示。

对文件进行重命名时，注意不要更改其扩展名。一般情况，不建议批量重命名操作。

图 4-39　输入"新文件名"　　　　　　图 4-40　完成所选文件的批量重命名

5. 移动文件和文件夹

为了文件管理的需要，用户时常要把文件或文件夹复制或移动到另一个位置。文件复制、移动的方法很多，可以用鼠标拖动、菜单命令以及快捷键等方法，既可以在"计算机"中操作，也可以在"资源管理器"中操作。

（1）用剪贴板移动文件和文件夹的具体操作步骤如下。

① 选定要移动的对象，用鼠标右键单击，弹出快捷菜单。

② 在快捷菜单中，单击"剪切"按钮。

③ 找到并打开目标盘或目标文件夹的窗口，用鼠标右键单击该窗口的空白处，弹出快捷菜单，在快捷菜单中，单击"粘贴"按钮，移动就完成了。

（2）使用鼠标拖动实现文件或文件夹的移动，具体操作步骤如下。

选中要移动的所有文件和文件夹，然后按住鼠标左键不放，将其拖动到目标文件上，释放鼠标左键即可实现文件和文件夹的移动，如图 4-41 所示。

如果将非磁盘 C 的文件或文件夹拖动至桌面时，默认的是复制，而不是移动。若要实现移动，需要在拖动鼠标时，同时按【Shift】键。

（3）使用快捷键操作的具体步骤如下。

① 选定要移动的对象，按【Ctrl+X】组合键则是剪切文件。

② 找到并打开目标盘或目标文件夹的窗口，按下【Ctrl+V】组合键则是粘贴文件，完成移动。

6. 复制文件和文件夹

复制文件或文件夹是指原来的文件或文件夹不作任何改变，在复制位置重新生成一份或多份完全相同的文件或文件夹。执行复制操作后，原来位置的文件或文件夹仍然存在，这是与移动文件和文件夹操作不同的。

图 4-41　鼠标拖动文件和文件夹实现移动

（1）用剪贴板复制文件和文件夹的具体操作步骤如下。

① 选定要复制的对象，用鼠标右键单击，弹出快捷菜单。

② 在快捷菜单中，单击"复制"按钮。

③ 找到并打开目标盘或目标文件夹的窗口，用鼠标右键单击该窗口的空白处，弹出快捷菜单，在快捷菜单中，单击"粘贴"按钮，复制就完成了。

（2）使用鼠标拖动实现文件或文件夹的复制，具体操作步骤如下。

① 选中要复制的对象。

② 按住鼠标左键同时按住【Ctrl】键不放，将其拖到目标文件夹中，释放鼠标左键，复制就完成了。

（3）使用快捷键操作的具体步骤如下。

① 选定要移动的对象，按下【Ctrl+C】组合键则是复制文件。

② 找到并打开目标盘或目标文件夹的窗口，按下【Ctrl+V】组合键则是粘贴文件，完成移动。

　　　如果向 U 盘复制文件或文件夹，还可以使用快捷菜单上的"发送"功能，可把文件直接发送至优盘。

7. 删除文件和文件夹

为了保持计算机中文件系统的整洁并节约磁盘空间，用户可以将一些不使用的文件或文件夹删除，在 Win7 中删除文件或文件夹有多种方法。

（1）在文档窗口，选择要删除的对象，然后单击"组织"选项，在弹出的下拉列表中选择"删除"命令，如图 4-42 所示。此时会弹出删除文件确认对话框，可以单击"是"按钮删除文件，则将选完对象送入回收站，也可以通过单击"否"按钮取消此操作，如图 4-43 所示。

图 4-42　单击"删除"命令

图 4-43　删除文件确认对话框

（2）用拖动法删除文件或文件夹，具体操作步骤如下。

首先选择要删除的对象，按住鼠标左键，把删除对象拖进桌面上的"回收站"，初步删除该对象的操作就完成了。

（3）用快捷键删除文件及文件夹，具体操作步骤如下。

首先选定删除对象，按下键盘上的【Delete】键，在弹出的删除文件确认对话框中，选择"是"按钮，则把选定的对象送入"回收站"。

（4）用快捷菜单删除文件及文件夹，具体操作步骤如下。

首先选定删除对象，把鼠标指向删除对象（如果是删除多个选定对象，只指向其中任意一个对象即可），单击鼠标右键，调出快捷菜单，单击快捷菜单中的"删除"命令，在弹出的确认删除的对话框中，单击"是"按钮，则把选定的删除对象送进"回收站"。

8. 给文件或文件夹创建快捷方式

用户可以为了提高工作效率和查询速度，给经常用的文件和文件夹创建快捷方式。快捷方式就是将计算机或网络中的项目在桌面、"开始"菜单或特定的文件夹中创建链接。双击快捷方式，可以避免复杂路径直接访问到对象本身。在桌面上创建文件或文件夹的快捷方式的具体操作步骤如下。

（1）打开"计算机"或"资源管理器"窗口，选择相应文件或文件夹，并在其图标上右键单击，从弹出的快捷菜单中选择"发送到"→"桌面快捷方式"选项，如图 4-44 所示。

（2）关闭或最小化所有的窗口，返回桌面。此时看到桌面上已创建相应的文件或文件夹的快捷方式，如图 4-45 所示。

图 4-44　选择"桌面快捷方式"选项

图 4-45　显示快捷方式

4.3.4　文件及文件夹属性

1. 查看文件及文件夹属性

在 Windows 系统中，每一个文件和文件夹都有其自身特有的信息，包括文件的类型、在磁盘中的位置、所占空间的大小、修改和创建时间以及文件在磁盘中存在的方式等，这些信息都可以统称为文件的属性。

在需要查看属性的文件或文件夹上右击鼠标，然后从弹出的快捷菜单中选择"属性"命令，弹出"属性"对话框，如图 4-46 所示。

在"常规"选项卡上可以看到对象的文件名、文件类型、打开方式、文件位置、文件大小与占用空间、文件的创建时间和文件访问时间等。在"属性"栏中还可设置其属性，主要包括只读、隐藏和存档 3 个选项。

（1）只读：该文件和文件夹只能被打开，阅读其内容，但不能修改其内容，即进行修改后不能在当前位置进行保存。

（2）隐藏：设置隐藏属性后的文件和文件夹将被隐藏起来，打开其所在窗口时不会被看见，但可以通过其他设置来显示被隐藏的文件和文件夹。

（3）存档：不仅可以打开设置为该属性的文件进行阅读，还能修改其内容并进行保存。

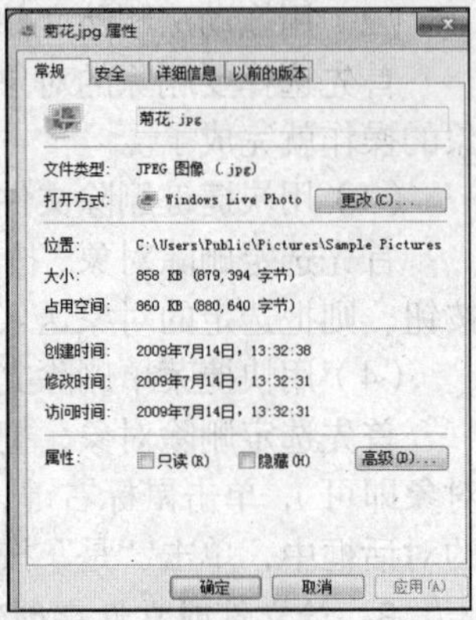

图 4-46　文件"属性"对话框

2. 文件及文件夹属性设置

（1）设置只读、隐藏属性

在文件或文件夹"属性"对话框中，选定"只读"复选框（出现"√"），该文件便只能浏览而不能修改，即不可进行写操作。同理，选定"隐藏"复选框（出现"√"），确定后该文件在文件夹中无法显示。重复上述步骤，即可取消设置（即去掉"√"）。

（2）改变文件打开方式

文件的类型图标与能够打开该文件的程序有关，如果一个程序能够被多个程序打开，可选定打开方式，文件图标就与打开方式相对应。

有些类型的文件可以用多种程序打开，例如媒体文件、图像文件等。如果需要更换打开这些文件的程序，具体操作步骤如下。

① 在文件上右击鼠标，弹出快捷菜单，然后选择"属性"命令，弹出"属性"对话框。

② 在"常规"选项卡中单击"更改"按钮，弹出"打开方式"对话框。在"推荐的程序"选项组中选择另一个程序，如图 4-47 所示，单击"确定"按钮，从而完成更改文件的默认打开方式操作。

图 4-47　"打开方式"对话框

（3）设置独特的文件夹图标

对于每种类型的文件夹，Win7 都采用独特的图标进行标识，用户能够通过图标轻松识别文件夹中文件的作用。

如果用户想为一个文件夹更换一个个性化的图标，其具体操作步骤如下。

① 在文件夹上右击鼠标，弹出快捷菜单，然后选择"属性"命令。

② 弹出"属性"对话框，单击"自定义"选项卡，在"文件夹图标"栏中再单击"更改图标"按钮，如图 4-48 所示。

③ 弹出"更改图标"对话框，在"从以下列表中选择一个图标"列表框中选择一个图标，如图 4-49 所示。

④ 确定后完成设置，更改图标后的文件夹图标如图 4-50 右边所示。

（4）加密文件和文件夹

对文件和文件夹加密，可以保护用户的隐私。加密文件系统（EFS）是 Windows 的一项功能，即允许用户将信息以加密的形式存储在硬盘上。加密的具体操作步骤如下。

① 在需要加密的文件夹或文件上右键单击，从弹出的快捷菜单中选择"属性"命令，弹出"属性"对话框。

② 单击"常规"选项卡中的"高级"按钮，弹出"高级属性"对话框，勾选"加密内容以便保护数据"选项，如图 4-51 所示。

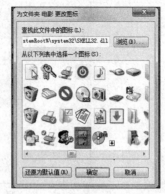

图 4-48　"属性"对话框中的"自定义"选项卡　　　　图 4-49　"更改图标"对话框

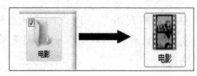

图 4-50　文件夹图标更改前后比较

③ 设置完成后单击"确定"按钮，返回"属性"对话框，单击"应用"按钮，弹出"确认属性更改"对话框，如图 4-52 所示，从中选择"将更改应用于此文件夹"单选按钮后确定。

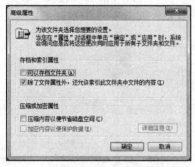

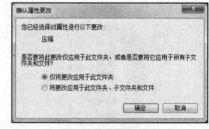

图 4-51　"高级属性"对话框图　　　　　　图 4-52　"确认属性更改"对话框

4.3.5　回收站的使用和设置

回收站是 Windows 操作用来存储被删除文件的场所。在管理文件和文件夹的过程中，系统在默认情况下，会将被删除的文件自动移动到回收站中，而不是彻底地删除。如果用户误删除了某个文件或文件夹，可以通过回收站的还原功能将其恢复，这样可以避免因误删除带给用户的麻烦。

（1）还原被删除文件

如果用户在使用过程中，错将不该删除的文件删除掉了，在 Windows 系统下可以进行恢复，具体的操作步骤如下。

① 在 Windows 的桌面上双击"回收站"图标，打开"回收站"窗口，其中列出了所有被删除的文件，如图 4-53 所示。

② 要恢复一个文件，应先选中此文件；如果恢复多个文件，则应选中所有要恢复的文件。

③ 单击菜单栏上的"还原选定的项目"命令，或者在选中图标上右击弹出快捷菜单，选择"还原"命令，文件就恢复到了原来的位置。

图 4-53   "回收站"窗口

 注意   回收站在存放过程中如果队列满了，则先删除的文件被挤出"回收站"，也就是永久地删除了，无法恢复；但只要"回收站"的空间足够大，就有机会把几天以前甚至几周以前删除的文件恢复。

（2）清空回收站

如果回收站中的文件太多，会占用大量的磁盘空间，如果确定回收站的数据可以删除，用户可以将回收站清空。其具体的操作步骤如下。

首先，在桌面上右击回收站图标，在弹出的快捷菜单中选择"清空回收站"命令，如图 4-54 所示，在弹出的提示框中单击"是"按钮即可清空回收站，如图 4-55 所示。

图 4-54   快捷菜单中的"清空回收站"命令

图 4-55   确认删除提示框

或者双击桌面上的回收站图标，打开"回收站"窗口，单击工具栏的"清空回收站"命令，也可以将回收站中的数据清空。

（3）在回收站中删除文件

在回收站中不仅可以清空所有的文件或文件夹，还可以删除某个文件或部分文件，具体的操作步骤如下。

① 双击桌面上回收站图标，打开"回收站"窗口。

② 右击要删除的文件或文件夹，在弹出的快捷菜单中选中"删除"命令。

③ 在弹出的提示框中单击"是"按钮，即可删除选中的文件。

（4）回收站的设置

要改变"回收站"中为存储删除的文件所用的磁盘空间的大小，可以通过改变"回收站"的属性来对回收站的保存位置和回收站的最大容量等进行设置，具体操作方法如下。

① 在桌面上右击回收站图标，弹出快捷菜单，从中选择"属性"命令，弹出如图 4-56 所示的对话框。

② 在"回收站属性"对话框中，可以通过在"选定位置的设置"栏中选择"自定义大小"并输入最大值，来设置"回收站"在当前选中的磁盘里存放删除文件的空间大小。

图 4-56　"回收站属性"对话框

③ 在"选定位置的设置"栏中选择"不将文件移到回收站中。移除文件后立即将其删除"选择，则删除的所有文件都将不进入"回收站"中，而是直接被彻底删除。

④ 默认情况下，"回收站"窗口中的"显示删除确认对话框"处于选中状态，当取消勾选时，则所有删除文件或文件夹的操作都不会显示删除提示对话框。

4.4　Win7 的个性化设置

Win7 系统允许用户进行个性化的设置，用户可以根据自己的喜好设计主题、定制窗口的外观和颜色、更换鼠标光标形态等，下面将详细介绍 Win7 的个性化设置。

4.4.1　个性化桌面和主题

1. 桌面背景的设置

虽然 Win7 为每个主题都提供了不同的桌面背景，但是用户仍然可以将主题中的背景用自己喜欢的图片来替换。

设置桌面背景的具体操作有两种方法。

（1）方法一：使用"个性化"窗口设置。

① 在桌面空白区域右击鼠标，弹出快捷菜单，然后选择"个性化"选项，打开"个性化"窗口。

② 再单击"桌面背景"，打开"桌面背景"窗口，从中间的列表框中，可以选择系统自带的背景图片。在此，单击"浏览"按钮，如图 4-57 所示。

③ 弹出"浏览文件夹"对话框，选择相应的文件夹，如图 4-58 所示，然后单击"确定"按钮，在"选择桌面背景"的窗口中可以看到所选择文件夹的所有图片预览效果，如图 4-59 所示。

图 4-57　"个性化"窗口

④ 若单击"全选"按钮，将会把所选文件夹的每张图片的左上角的复选框都勾选，同时可选择"更改图片时间间隔"的下拉列表，设置这些图片切换的时间间隔，实现桌面背景的自动切换。

图 4-58　选择文件夹　　　　　　　　　　　　　图 4-59　选择图片

⑤ 若单击"全部清除"按钮，将会把所选文件夹的每张图片的左上角的复选框都取消，此时，可以在任意一张或多张图片左上角的复选框依次勾选，然后从"图片位置"列表框中选择"平铺"选项。

⑥ 最后单击"保存修改"按钮，返回"个性化"窗口，单击"关闭"按钮，关闭该窗口。返回桌面后即可看到桌面背景已经应用了选择的图片，如图4-60所示。

图 4-60　设置的桌面背景

（2）方法二：使用右键菜单。

① 打开资源管理器窗口，找到图片所保存的位置。

② 选择需要的图片，然后单击鼠标右键，再从弹出的快捷菜单中选择"设置为桌面背景"选项，这样即可将所选图片设置为桌面背景。

2. 窗口颜色和外观的设置

在 Win7 操作系统中，用户可以随意设置窗口、菜单以及任务栏的外观和颜色，还可以调整颜色浓度与透明效果，非常直观、方便。

（1）用前面所学的方法打开"个性化"窗口，然后单击"窗口颜色"超链接。

（2）打开"窗口颜色和外观"窗口，如图4-61所示。选择一种窗口颜色，然后单击"保存修改"按钮，返回"个性化"窗口，再单击"关闭"按钮，关闭窗口，从而实现改变窗口颜色的操作。

3. 屏幕保护程序的设置

使用屏幕保护程序，可以防止荧光屏因长时间显示固定的画面而损坏其内部感光涂层，同时还能在用户离开电脑时，防止他人窥视用户电脑中正在操作的内容。设置屏幕保护程序的具体操作步骤如下。

（1）在桌面空白区域右击鼠标，弹出快捷菜单，然后选择"个性化"选项，打开"个性化"窗口。

（2）单击"屏幕保护程序"超链接，弹出"屏幕保护程序设置"对话框。在"屏幕保护程序"选项组中，设置屏幕保护类型为"气泡"，如图4-62所示。在"等待"数值框中输入2，然后单击"应用"按钮。

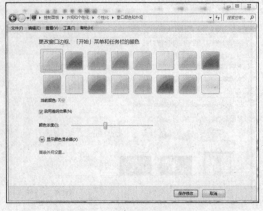

图 4-61　"窗口颜色和外观"窗口

图 4-62　"屏幕保护程序设置"对话框

（3）再单击"确定"按钮，从而完成屏幕保护程序的设置。当鼠标和键盘不进行任何操作达 2 分钟时，屏幕保护程序将自动运行。

4. 显示的设置

显示设置主要包括显示器的分辨率、颜色和刷新频率等参数，以使显示器的图像更逼真、色彩更丰富，从而降低屏幕闪烁和抖动给视力带来的不良影响。显示设置的具体操作步骤如下。

（1）在桌面空白区域右击鼠标，弹出快捷菜单，然后选择"个性化"选项，打开"个性化"窗口。

（2）单击"显示"，打开"显示"窗口，如图 4-63 所示。

（3）单击"更改显示设置"，打开"屏幕分辨率"窗口，如图 4-64 所示，单击"高级设置"，弹出对话框。

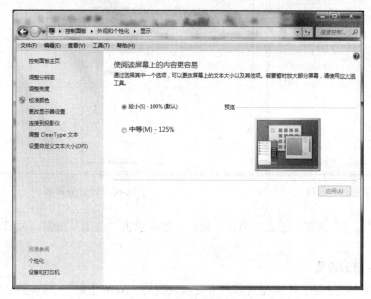

图 4-63　"显示"窗口

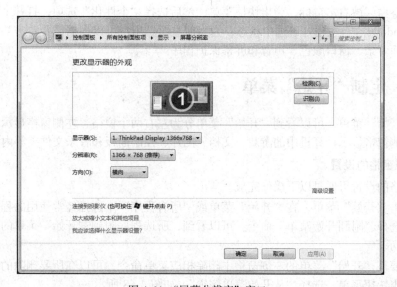

图 4-64　"屏幕分辨率"窗口

（4）在弹出的对话框中，单击"监视器"选项卡，然后从"屏幕刷新频率"列表框中选择"60赫兹"选项，如图4-65所示。

（5）单击"应用"按钮，然后单击"确定"按钮，从而完成对显示器刷新频率的设置。

（6）返回"显示"窗口，单击"调整分辨率"，打开"屏幕分辨率"窗口。在"分辨率"列表框中，拖动滑块至所需分辨率1280像素×1024像素位置，如图4-66所示。

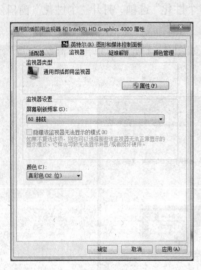

图4-65 "监视器"窗口

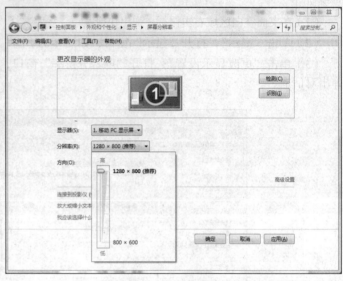

图4-66 设置分辨率

（7）单击"确定"按钮，返回"显示"窗口，然后单击"关闭"按钮，关闭窗口，更改分辨率设置完成。

5. Win7主题的设置

Win7中有两大类主题：一类是对显示卡要求较高的"Aero主题"，另一类是面向配置较低的"基本和高对比度主题"。

在桌面空白区域右击鼠标，弹出快捷菜单，然后选择"个性化"选项，打开个性化窗口，可以看到"Windows 7"主题处于选中状态，为当前主题。用户可以根据需要单击某个主题，更改主题后的桌面背景、窗口颜色、声音和屏幕保护程序。

4.4.2 定制"开始"菜单

单击"开始"菜单，可以看到"开始"菜单分为左右两个窗格，左侧窗格显示经常使用的用户程序，右侧窗格显示计算机中的游戏、文档、图片、控制面板和音乐文件夹等内容。

1. 左侧窗格的设置

左侧窗格的设置可通过以下操作完成。

（1）单击"开始"菜单，在"开始"菜单或"所有程序"中选择经常使用的程序，右击弹出快捷菜单，选择"附到开始菜单"命令，可以看到，所选程序附到"开始"菜单的左侧窗格中，如图4-67所示。

（2）若要从"开始"菜单的左侧窗格中删除相应菜单命令，可以在所要删除的程序菜单命令上右击，弹出快捷菜单，选择"从开始菜单解锁"，如图4-68所示。

图 4-67 附到"开始"菜单左侧

图 4-68 从"开始"菜单解锁

2. 右侧窗格的设置

"开始"菜单的右侧窗格中显示的菜单命令可以进行自定义，其具体的操作步骤如下。

（1）在"开始"菜单上右击，弹出快捷菜单，选择"属性"命令，打开"任务栏和开始菜单属性"对话框，选择"开始菜单"选项卡，如图 4-69 所示。

（2）在"开始菜单"选项卡，单击"自定义"按钮，打开"自定义开始菜单"对话框，用户可自定义菜单的链接、图标以及菜单的外观和行为，如图 4-70 所示。

图 4-69 "任务栏和开始菜单属性"对话框

图 4-70 "自定义开始菜单"对话框

（3）在"开始菜单"选项卡中，"隐私"区域，可以选择最近打开的程序数目和最近使用的项目数。如果用户不希望在开始菜单中存储最近打开的程序，可取消"隐私"区域复选框的勾选，单击"确定"按钮。

4.4.3 鼠标和键盘设置

鼠标和键盘是最常用的输入设备。无论是操作系统还是应用程序，都离不开鼠标和键盘的操作。在安装 Windows 7 操作系统时，系统会自动对鼠标和键盘进行检测并进行默认设置。但是由于用户的习惯和喜好不同，所以用户可以根据自己需要，合理设置个性化鼠标和键盘，方便自己的使用，提高工作效率。

1. 设置鼠标

在 Win7 中，对鼠标的设置主要包括调整双击鼠标的速度、更换鼠标光标样式以及设置鼠标光标选项等，具体操作如下。

（1）在桌面的空白区域右击鼠标，然后从弹出的快捷菜单中选择"个性化"选项，打开"个性化"窗口。

（2）单击"更改鼠标指针"，弹出"鼠标属性"对话框。从"方案"列表框中选择相应选项，再从"自定义"列表框中选择"后台运行"选项，如图4-71所示。

（3）单击"浏览"按钮，弹出"浏览"对话框，此时系统自动定位到可选择光标样式的文件夹下。从列表框中选择一种样式效果，如图4-72所示。

图4-71 "鼠标属性"对话框

图4-72 "浏览"对话框

（4）单击"打开"按钮，返回"鼠标属性"对话框，此时即可看到"自定义"列表框中的"后台运行"鼠标光标样式发生了改变。

（5）单击"鼠标键"选项卡，在"双击速度"选项组中拖动"速度"滑动条上的滑块以调节双击速度。默认情况下，"切换主要和次要的按钮"和"启用单击锁定"两个复选框前是处于未勾选的状态，用户可以根据需要勾选设置，如图4-73所示。

（6）单击"指针选项"选项卡，在"移动"选项组中拖动滑块调整鼠标光标的移动速度，如向右拖动滑块提高鼠标移动速度。勾选"显示指针轨迹"选项，如图4-74所示，移动鼠标光标时就会产生轨迹效果。

（7）单击"滑轮"选项卡，在"垂直滚动"和"水平滚动"选项组中，输入相应的数值，如图4-75所示。

（8）完成上述设置后，单击"确定"按钮使其生效。

图4-73 "鼠标键"选项卡

图4-74 "指针选项"选项卡

2. 设置键盘

在Win7中，设置键盘主要是指设置键盘的响应速度。要对键盘的属性进行相关设置，其具体操作步骤如下。

（1）单击"开始"按钮，选择"控制面板"命令，打开"控制面板"窗口，设置"查看方式"
为"大图标"，然后选择"键盘"选项，弹出"键盘属性"对话框，如图 4-76 所示。

图 4-75 "滑轮"选项卡

图 4-76 "键盘属性"对话框

（2）单击"速度"选项卡，左右拖曳"字符重复"选项区中的"重复延迟"滑块，可以改变键盘
重复输入一个字符的延迟时间；左右拖曳"重复速度"滑块，可以改变重复输入字符的输入速度。

（3）在"光标闪烁速度"区域中，可以通过拖曳滑块来改变当在文本编辑软件中，文本插入
点位于编辑位置时的闪烁速度。

（4）单击"硬件"选项卡，可以查看设备的名称和属性，设置完成后单击"确定"按钮。

4.4.4　语言选项与字体管理

Win7 中的语言主要是指输入的文本，其包含多种输入语言，用户可以根据需要设置语言选项，
确定输入方法。Win7 中的字体是一种极其重要的资源，所有的显示都离不开相应的字体支持。

1. 语言选项

在 Win7 中，用户对输入语言进行设置的具体操作步骤如下。

（1）单击"开始"按钮，选择"控制面板"命令，打开"控制面板"窗口，设置"查看方式"
为"大图标"，然后选择"区域和语言"选项，弹出"区域和语言"对话框，选择"键盘和语言"
选项卡，如图 4-77 所示。

（2）单击"更改键盘（C）..."按钮，打开"文本服务和输入语言"对话框，单击"添加"
按钮，打卡"添加输入语言"对话框，选择需要添加的语言，单击"确定"按钮，即可在"文本
服务和输入语言"对话框看到所添加的语言，如图 4-78 所示。

图 4-77 "区域和语言"对话框

图 4-78 "文本服务和输入语言"对话框

（3）选择某种语言，单击"删除"按钮，可以删除相应的语言。

2. 字体管理

Win7 新增了大量的字体，用户可以使用"字体管理"来管理字体的大小等设置，具体的操作步骤如下。

（1）单击"开始"按钮，选择"控制面板"命令，打开"控制面板"窗口，设置"查看方式"为"大图标"，然后选择"字体"选项，弹出"字体"窗口，可以看到所有的字体都是以缩略图的形式实时预览字体样式的，每个缩略图显示该字体字母表里的 3 个字符，用户无需打开字体文件就能看到样式。

（2）在"字体"窗口，单击"更改字体大小"命令，进入其设置窗口，在此提供了 3 种供用户选择的类型以更改屏幕上的文字大小。从中选择一项，单击"应用"按钮就可更改系统的字体大小。

（3）在"字体"窗口，单击"字体设置"命令，打开"字体设置"的窗口，在此用户可以根据需要显示或隐藏字体，设置安装字体的方式。

4.4.5 应用程序的安装与卸载

虽然 Win7 中自带一些常用应用软件，但这些软件往往还是不能满足用户工作和生活中的实际需要，仍然需要用户自己安装一些应用程序。

1. 安装应用程序前的准备

安装应用程序前需做以下准备。

（1）看待安装程序是否和 Win7 兼容。

在选择待安装的程序时，要看待安装程序是否是针对 Win7 系统的，或者是否与 Win7 系统兼容。

（2）用户的计算机硬件配置是否可以运行待安装程序。

根据安装程序的硬件配置要求，用户需要看自己计算机配置是否符合要求，这对于硬件要求高的计算机辅助设计、三维动画设计、平面设计、音频或视频类编辑程序等应用程序尤其重要。

2. 安装应用程序

安装应用程序的方式有两种，具体操作如下。

（1）使用光盘安装

如果待安装程序保存在光盘中，则只要将光盘放入光驱，默认情况下，系统会自动运行光盘中的自启动安装程序，打开安装窗口，只需要按照安装程序向导给出的提示，单击"下一步"按钮，直至"完成"出现，即可完成程序的安装。

（2）使用非光盘安装

如果待安装程序已经保存在计算机的硬盘中，首先单击"开始"按钮，选择"程序"→"附件"，单击"Windows 资源管理器"，打开资源管理器窗口；然后选择待安装程序所在的文件位置，双击待安装程序，即启动安装程序；最后按照安装程序向导给出的提示，单击"下一步"按钮，直至"完成"出现，即可完成程序的安装。

3. 应用程序的卸载

应用程序安装后，如果用户不需要了，就需要将其卸载，程序卸载的具体操作步骤如下。

（1）单击"开始"按钮，单击"控制面板"命令，打开"控制面板"窗口，然后选择"程序"选项，弹出"程序"窗口，如图 4-79 所示。

（2）在"程序"窗口中，单击"程序和功能"，打开"程序和功能"管理窗口，如图 4-80 所示。

图 4-79　"程序"窗口

图 4-80　"程序和功能"管理窗口

（3）找到待删除的程序单击，然后单击"卸载"或"卸载/更改"按钮。

（4）弹出卸载程序对话框，该对话框中有 3 个单选按钮，分别是"Automatic（自动卸载）""Custom（更改）"和"Repair（修复）"。

（5）根据需要，选择"Automatic（自动卸载）"选项，然后单击"Next"按钮，即完成程序的卸载。

　　大多数程序在卸载后，仍会在系统中留下一些文件，这些保留的文件有相当一部分是用户在使用该程序时创建的数据文件，因此不会被卸载。

4.4.6　Windows 小工具

Windows 桌面小工具是从 Windows Vista 版本开始加入到系统中的，它是一些在桌面上运行的实用工具软件，如时钟、日历、天气和货币等，通过这些小工具，用户可以方便、直观地了解需要的信息。

1. 在桌面添加小工具

Win7 系统默认不开启桌面小工具，要开启桌面小工具，首先在桌面的空白区域右击鼠标，弹出快捷菜单，选择"小工具"命令，然后在弹出的"小工具"窗口双击需要的小工具，或者拖动所需的小工具将其放置到桌面，如图 4-81 所示。

图 4-81　拖动所需的小工具将其放置到桌面

2．设置桌面小工具的属性

为了更好、更方便地使用小工具，可以设置桌面小工具的属性，其具体的操作步骤如下。

（1）移动设置

用鼠标拖动的方式移动，或者在所选小工具上右击，弹出快捷菜单，选择"移动"命令，再用键盘的方向键移动桌面小工具。

（2）大小设置

在所选小工具上右击，弹出快捷菜单，选择"大小"→"小尺寸"（或者"大尺寸"）命令。

（3）前端显示

为了使小工具不被其他程序覆盖，可以在所选小工具上右击，弹出快捷菜单，选择"前端显示"命令。

（4）不透明度

在所选小工具上右击，弹出快捷菜单，选择"不透明度"，出现其子菜单，如图 4-82 所示，用户根据需要选择百分数，来设置小工具的透明度。

（5）其他设置

除了上述通用属性外，有些小工具还有"选项"属性，可以设置小工具的其他属性。例如，"幻灯片放映"小工具，用鼠标选中并在其上右击，弹出快捷菜单，选择"选项"命令，打开"幻灯片放映"

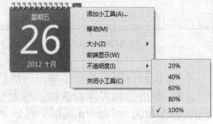

图 4-82　桌面小工具"不透明度"的设置

对话框，在此可以设置图片所在的文件夹，每张图片的显示时间、图片转换是否有特效和随机显示图片等属性。

4.5　磁盘维护和管理

4.5.1　磁盘格式化

磁盘的格式化就是在磁盘内进行磁盘分割，标识内部磁盘，以方便存取。格式化硬盘可分为高级格式化和低级格式化。高级格式化是指在 Windows 操作系统下对硬盘进行的分区和格式化操作；低级格式化是指在高级格式化操作之前，对硬盘进行的物理格式化。

格式化还可分为快速格式化和正常格式化。快速格式化将创建新的文件表，但不会完全覆盖或擦除卷；正常格式化比快速格式化慢得多，会完全擦除卷上现有的所有数据。

磁盘格式化的具体操作步骤是，在要格式化的磁盘上右键单击弹出快捷菜单，选择"格式化"，打开"格式化"对话框，在"格式化"选项中根据需要选择格式化方式，单击"开始"按钮，即开始磁盘的格式化操作，如图 4-83 所示。

4.5.2　磁盘扫描与碎片整理

1．磁盘扫描

计算机使用久了，其磁盘由于经常进行读写操作，难免会出现坏区或错误（包括丢失的文件碎片和交叉链接文件），可以采用磁盘扫描的方法避免这些问题的发生。磁盘扫描可以扫描磁盘错误并加以纠正，其具体的操作步骤如下。

（1）双击"计算机"图标，打开"计算机"窗口。

（2）在"计算机"窗口中，右键单击要扫描的磁盘，弹出快捷菜单，选择"属性"命令，打开"属性"窗口。

（3）在"属性"窗口选择"工具"选项卡，在"查错"选项卡单击"开始检查"按钮，如图4-84 所示，打开"检查磁盘"对话框。

图 4-83　格式化磁盘

图 4-84　磁盘扫描

（4）在该对话框中选择"自动修复文件系统错误"，会对扫描所检测到的文件和文件夹问题进行自动修复；选择"扫描并尝试恢复坏扇区"，将会尝试查找并修复硬盘自身的物理错误，一般需要较长时间才能完成。

2. 清理磁盘

使用磁盘清理程序可以释放硬盘驱动器空间，删除临时文件、Internet 缓存文件和不需要的文件，腾出它们占用的系统资源，以提高系统性能。

用户可指定要删除的文件类型及其所占用的磁盘空间大小，在进行清理时会将其删除。其具体的操作步骤如下。

（1）双击"计算机"图标，打开"计算机"窗口。

（2）在"计算机"窗口中，右键单击要扫描的磁盘，弹出快捷菜单，选择"属性"命令，打开"属性"窗口。

（3）在"属性"窗口选择"常规"选项卡，在磁盘分区的"属性"对话框中，单击"磁盘清理"按钮，即开始清理工作。

3. 整理磁盘碎片

计算机经过长时间的使用后，难免会出现很多零散的空间和磁盘碎片，一个文件可能会存放在不连续的磁盘空间中，这样在访问该文件时系统就需要到不连续的磁盘空间中去寻找该文件的不同部分，从而影响了运行速度。同时，由于磁盘中的可用空间也是零散的，创建新文件或文件夹的速度也会降低。使用磁盘碎片整理程序可以重新安排文件在磁盘中的存储位置，将同一文件的存储位置连续起来，同时合并可用空间，实现提高运行速度的目的。具体操作步骤如下。

（1）在"计算机"窗口中，右键单击要扫描的磁盘，弹出快捷菜单，选择"属性"命令，打开"属性"窗口。

（2）打开"属性"对话框，单击"工具"选项卡，单击"立即进行此片清理"按钮，开始磁盘碎片整理的操作，如图 4-85 所示。

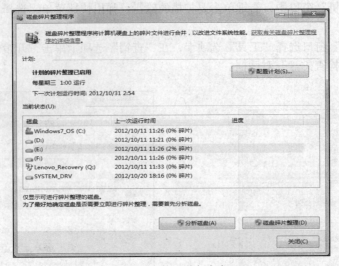

图 4-85　整理磁盘碎片

4.6　操作系统的网络功能

　　人们现在的日常生活处处都离不开网络。网络为人们的工作、学习和娱乐提供了丰富的资源。简单地说，网络就是连接多台机计算机（或其他设备）的纽带，它使得计算机之间能够进行交流和通信，实现了资源交换共享。根据计算机之间的连接距离或者网络的覆盖范围，可以将计算机网络分为局域网、城域网和广域网。一般地，局域网是指计算机相互之间连接距离不大于 10 公里，而且通常只使用一种传输介质。从地域上看，局域网通常是用在一座建筑物或一个工厂内，使用上通常是某一单位或某一部门使用，规模上一般不超过几百个用户。

4.6.1　局域网的组建

　　局域网一般由服务器、用户工作站、网卡、传输介质 4 部分组成。服务器运行网络操作系统，提供硬盘、文件数据及打印机共享等服务功能，是网络控制的核心。常见的网络操作系统主要有 Windows 系列和 UNIX/Linux 系列。用户工作站可以有自己的操作系统，能够运行其本身的网络软件，能够访问服务器，共享资源。网卡可以将服务器和工作站连到网络上，实现资源的共享。局域网中常用的传输介质有双绞线、同轴电缆、光纤等。在实际生活中根据连接方式可以分为有线局域网和无线局域网。

　　要使用局域网的诸多功能，必须先配置局域网：首先准备连接局域网所需的硬件设备；其次再连接局域网，设置 TCP/IP 协议；最后设置计算机名和工作组的名称，确保计算机之间数据的正常传输。

1.　局域网硬件设备的准备

　　组建小型的局域网主要硬件设备有网卡、集线器和光纤、同轴电缆等网络传输介质以及中继器、网桥、路由器、网关等网络互联设备。

　　网卡一般都集成在计算机的主板上，用于实现联网计算机和网络电缆之间的物理连接，为计算机之间相互通信提供一条物理通道。对于局域网内的每台计算机都需要有一块网卡或多块网卡，通过网卡将其连接到网络电缆系统。

　　如果想同时使几台计算机相连接，还需要有集线器或交换机，它们都是数据传输的枢纽。集线器是将信号收集放大后传输给所有其他端口，即传输线路是共享的；而交换机能够选择目标端口，在很大程度上减少冲突的发生，为通信双方提供了一条独占的线路。现在一般选择交换机连接。

路由器是一种连接多个网络或网段的网络设备。它能将不同网络或网段之间的数据信息进行"翻译"，使它们能够相互"读"懂对方的数据，从而构成一个更大的网络。

2. 局域网硬件设备的连接

将计算机和交换机（或集线器）、路由器等网络设备用网线实现它们的物理连接。可选择使用软件实现路由和使用硬件实现路由的两种连接方式。选择使用软件实现路由，则不需要使用路由器，但要在局域网中选定一台计算机作为服务器安装并配置有关路由软件；选择使用硬件实现路由，则需要在网络上安装路由器。

使用软件实现路由时，要在服务器上安装两个网卡，两个网卡分别连接局域网集线器（或交换机）和 ADSL Modem（或小区宽带）。把服务器上与集线器相连的网卡以及其他计算机的网卡的 IP 地址设置为同一网段，并在服务器上安装、设置软件路由后，就可实现局域网的组建。

使用硬件实现路由时，局域网中的计算机都只需要安装一个网卡，但要使用一个路由器。各计算机的网卡都连接到集线器（或交换机）上，集线器（或交换机）再与路由器相连。值得注意的是，在连接集线器（或交换机）与路由器的时候，如果集线器（或交换机）上没有 Up-Link 端口，则要使用交叉网线。

3. 设置 TCP/IP 协议

连接好局域网的设备后，只需在 Win7 中设置计算机的 IP 地址，就能使局域网正常工作了。设置 TCP/IP 协议的具体操作步骤如下。

（1）单击"开始"菜单，选择"控制面板"，单击"网络和共享中心"命令，进入"网络和共享中心"窗口，如图 4-86 所示。单击"更改适配器"按钮，打开"网络连接"对话框，如图 4-87 所示。

（2）单击"本地连接"，打开"本地连接状态"对话框，单击"属性"按钮，打开"本地连接属性"对话框，如图 4-88 所示。

（3）在"本地连接属性"对话框中，从"此连接使用下列项目"列表框中选择"Interner 协议版本 4"选项。

（4）弹出"Internet 协议版本 4（TCP/IPv4）属性"对话框，在其中根据实际选择并设置相应 IP 地址，只要保证局域网的计算机在一个网段内即可。如果不知道 IP 地址，可以选择"自动获得 IP 地址"选项，如图 4-89 所示。如果知道具体 IP 地址，就选择"使用下面的 IP 地址"选项，再在"IP 地址"文本框中输入由 4 组数字序列组成的 IP 地址，如图 4-90 所示。

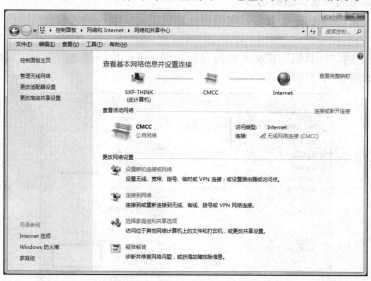

图 4-86　"网络和共享中心"窗口

图 4-87　"更改适配器"窗口

图 4-88　"本地连接"对话框

图 4-89　自动获得 IP 地址设置

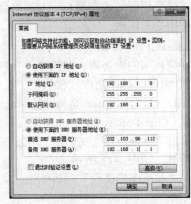

图 4-90　具体 IP 地址设置

（5）单击"确定"按钮，返回"本地连接属性"对话框，再单击"确定"按钮，返回"本地连接状态"对话框。单击"关闭"按钮，完成设置。

4. 设置计算机名和工作组的名称

要完成局域网的设置，还需要将每台网络计算机设一个唯一的名称和共同的工作组名称，其操作的具体步骤如下。

（1）在桌面上的"计算机"图标上单击鼠标右键，弹出快捷菜单，选择"属性"命令，打开"系统"窗口，如图 4-91 所示。

图 4-91　"系统"属性窗口

（2）单击"计算机名称、域和工作组设置"栏里的"更改设置"按钮，弹出"系统属性"对话框，如图 4-92 所示。

（3）单击"更改"按钮，弹出"计算机名/域更改"对话框，在此可以为本台计算机输入计算机名和工作组名，如图 4-93 所示。

图 4-92 "系统属性"对话框

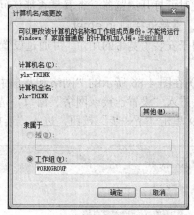

图 4-93 "计算机名/域更改"对话框

（4）单击"确定"按钮，完成修改，重新启动计算机。

在为每台计算机设置时，相应的计算机名和 IP 地址不能相同，以免产生冲突。当一切设置完毕后，在局域网中任意一台计算机的桌面上双击"网络"图标，在弹出的窗口中就能看到局域网中的所有计算机了。

4.6.2 Win7 的网络连接设置

1. 通过局域网连接到 Internet

如果当前计算机处在一个局域网内，而该局域网已经连接互联网，此时用户只需将计算机连入局域网就能正常访问 Internet。

现在假设用户具有一台已连接互联网的路由器，当前计算机与路由器的物理连接（如网线等）都正常，路由器的网关地址为 192 .168 .1. 1，只要配置当前计算机的网络设置，就能使其通过路由器连接到 Internet。具体的操作步骤如下。

（1）单击"开始"菜单，选择"控制面板"，单击"网络和共享中心"命令，进入"网络和共享中心"窗口。单击"更改适配器"按钮，打开"网络连接"对话框。

（2）双击"本地连接"，打开"本地连接属性"对话框，在"此连接使用下列项目"列表框中双击"Internet 协议版本 4（TCP/IPv4）"，进入"Internet 协议版本 4（TCP/IPv4）属性"配置界面。

（3）如果路由器开启 DHCP，则选择"自动获得 IP 地址"和"自动获得 DNS 服务器地址"即可。

DHCP 全称为 Dynamic host configuration protocol，即动态主机配置协议，它允许计算机自动获得服务器分配的 IP 地址。

（4）如果路由器未启用 DHCP，则需要手动配置静态 IP 地址和 DNS 服务器地址等信息。

已知路由器的 IP 地址为 192.168.1.1，子网掩码为 255.255.255.0，因此其同一子网的 IP 地址为 192.168.1.*（*在 1 与 254 之间取值）。此处，设置本机 IP 地址为 192.168.1.8，由于需要通过路由器与外部网络通信，因此默认网关设为路由器地址。DNS 服务器地址一般是可查的，最好设置为离计算机位置最近的 DNS 服务器地址。

（5）设置完成，单击"确定"按钮，这样当前计算机就能通过路由器（网关）连接到 Internet 了。此时可打开浏览器，查看是否能访问互联网。

2. 直接连接到 Internet

对于安装了宽带的用户，可通过设置宽带账号和密码的方式直接连接到 Internet，具体操作步骤如下。

① 在图 4-86 所示的"网络和共享中心"的"更改网络设置"区域，单击"设置新的连接或网络"进入"设置连接或网络"窗口，选择"连接到 Internet"，如图 4-94 所示。

② 单击"下一步"按钮，进入"连接 Internet"向导，如图 4-95 所示。

图 4-94 "设置连接或网络"窗口

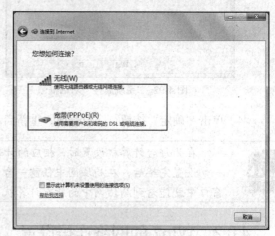

图 4-95 "连接 Internet"向导

③ 单击"宽带（PPPoE）(R)"，在"宽带设置"窗口中填写已拥有的账号和密码，并设置宽带连接名称，如图 4-96 所示。

④ 各项设置完后，单击"连接"按钮，系统将开始创建宽带连接。当用户名和密码验证正确后即可连上 Internet，这就完成了宽带连接的创建。

⑤ 为了使用方便，可以直接在桌面创建"宽带连接"的快捷方式。具体步骤是，在已经创建好的"宽带连接"上单击鼠标右键，选择"创建快捷方式"，如图 4-97 所示。这时候会提示"无法在当前位置创建快捷方式，要把快捷方式放在桌面上吗"，单击"是"按钮，如图 4-98 所示，这样桌面就会创建一个宽带连接的快捷方式。

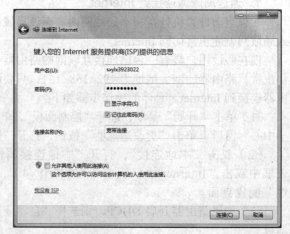

图 4-96 在"宽带设置"窗口中填写已拥有的账号和密码

方便用户使用和管理宽带连接，系统自动保存了新创建的宽带连接配置。双击"宽带连接"，弹出"连接宽带属性"对话框。如果之前已经保存了密码，则直接单击"连接"即可，否则需要先填写账号和密码，再单击"连接"。用户名和密码验证正确后，就能顺利访问 Internet。

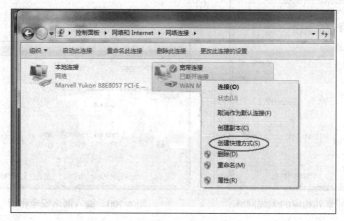

图 4-97　选择"创建快捷方式"

图 4-98　创建快捷方式提示框

3. 使用无线网络连接 Internet

如果计算机配备了无线网卡，并且所处的区域有无线网络覆盖，同时该无线网络是与 Internet 连接的，那么就可以通过无线网络访问 Internet，具体操作步骤如下。

　　　如果无线网络是公开未加密的，则可直接访问；否则，就需要事先取得访问的密钥，才能访问该无线网络。

　　① 在"网络和共享中心"的"更改网络设置"部分，单击"设置新的连接或网络"进入"设置连接或网络"界面，选择"连接到 Internet"。
　　② 单击"下一步"按钮，进入"连接 Internet"向导。
　　③ 单击"无线（W）"，在 Win7 桌面右下角可以搜索到相应的无线网络及其相应的信号强度，如图 4-99 所示。
　　④ 单击要连接的无线网络，单击"连接"按钮，如果该无线网络是加密的，则需要输入密匙，如图 4-100 所示。
　　⑤ 单击"确定"按钮，如果输入的密匙正确，将会接入该无线网络，并且可以通过它访问

Internet。

⑥ 此时可再次进入"网络连接"界面，查看无线网络的连接状态是否已经改变。

图 4-99　搜索到相应的无线网络

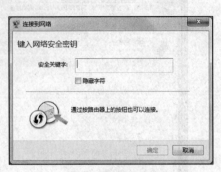

图 4-100　输入网络安全密钥

⑦ 选中已连接的无线网络，单击鼠标右键，从弹出的快捷菜单中选择"状态"，弹出网络连接状态对话框，如图 4-101 所示。

4. 创建点对点的无线网络

Win7 提供了点对点无线网络的管理，使得笔记本之间能够不借助路由器或交换设备实现相互通信和共享上网，只需具备无线网卡即可创建点对点的无线网络。Win7 改进了以前版本的 Windows 系统创建和配置点对点网络的方式，使得这些操作更加简单、方便，更易于管理。创建点对点的无线网络具体的操作步骤如下。

在"网络和共享中心"的窗口中单击"管理无线网络"命令，进入"管理无线网络"窗口，如图 4-102 所示。在此窗口显示一个已存在的无线网络，它是前面操作的系统自动创建的无线网络配置。

① 要创建自己的无线网络，在图 4-102 中单击"添加"，进入"手动连接到无线网络"向导，如图 4-103 所示。

② 单击"创建临时网络"，系统将会提示创建无线临时网络的注意事项，如图 4-104 所示。

图 4-101　无线网络的连接状态

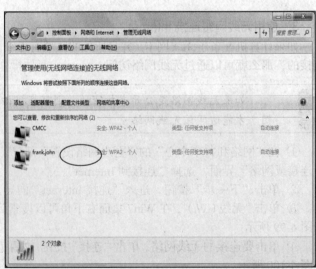

图 4-102　"管理无线网络"窗口

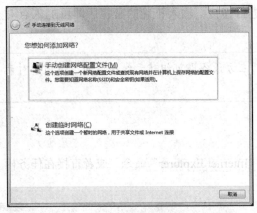

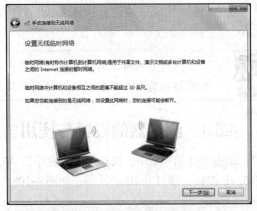

图 4-103　"手动连接到无线网络"向导　　　　　　图 4-104　"无线临时网络设置"窗口

③ 进入下一步"无线临时网络设置"窗口，填写网络名，选择加密类型，并设置用于加密的密钥，这样其他计算机必须输入这个密钥才能加入此网络；为了方便以后使用此临时网络，此处选中"保存这个网络"，如图 4-105 所示。

④ 单击"下一步"按钮，待无线临时网络创建完毕，系统会显示相应的网络配置信息，如图 4-106 所示。

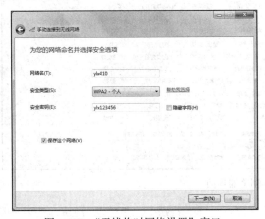

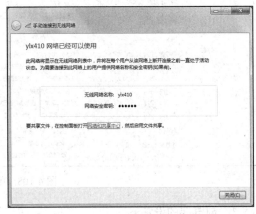

图 4-105　"无线临时网络设置"窗口　　　　　　图 4-106　无线网络配置信息

⑤ 如果允许此网络的其他计算机通过本机访问 Internet，则需开启 Internet 共享。单击"启用 Internet 连接共享"，待共享完毕，就完成了无线临时网络的创建。

⑥ 在"网络和共享中心"的"更改网络设置"部分，单击"连接到网络"，可查看无线临时网络状态，如图 4-107 所示。

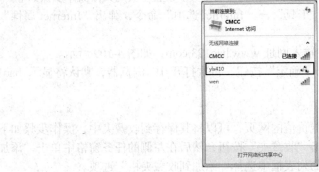

图 4-107　无线临时网络状态

⑦ 其他计算机可通过查找该无线临时网络进行连接，输入正确的密钥后即可加入点对点网络。

 点对点网络不需要购买无线路由等第三方设备即可组建无线局域网，适用于对无线网络性能要求不高的临时性的网络策略。

4.6.3 浏览器的设置与使用

单击"开始"菜单，选择"所有程序"，单击"Internet Explorer"命令，或者直接在任务栏上单击 IE 图标，即打开 IE 浏览器，如图 4-108 所示。

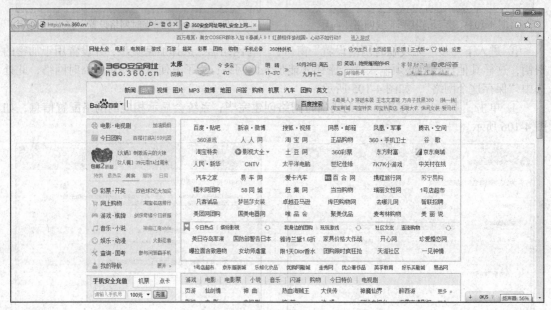

图 4-108　IE 8 浏览器界面

1．浏览器的设置

为了更好地浏览网页，可以对 IE 浏览器进行设置，包括设置浏览器的主页、清除临时文件和历史记录、设置选项卡浏览方式、拦截弹出窗口等。

（1）设置浏览器的主页

浏览器初始主页是浏览器的默认页面。当用户第一次使用浏览器时，浏览器的初始主页被默认设置为空白页，但可以将经常访问的网页设置为 IE 浏览器的主页。设置主页的具体操作步骤如下。

① 在"IE 浏览器"窗口，单击"工具"→"Internet 选项"命令，弹出"Internet 属性"对话框。

② 在"主页"选项区的文本框中输入网址 www.hao123.com，如图 4-109 所示。

③ 单击"应用"按钮，然后单击"确定"按钮，再次打开 IE 浏览器，默认将显示 hao123 为主页。

（2）将网页添加到收藏夹

对于经常访问的网页，或者有收藏价值的网页，可以将其保存到收藏夹中，操作步骤如下。

① 打开"IE 浏览器"窗口，单击"收藏夹"按钮，然后在左侧的任务窗格中单击"添加到收藏夹"右侧的下三角按钮，从弹出的列表框中选择"添加到收藏夹栏"选项。

② 弹出"添加收藏"对话框，在"名称"文本框中输入名称，如图 4-110 所示。

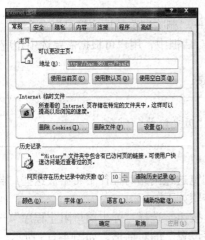

图 4-109　IE 8 主页设置

图 4-110　"添加收藏"对话框

③ 单击"添加"按钮，在收藏夹任务窗格中即可看到所添加的网页。

（3）合理整理收藏夹

当收藏夹中收藏多个网页地址时，不能很快从中选取所需的地址链接，用户需要经常对收藏夹进行整理。整理收藏夹的具体操作步骤如下。

① 打开"IE 浏览器"窗口，单击"收藏夹"按钮，然后在左侧的任务窗格中单击"添加到收藏夹"右侧的下三角按钮，再从弹出的列表框中选择"整理收藏夹"选项。

② 弹出"整理收藏夹"对话框，如图 4-111 所示。在该对话框中显示了所有收藏的文件。单击"创建文件夹"按钮，可创建一个文件夹，然后将文件夹命名为收藏的类别名称，再将该类别的网页链接拖入该文件夹中。

③ 重复以上步骤，创建各种类别的文件夹，将相应的网页文件归类，如图 4-111 所示。

（4）清除临时文件和历史记录

使用 IE 浏览器浏览网页后，浏览器会自动将访问过的网页以临时文件的形式保存起来。这些

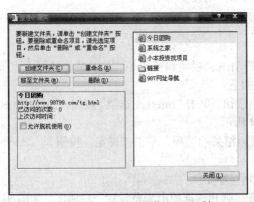

图 4-111　"整理收藏夹"对话框

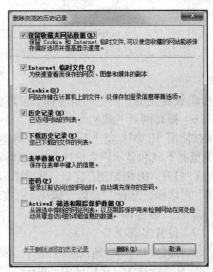

图 4-112　"删除浏览的历史记录"对话框

临时文件的存在虽然会节约用户查找网页的时间，但越来越多的临时文件会占用大量的磁盘空间，从而大大影响系统运行的速度。因此，为了释放磁盘空间，用户需要定期清除 Internet 临时文件。

清除临时文件和历史记录的具体操作步骤如下。

① 打开"IE浏览器"窗口，然后单击"工具"→"删除浏览的历史记录"命令。

② 弹出"删除浏览的历史记录"对话框，在此对话框中，用户可根据需要选中相应的选项，如图4-112所示。

③ 单击"删除"按钮，即可删除浏览的历史记录。

注意　使用【Ctrl+Shift+H】组合键，可打开"历史记录"列表。

（5）阻止浏览器弹出广告

在很多的网站上都设有弹出式的广告程序，在浏览这些网站时往往不希望被这些广告骚扰。此时，可以设置阻止浏览器弹出广告，具体的操作步骤如下。

① 打开"IE浏览器"窗口，然后单击"工具"按钮，选择"弹出窗口阻止程序"→"弹出窗口阻止程序设置"命令，打开"弹出窗口阻止程序设置"的对话框，如图4-113所示。

② "弹出窗口阻止程序设置"对话框中选择"阻止弹出窗口时播放声音"和"阻止弹出窗口时显示信息栏"两个复选框，单击"阻止级别"下拉列表，选择"阻止大多数自动弹出窗口"。

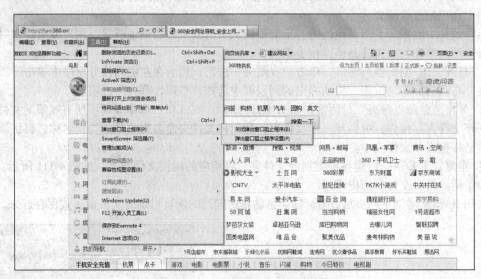

图4-113　阻止浏览器弹出广告设置菜单

③ 设置完成，浏览网页时弹出窗口将被阻止。

（6）提高网页下载速度

在使用IE浏览器上网时，可以将浏览器中的动画、视频和音乐等信息屏蔽，从而大大提高IE浏览器下载和显示网页的速度，具体操作步骤如下。

① 打开"IE浏览器"窗口，然后单击"工具"按钮，单击"Internet选项"按钮，打开"Internet选项"对话框，选择"高级"选项卡，如图4-114所示。

② 在"多媒体"选项中关闭动画、声音和视频相关的选项，单击"确定"按钮。

（7）设置多选项卡

① 打开"Internet属性"对话框，选择"常规"选项卡。

② 在"选项卡"选项区中，单击"设置"按钮，弹出"选项卡浏览设置"对话框，如图4-115所示。

③ 选择"启用选项卡浏览（需要重新启动Internet Explore）"选项，如图4-115所示，单击"确定"按钮，设置完成。

图 4-114　提高网页下载速度的设置

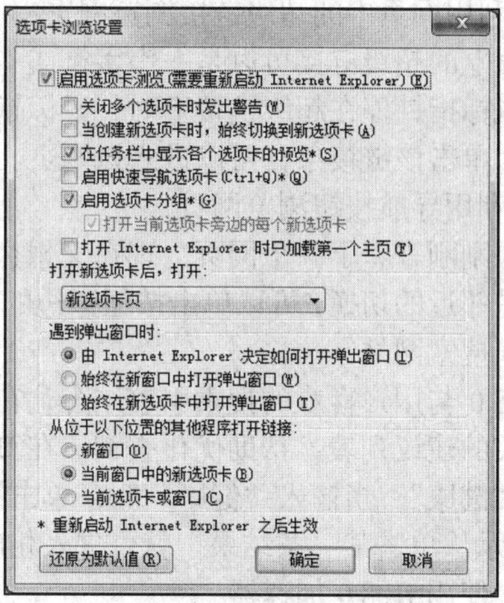

图 4-115　选项卡浏览设置

（8）设置自动完成

自动完成是 IE 8.0 的一项功能，它可以记住用户曾访问的网页，曾使用的密码等键入的信息，并在用户再次输入同一内容时自动填充该信息，无需重复输入同一信息。

默认情况下，IE 启动后，自动完成功能会自动打开，可以选择关闭或打开它，或者删除自动完成的历史记录，其具体的操作步骤如下。

① 打开"Internet 属性"对话框，选择"内容"选项卡，如图 4-116 所示。

② 在"自动完成"选项区中，单击"设置"按钮，弹出"自动完成设置"对话框，如图 4-117所示。

③ 根据需要选择，设置完成后，单击"确定"按钮。

2. 浏览器的使用

IE8.0 浏览器功能强大，使用简单，是目前最常用的浏览器之一。它能够在网上进行多种操作，具体包括以下内容。

（1）浏览 Web 网页

浏览 Web 网页，是 IE 浏览器使用最多、最重要的功能。下面介绍三种使用 IE 8 浏览网页的方法。

① 使用地址栏浏览网页

打开 IE 窗口，用户可以在地址栏中输入要浏览的 Web 站点的地址，打开对应的 Web 主页。

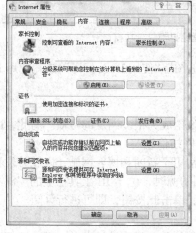

图 4-116　"内容"选项卡

图 4-117　"自动完成设置"对话框

② 利用网页中的超级链接浏览网页

页面上的超级链接可以是一串字符或一幅图片，一般超级链接的字符下方都有下划线作为标识。当鼠标指针停在超级链接上时，鼠标指针会变成手形，下方的状态栏中也会给出该链接所指的位置，单击该链接条目可以进入该网页。

③ 利用导航按钮浏览网页

如果刚刚查看了一个网页，现在又想打开它，可以使用工具栏的"前进"和"后退"按钮。如果不是邻近的切换，可以单击按钮旁边的向下箭头，在打开的下拉菜单中选择要切换到的网页。

（2）搜索网站

IE 8.0 与用户喜欢的搜索引擎结合，在完整地输入查询之前，可以即时提供一个与查询词或词组相关的建议列表，帮助优化查询。在 IE 8.0 右上角的搜索框中输入用户需要查询的内容，例如搜索"健康"，当输入"健康"时，单击搜索按钮，对应的 bing 搜索结果都显示在窗口，如图 4-118 所示。单击某一条结果，就可进入相应网站。

（3）使用 IE 8.0 加速器

IE 8.0 的又一个新增功能是使用加速器，具体的操作步骤如下。

① 在网页上按住鼠标左键并拖动选择任何一个词或短语，选择后将出现 按钮，单击此按钮后将弹出加速器菜单。

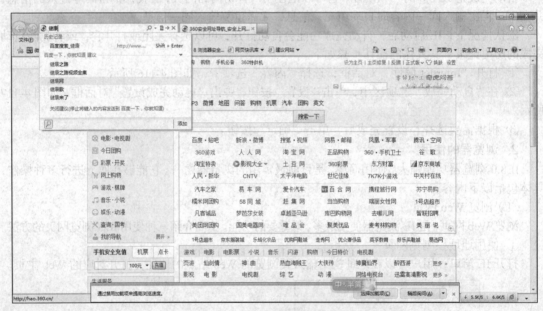

图 4-118　对应的 bing 搜索结果都显示在窗口

② 根据需要在弹出的菜单中选择"使用 Bing 地图""使用 Bing 翻译"或"使用 Bing 搜索"等操作。

（4）RSS 阅读

随着博客的流行，登录博客网站看文章、发表议论成为很多网友的习惯。为此，IE 8 整合了 RSS 阅读功能，使用户通过 RSS 阅读器获取最新的网站信息。

RSS 源提供网站发布的经常更新的内容，其通常用于新闻和博客网站，以及分发其他类型的数字内容，包括图片、音频和视频。当 IE 找到可用的源时，位于 IE 工具栏上的"源"按钮将从灰色变为橙色并发出声音，提醒用户可以订阅该源。单击此按钮，即可进行订阅。

（5）页面缩放功能

在 IE 8 浏览器窗口右下角单击"更改缩放级别"按钮，弹出快捷菜单，可以选择不同百分比来对页面进行缩放。与其他浏览器不同的是，IE 8 的缩放是对整个页面进行了重新的排版。

（6）自动崩溃恢复

在用户浏览网站时，Internet Explorer 的"自动崩溃恢复"会将有关用户的浏览会话的信息存储在用户的硬盘上，以防出现崩溃、挂起或其他意外关闭。如果用户的浏览会话意外关闭，Internet Explorer 可以为用户恢复上次浏览会话。

（7）使用更加智能的地址栏

在 IE 8 地址栏中输入内容后，地址栏会自动搜索历史记录、收藏夹和 RSS 源，并在下拉框中显示网站标题或 URL 中任何相符的匹配项，只需输入几个字符，就可以比以往更快、更容易地转到自己想去的站点。

通过单击红色删除图标"X"，可以删除下拉框中那些拼写错误的 URL 地址。

（8）使用兼容性视图

通过 IE 8 中内置的"兼容性视图"按钮，可以显示针对旧浏览器设计的那些网站。"兼容性视图"按钮位于地址栏上"刷新"按钮的旁边。如果在网站上看到显示问题，如文本、图像或文本框未对齐等问题，而地址栏旁边又出现了"兼容性视图"按钮，就需按这个按钮即可如常显示该网站。

思考与练习

一、填空题

（1）在桌面上单击鼠标右键，从弹出的菜单中选择＿＿＿＿＿＿命令设置桌面的主题。

（2）在＿＿＿＿＿＿窗口中，单击＿＿＿＿＿＿，设置鼠标指针。

（3）用户可以通过同时按下＿＿＿＿＿＿和＿＿＿＿＿＿键打开"开始"菜单。

（4）在 Win7 系统中窗口的菜单栏处于隐藏状态，用户可通过按＿＿＿＿＿＿键调出菜单栏。

（5）用户可以通过按下＿＿＿＿＿＿组合键将当前文件夹中的文件全选。

二、简答题

（1）如何复制文件夹？有几种方法？

（2）菜单的约定有哪些？分别代表什么意思？

（3）屏幕保护程序的作用是什么？应该如何设置？

（4）窗口由哪些部分组成？窗口的操作方法有哪些？

（5）什么是对话框？对话框与窗口的主要区别是什么？

（6）Win7 系统怎么创建宽带连接？

第5章
常用工具软件

当前，计算机应用已经深入到了社会生活的各个方面，但是很多用户还停留在对计算机的简单使用上，对许多应用软件和工具软件还不甚了解。计算机常用工具软件大都功能单一，使用简单、方便，就像日常生活中的一个个小工具一样，善用它们，可以给工作、学习、娱乐带来很多方便，大大提高工作效率。由于工具软件种类纷繁，数量成千上万，本章将撷取其中常用的、必备的且具有鲜明特点的工具软件进行介绍，目的是让大家通过对这些工具软件的认识，使它们能为工作、学习、娱乐更好地服务。

5.1　音频文件处理工具

5.1.1　录音机

使用 Windows 系统自带的"录音机"程序可以简单、快速地实现录音。

1. 录制话筒声音

用"录音机"程序录制话筒声音的操作步骤如下。

（1）将话筒连接好。

（2）单击"开始"→"所有程序"→"附件"，选择"录音机"，打开该功能，如图 5-1 所示。

（3）单击"开始录制"，此时已经开始录音，只需要将声源对着话筒就可以来记录声音。

图 5-1　"录音机"程序

（4）录制完毕后单击"停止录制"按钮，弹出"另存为"对话框，如图 5-2 所示，保存文件。

图 5-2　保存文件

2. 内录声音

所谓内录，就是把电脑上播放出的歌曲、游戏音效、动漫对话、电影台词等声音不通过话筒而是简单地在计算机内部用"录音机"录制下来。

（1）右键单击系统右下角的"小喇叭" ◀》图标，在弹出的菜单中选择"录音设备"，如图 5-3 所示，打开如图 5-4 所示的对话框。

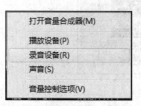

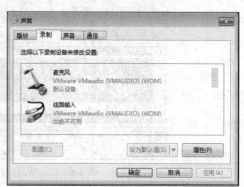

<table>
<tr><td>图 5-3　选择"录音设备"</td><td>图 5-4　"声音录制"对话框</td></tr>
</table>

（2）在此选项卡的任意空白处单击鼠标右键，选择"显示禁用的设备"，"录制"对话框变为如图 5-5 所示。

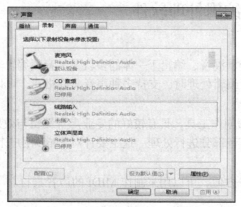

图 5-5　"声音录制"对话框

（3）"立体声混音"选项系统默认禁用，右键单击"立体声混音"，在弹出的菜单里选择"启用"，然后再次右键单击选择"设置为默认设备"，当"立体声混音"被正确启用，会看到该项图标的下面变为一个绿色勾。到此，就可以使用"录音机"录制计算机里的声音了。

5.1.2　音频编辑处理软件 GoldWave

GoldWave 是一个集音频播放、录制、编辑、转换多功能于一体的音频制作处理软件。使用 GoldWave 可以录制音频文件，可以对音频文件进行剪切、复制、粘贴、合并等操作，可以对音频文件进行调整音量、调整音调、降低噪声、进行静音过滤等操作，提供回声、倒转、镶边、混响等多种特效，可以在多种音频文件格式之间进行转换。如图 5-6 所示。

以下简要介绍 GoldWave 的录音、基本音频编辑和特效处理这 3 种功能。

（1）录音

Gold Wave 可以录制麦克风输入的语音、其他设备从声卡 Line in 接口输入的声音，也可以录制其他播放器通过声卡播放的音乐。

（2）基本音频编辑

GoldWave 具有很强的编辑功能，可以对声音波形直接进行删除、复制、剪切、裁剪等操作。在对波形进行编辑之前需要先选定要处理的波形。

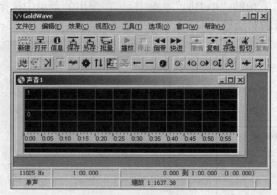

图 5-6　GoldWave 主窗口

（3）特效处理

GoldWave 除了可以对声音做复制、删除、裁减等一些基本处理以外，还可以对声音进行更复杂、更精密的处理，例如增加回声、声音渐强渐弱、降噪等。

5.1.3　其他音频编辑处理软件

1. Audition

Audition 是一个集录音、混音、编辑于一体的多轨数字音频编辑软件，其操作界面简单，功能较全面，对音频文件进行编辑处理时，支持多种声音文件格式，可以进行多种声音素材处理。

2. SoundForge

SoundForge 是专业音频创作工具，具有较好的专业声音编辑与效果创立功能，能方便、直观地对音频文件和视频文件声音部分进行处理。这主要针对 Flash 用户来说的。

3. WaveStudio

WaveStudio 使用简单、方便，可以用来制作 MIDI 的声音素材。

5.2　图形图像处理工具

在日常工作和学习中，人们经常接触和使用图像，有时需要保留视频中的某一场景，有时需要对相关的图像进行技术处理，有时需要对大量的图像进行管理等，这就得借助于图像处理工具。常用的图像处理工具有美图秀秀、ACDSee、豪杰大眼睛、HyperSnap、SnagIt、光影魔术手、轻松换背景、大头贴制作系统和 Crystal Button 等，利用它们能够很方便地实现图像的捕捉、图像的编辑、图像的浏览和图像的管理等。

5.2.1　图像管理工具

ACDSee 和"豪杰大眼睛"是目前最流行的数字图像处理软件，广泛应用于图片的获取、管理、浏览、优化及与他人的分享等方面。

使用 ACDSee 可以从数码相机和扫描仪高效获取图片，并进行便捷的查找、组织和预览。它支持 50 多种常用多媒体格式文件，可以利用它播放精彩的幻灯片，处理 mpeg 之类常用的视频文件，还可以用它的去除红眼、剪切图像、锐化、浮雕特效、曝光调整、旋转、镜像等功能处理数码影像。如图 5-7 所示。

① ACDSee 浏览器

② ACDSee 查看器

③ ACDSee 编辑模式

图 5-7 ACDSee 的用户界面

"豪杰大眼睛"的主界面采用了非常熟悉的资源管理器风格，操作起来比较得心应手。对目标文件夹里的图像文件，它能以缩略图、大图标、小图标、列表、明细等多种方式进行浏览，用户能够方便地查找出自己所需要的图形资料来，如图 5-8 所示。

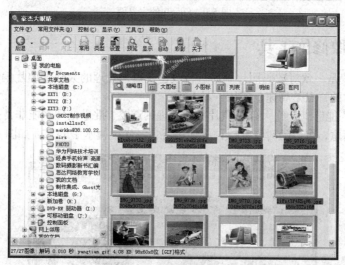

图 5-8 "豪杰大眼睛"的主界面

5.2.2 屏幕截取工具

如果多媒体作品中需要使用计算机屏幕上的某些内容，可以通过屏幕截取来获得对应图像。屏幕截取可以使用键盘上的【Print Screen】键，也可使用截图软件。

使用【Print Screen】键能够截取整个桌面或当前窗口图像，并将其存放在系统剪贴板中，将剪贴板中的图片粘贴到 Windows 画图工具中就能够保存下来。这种方法功能有限，例如截图时不能截取鼠标、光标，不能滚动截屏，截取的图像内容修改比较麻烦等；但它简单、方便，不需另外安装软件。

要更好地完成截图任务，可以选择专业截图软件，例如 SnagIt、Hyper-snap 等。

　　SnagIt 是一个非常著名的屏幕、文本和视频捕获、编辑与转换软件，其主界面如图 5-9 所示。SnagIt 截图软件不仅可以截取窗口、屏幕，还可以截取按钮、工具条、输入栏、不规则区域等。另外，SnagIt 还能截取动态画面，并将其保存为 AVI 视频文件。使用 DirectX 应用程序接口，SnagIt 还可以截取 VCD、DVD 视频和 3D 游戏画面。

　　SnagIt 在捕获图片后，还可以在预览窗口中为捕获的图片添加特殊边缘效果、设置聚光和放大、设置透视和修剪、添加水印、设置边界和字幕。

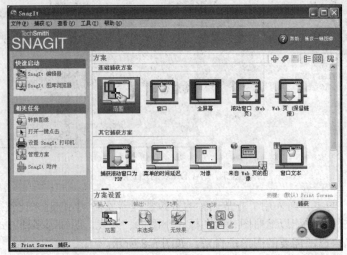

图 5-9　SnagIt 的主界面

5.2.3　图像修饰工具

　　"光影魔术手"是一款对数码照片画质进行改善及效果处理的大众型照片编辑软件。它在处理数码图像及照片时的特点是高速、实用、易上手。

　　"光影魔术手"能够满足绝大部分照片后期处理的需要，批量处理功能非常强大。它无需改写注册表，如果不满意，可以随时恢复以往的使用习惯。光影魔术手的界面如图 5-10 所示。

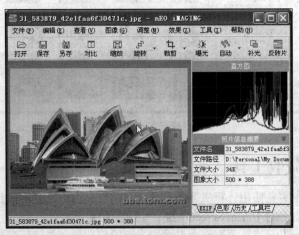

图 5-10　光影魔术手的主界面

1. 抠图

　　抠图，就是将一张照片中除主体以外的所有背景全部去掉，而它的最主要用途就是为照片人物更换背景。用"光影魔术手"抠图的操作步骤如下。

（1）在系统任务栏上执行"开始"→"程序"→"光影魔术手"命令，或双击桌面上的"光影魔术手"图标，启动"光影魔术手"，并打开需处理的图片。

（2）在主菜单中选择"图像"→"裁切/抠图"或者"ctrl+t"，进入"裁剪"对话框。

（3）选择右边套索工具，单击鼠标左键后选择你所要的画面。

（4）然后选择"裁剪"面板上的"去背景"工具，如图 5-11 所示。

（5）设置好"去背景的方法""边缘柔化参数"、"填充的颜色"后，单击"预览"按钮进行预览。

（6）感觉效果满意后，单击"确定"按钮完成任务，效果图如图 5-12 所示。

图 5-11　"裁剪"对话框

图 5-12　抠图后的效果图

2.　制作水彩画

用"光影魔术手"制作水彩画的操作步骤如下。

（1）打开一张比较适合水彩画风格的风景或者人物照片，先缩小到 1024 像素×768 像素以下。

（2）选择菜单中的"效果"→"降噪"→"颗粒降噪"功能，如图 5-13 所示。这个功能有两个参数：第一个"阈值"参数设置为 255，这样，全图都会变得模糊；第二个"数量"参数可以是 3～5。

图 5-13　"颗粒降噪"对话框

（3）如果觉得太模糊，利用"编辑"菜单中的"效果消褪"功能，如图 5-14 所示，对刚才的处理进行消褪处理。

（4）给照片加点底纹。选择菜单"效果"→"风格化"→"纹理化"，把"纹理类型"设置为"画布"，其他参数不用调整。利用工具栏上的"曝光"按钮让它自动调整明暗。

（5）再利用"花样边框"为其加一个如同油画一样的边框，完成后效果如图 5-15 所示。

图 5-14　"效果消褪"对话框　　　　　　　　图 5-15　效果图

5.2.4　其他图像处理工具

1. 轻松换背景

图像合成最困难和最费时的操作是抠图，"轻松换背景"就是针对这一应用瓶颈而开发的。该软件提供单色幕（蓝幕）法和内外轮廓法两种高级自动/半自动抠图办法，在技术手段的帮助下，不但普通用户通过快速训练即可掌握图像合成工作，而且抠图速度和质量都大大提高。该软件不但可以处理普通物体轮廓，还支持半透明轮廓和阴影的抠图，特别是复杂的毛发边缘抠图。"轻松换背景"还提供了图像合成所需的完整环境，无需其他昂贵软件平台即可独立运行。

2. Crystal Button

Crystal Button 是一款绝对好用的网页按钮设计软件，通过使用 Crystal Button，可以制作出各种三维玻璃质、金属质、塑料质以及 XP 风格的网页上使用的按钮，甚至导航条、动态按钮等，包括颜色、文字、边界等在内的各种细节都可以进行精确设置。

3. 大头贴制作系统

"大头贴制作系统"是一套制作贴纸照片的软件，只要简单的几步就可以轻松制作出贴纸照片来。该软件不但能够打印出标准的大头贴，还支持将大头贴照片输出到屏幕保护程序以及将大头贴保存到硬盘。

4. 美图秀秀

"美图秀秀"（又称美图大师）是新一代的非主流图片处理软件，它可以在短时间内制作出非主流图片、非主流闪图、QQ 头像、QQ 空间图片。该软件的操作和程序相对于专业图片处理软件如光影魔术手、Photoshop 等来说更简单。它最大的功能是能一键式打造各种影楼、lomo 等艺术照，手工人像美容，个性边框场景设计、非主流炫酷、个性照随意处理等功能。

5. Adobe 系列

在图片处理上，Adobe 系列软件几乎涵盖了目前所能想到的图片处理的各种效果，但由于其定位的专业性，Adobe 系列软件在具有功能强大的特点的同时，也非常难操作。专业用户可以通过自己的专业技能实现各种复杂的效果，但其实现过程相当不易；而非专业用户能够使用到的只是软件最基本的功能，达到的效果也是极其简单的。

5.3　视频文件处理工具

视频处理软件是集视频剪辑、特技应用、场景切换、字幕叠加、配音配乐等功能于一身，并能够从 VCD、CD、录像机、数码摄像机等设备中捕捉视频、音频信息，进行特效处理，生成多媒体视频文件及视频影音光盘刻录的工具。视频处理软件具有许多高档视频系统才具备的特性，其非线性编辑可随意对视频、音频片断以及文字等素材进行加工，满足日常生活对视频信息的需要。

5.3.1　Windows Live 影音制作

Windows Live 影音制作是微软最新发布的 Windows Live 组件里的一个重要部件，通过简单地添加照片、音乐和视频剪辑以及一些简单的设置即可做出漂亮的相册视频，甚至刻录成DVD。

（1）下载和安装 Windows Live 影音制作。可以到微软官方网站免费下载该软件，下载时有在线安装和完全下载两种方式，如果不想安装 Windows Live 的其他组件，可以在安装的时候不选择。

（2）Windows Live 影音制作的界面

执行"开始"→"所有程序"→"Windows Live"→"Windows Live 影音制作"命令，可打开如图 5-16 所示的 Windows Live 影音制作主界面。

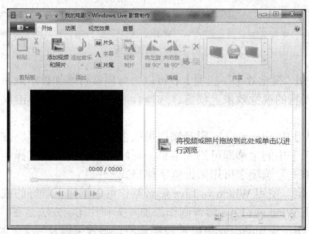

图 5-16　Windows Live 影音制作主界面

（3）制作影视作品

建议在制作相册视频前使用光影魔术手、可牛影音、美图秀秀、Photoshop 等软件先处理好图片，以避免在相册视频制作的过程中出现黑边，同时通过 DV 等设备录制好视频，通过其他软件录制好声音。

① 导入素材文件

Windows Live 影音制作支持音频、视频及静态图像等多种素材文件，如.avi、.mpg、.wav、.mp3、.bmp、.jpg 等，具体导入方法如下。

- 单击"添加视频和照片"按钮，导入所需的视频和照片素材。
- 单击"添加音乐"按钮，导入所需的声音素材。

- 单击"在当前添加音乐"按钮，在视频的当前位置导入所需的声音素材。
- 系统弹出一个"制作剪辑"对话框，提示当前导入的进度。

导入完成后，所有导入的素材文件按照顺序排列在设计窗口右侧的工作区中。

使用"查看"选项卡，可以更改素材的查看方式，有多种不同大小的缩略图供选择，同时可使用鼠标拖动来改变素材的排列顺序。

② 添加过渡和效果

- 添加过渡。使用"动画"选项卡，可以更改每项素材的出现方式，即两个素材之间的过渡。方法是在工作区中选择素材，鼠标放在预置的过渡上预览，选择合适的动画效果后单击鼠标确定，动画即应用于相应的素材上。如图 5-17 所示。

图 5-17　添加过渡

- 添加效果。使用"视觉效果"选项卡，可以为每项素材添加显示效果。方法是在工作区中选择素材，鼠标放在预置的视觉效果上预览，选择合适的视觉效果后单击鼠标确定，视觉效果即应用于相应的素材上。

③ 添加字幕。使用 Windows Live 影音制作可以很方便地添加字幕。方法是单击鼠标选中素材，单击"开始"选项卡中的字幕即可添加字幕。写好字幕后，可以选择字幕切换和出现的动画效果，同时弹出的"格式"选项卡可用来设置字体格式。

④ 添加片头和片尾。使用 Windows Live 影音制作可以把你下载好的或者制作好的片头、片尾插进去，也可以使用 Windows Live 影音制作添加片头和片尾。方法是在"开始"选项卡中单击"片头"或"片尾"按钮，添加的时候可以选择字幕的动画效果以及片头、片尾的颜色。

⑤ 预览视频项目。编辑好电影项目后，可以在设计窗口左边的监视器窗口中单击"播放"按钮，对制作好的视频文件在窗口模式下进行播放测试。

⑥ 保存和输出。单击窗口左上角的工具栏中的"保存项目"按钮 🖫，可以将当前编辑的项目保存在一个扩展名为.WLMP 的项目文件中。项目文件包含有关当前项目的信息，如已经添加到工作区中的素材，及这些素材的编辑状态等。保存项目后，可以随时打开它并重新编辑其内容，包括添加、删除或重新安排素材顺序等。

保存项目后，单击窗口左上角的"影音制作"按钮 🖳▾，选择"保存电影"命令，如图 5-18 所示。选择合适的电影保存到计算机中的其他设置后打开"保存电影"对话框，输入该电影的名称（Windows Live 影音制作的电影文件是扩展名为.WMV 的 Windows 媒体视频文件），最后单击"保存"按钮。这样一个漂亮的相册视频就完成了。

图 5-18　保存电影

5.3.2　其他视频编辑软件

1.　Ulead 会声会影

Ulead 会声会影是支持输出 MPG、AVI、WMV、RMVB 等视频格式，适用于家用 DV 视频的导出、转换与编辑的工具。"会声会影"采用目前最流行的"在线操作指南"的步骤引导方式来处理各项视频、图像素材，共分为开始→捕获→故事板→效果→覆叠→标题→音频→完成这 8 大步骤，并将操作方法与相关的配合注意事项，以帮助文件显示出来称之为"会声会影指南"，以帮助用户快速地学习每一个流程的操作方法。

2.　Adobe Premiere

Adobe Premiere 是可对视频文件进行多种编辑和处理的专业数字视频编辑软件。现在它被广泛地应用于电视台视频剪辑、广告制作、电影剪辑等领域，成为 PC 和 MAC 平台上应用最为广泛的视频编辑软件。

3.　Sony Vegas Movie Studio

Sony Vegas Movie Studio 是著名的索尼公司推出的 Vegas 系列最新的专业视频编辑工具的简化版本，是一款不错的入门级视频编辑软件。

5.4　多媒体文件格式转换工具

多媒体技术的飞速发展，使得现实生活中的声、形、画能通过计算机得以真实再现。人们在享受现代计算机科技的同时，面对纷繁的多媒体文件格式却是一头雾水。多媒体文件的格式不同，使得相应的操作也完全不同，这必定会造成操作上的不方便。不同格式的多媒体文件间的相互转换，成为应用中的常见操作。

"格式工厂"是一款免费的多媒体文件格式转换工具，可以使用它来进行视频格式转换、音频格式转换和图片格式转换。它支持的格式非常多，常见的文件格式它都支持，另外它还具有视频和音频文件合并的功能。

"格式工厂"提供以下功能：

- 所有类型图片转到 JPG/BMP/PNG/TIF/ICO/GIF/TGA
- 所有类型视频转到 MP4/3GP/MPG/AVI/WMV/FLV/SWF
- 所有类型音频转到 MP3/WMA/AMR/OGG/AAC/WAV
- 抓取 DVD 到视频文件，抓取音乐 CD 到音频文件
- MP4 文件支持 iPod/iPhone/PSP/黑莓等指定格式
- 支持 RMVB、水印、音视频混流

"格式工厂"的特长如下：

- 支持几乎所有类型多媒体格式到常用的几种格式
- 转换过程中可以修复某些损坏的视频文件
- 多媒体文件减肥
- 支持 iPhone/iPod/PSP 等多媒体指定格式
- 转换图片文件支持缩放、旋转、水印等功能
- DVD 视频抓取功能，轻松备份 DVD 到本地硬盘
- 支持 50 种国家语言

1. 主界面介绍

"格式工厂"的主界面如图 5-19 所示，其中文版的官方主页是：http://www. pcfreetime.com/ CN/index.html。

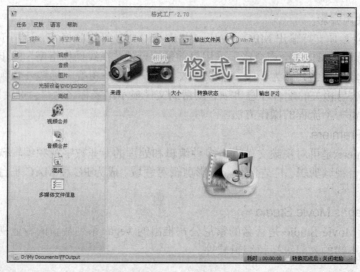

图 5-19　格式工厂的主界面

"格式工厂"在主界面中提供了 5 项功能列表，例如，想要执行音频转换任务，只要单击左侧功能列表中的"音频"栏，弹出下拉列表，在其中选择"所有转到 MP3"即可。

主界面中的工具栏有 7 个按钮，它们的作用分别是移除所选任务、清空列表、开始/暂停和停止任务、选项设置、查看输出文件夹和启动 Win7 压缩软件。

2. 视频格式转换

"格式工厂"对视频文件进行转换的操作步骤如下：单击"视频"功能列表，单击"所有转到 MP4"选项，弹出如图 5-20 所示对话框，单击"添加文件"按钮，弹出"打开"对话框，从中选中需转换格式的文件后单击"打开"按钮，或单击"添加文件夹"按钮，将所选文件夹中的所有视频文件自动添加到文件列表中，在文件列表中选中相应的文件，可对其进行移除、清空列表、播放和查看多媒体文件信息等操作。

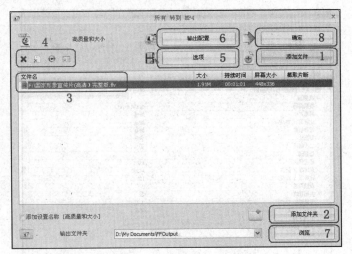

图 5-20　"视频转换"对话框

　　如果想对所选视频文件进行截取，可单击"选项"按钮，弹出"视频截取"对话框，如图 5-21 所示，使用播放窗口下方的操作按钮对视频进行播放控制，在合适的起始位置单击截取片段区域中的"开始时间"按钮，开始的时间随即被记录到文本框中，在结束位置单击"结束时间"按钮，结束的时间被记录到文本框中，然后进行截取画面大小的调整，勾选"画面裁剪"复选框，在播放窗口中拖红色边框到适合的大小，在源音频频道处选择声道，缺省值为立体声，设置完毕单击"确定"按钮完成视频截取。

图 5-21　"视频截取"对话框

　　单击"输出设置"按钮，弹出"视频设置"对话框，如图 5-22 所示，对输出的画面大小、视频流、音频流、附加字幕、水印等进行设置，设置完成后单击"确定"按钮。

　　单击右下角的"浏览"按钮，可预设文件的输出文件夹，最后单击右上角"确定"按钮返回"格式工厂"主界面，单击工具栏的"开始"按钮格式转换，如图 5-23 所示，转换进度条到 100% 时转换完毕，并给予提示，这时可到目标位置查看所生成的文件。

3. 音频格式转换

　　"格式工厂"对音频文件进行转换的操作与视频格式转换类似，步骤如下：单击"音频"功能

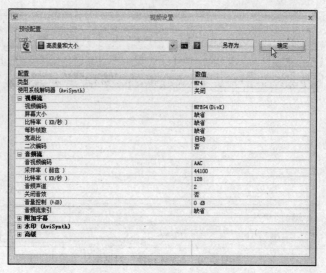

图 5-22 "视频设置"对话框

图 5-23 格式进行转换

列表，选择"所有转到 MP3"，在弹出的窗口中，添加一个或多个音频文件，对选中文件进行截取处理和输出配置，调整输出的位置后单击"确定"按钮，返回主界面任务窗口，单击工具栏的"开始"按钮进行格式转换即可。

4. 图片格式转换

"格式工厂"对图片进行转换的操作步骤如下：单击"图片"功能列表，选择"所有转到 JPG"，添加一张或多张图片，单击"输出配置"按钮，弹出如图 5-24 所示的对话框，可以对图片的大小、大小限制、旋转和插入标记字符串等进行设置，设置完毕单击"确定"按钮，返回主界面任务窗口，单击工具栏的"开始"按钮进行格式转换即可。

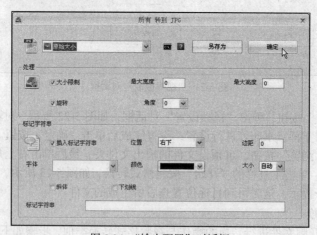

图 5-24 "输出配置"对话框

5. 视频合并

"格式工厂"可以对视频文件进行合并,步骤如下:单击"高级"功能列表,选择"视频合并",自动弹出"视频合并"对话框,如图 5-25 所示,单击"添加文件"按钮添加一个文件,单击"添加文件夹"按钮,将文件夹内的全部视频文件全部采用,选中需要进行处理的文件后利用工具按钮可对其进行移除、清空列表、播放、查看文件信息、裁剪视频文件和调整上下次序(合并时上面的在前面,下面的在后面)等操作,选择输出格式后设定输出分辨率和大小,单击"确定"按钮返回主界面任务窗口,单击工具栏的"开始"按钮进行视频合并。

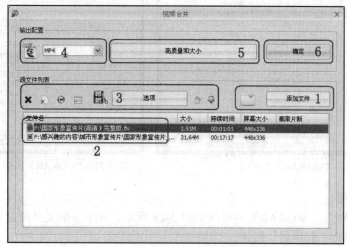

图 5-25　"视频合并"对话框

5.5　文件压缩与解压缩工具

压缩/解压缩工具可用于数据备份、减小文件体积、对文件进行打包等操作,还可用于对已经打包或压缩的文件进行解压缩的操作。"打包"操作可以将多个文件和文件夹合成为一个文件,"压缩"操作除了可以将多个文件和文件夹合成为一个文件之外,还可以适当地减小打包文件的体积。本节以"WinRAR"软件为例,来说明压缩/解压缩工具的功能和使用方法。

5.5.1　WinRAR 简介

WinRAR 是一款应用广泛的压缩/解压缩工具软件,支持 CAB、ARJ、LZH、TAR、GZ、ACE、UUE、BZ2、JAR、ISO、Z 和 7Z 等多种类型压缩文件、镜像文件的压缩和解压缩,软件运行时占用的硬件资源较少,并可针对不同的需要设置不同的压缩参数。

1. 文件打包/压缩

运行"WinRAR","WinRAR"主界面如图 5-26 所示,在下方的文件浏览界面找到需要打包或压缩的文件,然后单击"添加"按钮。

在弹出的新窗口的"常规"选项卡中(见图 5-27),可以对打包/压缩的相关参数进行设置。"压缩文件名"设置生成的压缩包的文件名,可以通过"浏览"按钮设置压缩包的保存位置。"压缩文件格式"设置生成的压缩包格式。"压缩方式"设置压缩比例,可选"存储""最快""较快""标准""较好"和"最好"。"存储"选项是仅对所选文件完成打包操作,不会减小文件体积。"最快""较快""标准""较好"和"最好"除了能够对所选文件完成打包操作,还可以对文件进行压缩,减小文件体积。"最快"选项压缩率最低,打包速度最快,新生成的压缩包体积相对较大;

"最好"选项压缩率最高，打包速度最慢，新生成的压缩包体积相对较小。"压缩为分卷，大小"可将生成的压缩包分成多个文件，每个分卷的大小是在该选项中设置的值。对分卷压缩包的解压缩，必须将所有分卷全部放在同一个目录下，才能够完成解压缩。

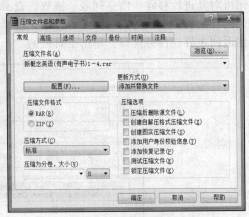

图 5-26　"WinRAR"主界面　　　　　图 5-27　"WinRAR"压缩参数设置界面

2. 文件解压缩

运行"WinRAR"，"WinRAR"主界面如图 5-28 所示，在下方的文件浏览界面找到需要解压缩的文件，然后单击"解压到"按钮。

在弹出的新窗口的"常规"选项卡中（见图 5-29），可以对解压缩的相关参数进行设置。解压后的文件的保存位置可以在"目标路径"中设置，也可以在右侧的树形文件结构中选择。

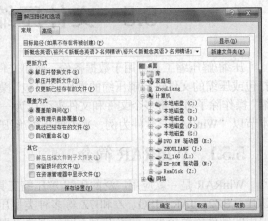

图 5-28　"WinRAR"主界面　　　　　图 5-29　"WinRAR"解压缩参数设置界面

5.5.2　其他系统备份还原工具

- 7-Zip

7-Zip 是免费开源的压缩/解压缩工具，支持多种操作系统，包括 Windows、Linux、Mac OS、FreeBSD 和 Solaris 等，支持多种压缩格式，压缩效率较高。

- 2345 好压

2345 好压是国产免费的压缩/解压缩工具，具有多核引擎、智能极速、兼容性好和个性化扩展等特点。

5.6　阅读翻译工具

5.6.1　阅读工具

常见的电子文档有 PDF、CAJ、PDG 等格式，阅读这些格式的电子文档需要使用专门的阅读工具。

1. PDF 文档

PDF（Portable Document Format）文件格式是 Adobe 公司开发的电子文件格式。这种文件格式与操作系统平台无关，这一特点使它成为在 Internet 上进行电子文档发行和数字化信息传播的理想文档格式。越来越多的电子图书、产品说明、公司文告、网络资料、电子邮件都开始使用 PDF 格式文件，PDF 格式文件目前已成为数字化信息事实上的一个工业标准。常用的 PDF 阅读工具"Foxit Reader"界面如图 5-30 所示，"Foxit Reader"软件安装完成后会自动将其设为默认的 PDF 文件打开工具，需要阅读某个 PDF 文档时，只需双击相应的 PDF 文件即可。

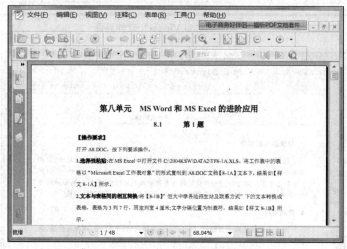

图 5-30　"Foxit Reader"软件界面

2. CAJ 文档

CAJ（Chinese academic journal）是清华同方公司推出的文件格式，中国期刊网提供这种文件格式的期刊全文下载，可以使用 CAJ Viewer 在本机阅读和打印通过"全文数据库"获得的 CAJ 文件。图 5-31 所示为"CAJ Viewer"阅读工具界面，该软件支持阅读中国期刊网的 CAJ、NH 和 KDH 格式的文件。

3. PDG 文档

PDG（图文资料数字化）格式是超星公司推出的一种图像存储格式，具有多层 TIFF 格式的优点，由于采用了独有的小波变换算法，图像压缩比很高。超星公司将 PDG 格式作为其数字图书馆浏览器的专有格式。超星公司推出的"SSReader"软件是 PDG 格式文档的专用阅读工具。图 5-32 所示为"SSReader"阅读工具界面。

5.6.2　翻译工具

翻译工具能够进行多种语言的词句查询和翻译。本节以"有道词典"软件为例，来说明翻译工具的功能和使用方法。

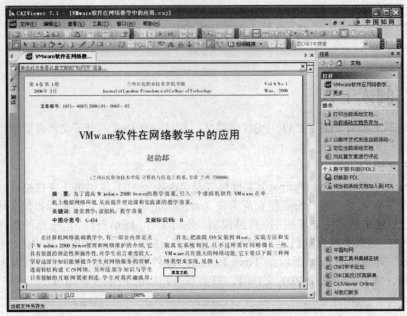

图 5-31 "CAJ Viewer" 软件界面

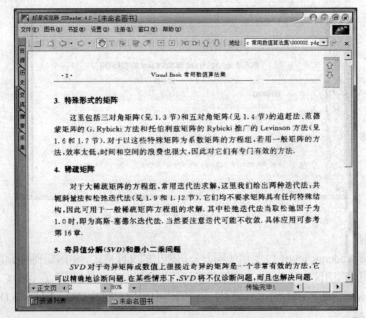

图 5-32 "SSReader" 软件界面

1. "有道词典" 简介

"有道词典"是网易公司推出的多平台翻译工具。"有道词典"收录《21世纪大英汉词典》及《新汉英大辞典》，本地词库覆盖范围广；提供标准英文语音朗读示范；提供手写输入，轻松实现中、日、韩、英4种语言的输入查询；收录《现代汉语大词典》，实现汉语成语、生僻字的直观释义。图5-33所示为"有道词典"翻译工具主界面。

"有道词典"支持汉英、汉法、汉日、汉韩互译，默认进行汉英互译，在软件主界面的查询输入框中输入需要查询的词句，即可完成查询操作，查询之后可查看相应词句的释义、例句和百科资料。

2. 取词查询

"有道词典"支持鼠标悬停取词查询。首先在图 5-33 所示的界面中勾选"取词"选项，然后如图 5-34 所示，将鼠标指针悬停在需要查询的内容上，"有道词典"会自动识别单词，并出现单词的释义，"取词查询"功能只能进行单词查询。

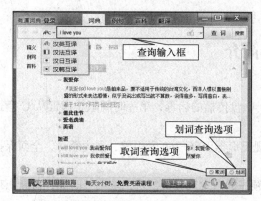

图 5-33　"有道词典"软件界面　　　　　　图 5-34　"有道词典"取词查询

3. 划词查询

"有道词典"支持鼠标划词查询，可以进行多词查询。首先在图 5-33 所示的界面中勾选"划词"选项，然后如图 5-35 所示，用鼠标选中需要查询的内容，选中后会在被选中内容的旁边出现有道词典的图标，将鼠标指针移动到有道词典图标上，就会出现选中内容的释义。

4. 段落翻译

"有道词典"支持段落翻译。首先在图 5-33 所示的界面中选中"翻译"选项卡，然后如图 5-36 所示，在界面上半部分的输入框中输入需要翻译的段落，单击"翻译"按钮，就会在下半部分的显示框中出现段落的翻译内容。

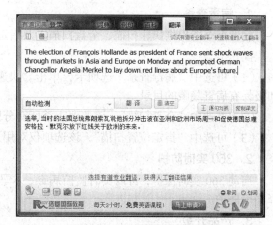

图 5-35　"有道词典"划词查询　　　　　　图 5-36　"有道词典"段落翻译

5. 其他翻译工具

- 微软必应词典

微软必应词典是由微软公司推出的在线词典软件，它依托必应搜索引擎，能够及时发现并收录网络新兴词汇，提供近音词搜索、近义词比较、拼音搜索、搭配建议等功能。

- 灵格斯词霸

灵格斯词霸拥有丰富的专业词库，支持 24 种语言的全文翻译和 80 种语言的互查、互译，通过创新的划词技术，将屏幕取词、词典查询和智能翻译融为一体。

5.7 杀毒软件的使用

5.7.1 360 杀毒及 360 安全卫士简介

360 杀毒软件具有以下特点。

（1）全面防御 U 盘病毒。彻底剿灭各种借助 U 盘传播的病毒，第一时间阻止病毒从 U 盘运行，切断病毒传播链。

（2）领先双引擎，强力杀毒。国际领先的常规反病毒引擎+360 云引擎，强力杀毒，全面保护计算机安全。

（3）第一时间阻止最新病毒。360 杀毒具有领先的启发式分析技术，能第一时间拦截新出现的病毒。

（4）独有可信程序数据库，防止误杀。依托 360 安全中心的可信程序数据库，实时校验，360 杀毒的误杀率极低。

（5）快速升级，及时获得最新防护能力。每日多次升级，让用户及时获得最新病毒库及病毒防护能力。

（6）完全免费。再也不用为收费烦恼，完全摆脱激活码的束缚。

5.7.2 360 杀毒软件的基本操作

启动 360 杀毒软件，主界面中包括"病毒查杀""实时防护""产品升级"等内容。

1. 病毒查杀

病毒查杀能提供快速扫描、全盘扫描以及指定位置扫描方式。

操作步骤：

（1）可选中"病毒查杀"选项卡，单击"快速扫描"选项，该选项仅扫描计算机的关键目录和极易有病毒隐藏的目录。

（2）可选中"全盘扫描"，该选项查杀所有分区上的病毒。

（3）可选中"指定位置扫描"，该选项仅对用户指定的目录和文件进行扫描。

2. 360 实时防护

启动 360 实时保护，可以实时监控病毒、木马的入侵，保护计算机安全。"防护级别设置"选择中度防护。

3. 产品升级

单击"产品升级"选项卡，可以免费对 360 杀毒软件升级。

5.7.3 360 安全卫士的基本操作

360 安全卫士在启动后，界面上有 8 个按钮，分别是常用、木马防火墙、杀毒、网盾、防盗号、硬件检测、网购保镖、软件管家。如图 5-37 所示。

图 5-37　360 安全卫士启动界面

1．常用

"常用"按钮对应 8 个选项卡，分别是电脑体检、查杀木马、清理插件、修复漏洞、清理垃圾、清理痕迹、系统修复、功能大全。如图 5-38 所示。

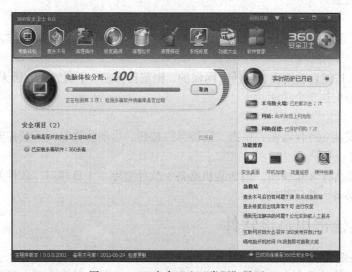

图 5-38　360 安全卫士"常用"界面

（1）360 电脑体检可以对电脑系统进行快速一键扫描，对木马病毒、系统漏洞、恶评插件等问题进行修复，并全面解决潜在的安全风险，提高电脑的运行速度。

（2）查杀木马可以对系统的木马进行快速查杀。

（3）清理插件可以清理过多的插件，提高浏览器以及系统的运行速度。

（4）修复漏洞可以自动检测操作系统以及应用软件的漏洞，并从网上下载对应的补丁。

（5）清理垃圾可以定期清理系统中无用的垃圾。

（6）清理痕迹可以清理使用者的使用痕迹。

（7）系统修复可以修复系统。

（8）功能大全里提供了多种实用工具，如图 5-39 所示。

图 5-39　360 安全卫士"功能大全"界面

2. 木马防火墙

进入"木马防火墙"页面，提供有系统防护、应用防护、设置、信任列表、阻止列表、查看历史 6 个选项卡功能。

3. 杀毒

进入"杀毒"页面，可进行"病毒查杀""实时防护""产品升级"等操作。

4. 网盾

单击"网盾"按钮启动网盾，包括上网保护、浏览器修复、下载安全、聊天保护、广告过滤、清理网址、拦截历史这 7 个功能。

5. 防盗号

防盗号需要安装 360 保险箱，单击"防盗号"按钮，启动防盗号，下载并安装 360 保险箱。

6. 软件管家

360 软件管家共有 8 个按钮，包括装机必备、软件宝库、今日热门、软件升级、软件卸载、开机加速、手机必备、热门游戏。

5.7.4　其他常用杀毒软件

1. 金山毒霸杀毒软件

金山毒霸杀毒软件是金山公司推出的电脑安全产品，监控、杀毒全面、可靠，占用系统资源较少。其软件的组合版功能强大（金山毒霸 2011、金山网盾、金山卫士），集杀毒、监控、防木马、防漏洞为一体，是一款具有市场竞争力的杀毒软件。

2. 瑞星杀毒软件

瑞星杀毒软件的监控能力是十分强大的，但同时占用系统资源较大。瑞星拥有后台查杀、断点续杀、异步杀毒处理、空闲时段查杀、嵌入式查杀、开机查杀等功能；并有木马入侵拦截和木马行为防御，基于病毒行为的防护，可以阻止未知病毒的破坏；还可以对电脑进行体检，帮助用户发现安全隐患；并有工作模式的选择，家庭模式为用户自动处理安全问题，专业模式下用户拥有对安全事件的处理权。

3. 江民杀毒软件

江民杀毒软件是一款老牌的杀毒软件。它具有良好的监控系统，独特的主动防御使不少病毒望而却步。

思考与练习

一、填空题

1. 压缩可以节省大量的_____，压缩文件经过_____才能使用。
2. 为了保证杀毒软件能够查杀当前的最新病毒，软件要定期_____。
3. 创建_____之后，就不需要解压缩软件来解压压缩文件了。
4. 列举出两个常用压缩软件的名称：_____、_____。
5. Adobe Reader 是_____文件类型浏览器。
6. 使用超星阅读器进行文字识别时，能将 PDG 转换为_____格式的文本保存。
7. 键盘上的屏幕抓图按键是_____。
8. Premiere Pro 属于_____制作软件。
9. 使用 WinRAR 生成的压缩文件，默认的档案文件类型是_____。
10. 使用 WinRAR 制作的自解压文件的类型为_____。

二、选择题

1. 下列不属于媒体播放工具的是（　　）。
   A. Winamp
   B. 超级解霸
   C. Realone Player
   D. WinRAR
2. ACDSee 不能对图片进行下列哪种操作（　　）。
   A. 浏览和编辑图像
   B. 图片格式转换
   C. 抓取图片
   D. 设置墙纸和幻灯片放映
3. 下列哪项不是 QQ 的聊天功能（　　）。
   A. 文字聊天
   B. 视频聊天
   C. 语言聊天
   D. 虚拟现实聊天
4. 下面的软件中，属于图片处理软件的是（　　）。
   A. Flash
   B. Authorware
   C. 3DS
   D. ACDSee
5. 杀毒软件可以查杀（　　）。
   A. 所有病毒
   B. 部分病毒
   C. 已知病毒
   D. 以上都不对
6. 下面的软件中，属于工具软件的是（　　）。
   A. Windows
   B. Linux
   C. ACDSee
   D. 以上都不是
7. WinRAR 软件中，给压缩文件添加密码，可以使用（　　）。
   A. 高级标签中的设置密码
   B. 常规标签中的密码
   C. 文件标签中的密码
   D. 备份标签中的设置密码
8. Adobe Acrobat 软件可以阅读（　　）格式的电子书。
   A. CSS
   B. Flash
   C. PDF
   D. JAVA
9. ACDSee 软件可以完成下列（　　）的格式转换。
   A. BMP→JPEG
   B. GIF→BMP
   C. IFF→BMP
   D. PCX→BMP

10. 金山词霸可以实现（　　　）。

  A．录光盘   B．中英互译

  C．系统优化操作   D．上传软件

三、简答题

1．常用的音频素材获取的方法有哪些？

2．常用的图像素材获取的方法有哪些？

3．使用 SnagIt 可以进行哪些对象的捕获？

4．WinRAR 具有哪些主要的功能？其具有什么优点？

5．什么是 PDF？什么是 Adobe Acrobat Reader？其主要功能是什么？

第三篇
应用篇

第6章
Office 2010 中文版基础

第三篇

Office 2010 是微软公司推出的最新的 Office 系列软件，是办公处理软件的代表产品。本章将从介绍 Office 2010 概述入手，通过学习 Office 2010 的特色及新增功能、Office 2010 的组件、Office 2010 的安装及使用方法，揭开 Office 2010 的神秘面纱。

6.1　Office 2010 概述

本节主要介绍 Office 2010 的功能特点、新增的特色工具及 Office 2010 各组件的主要作用。

6.1.1　Office 2010 的功能

Microsoft Office 2010 是微软推出的新一代办公软件，包括初级版、家庭及学生版、家庭及商业版、标准版、专业版和专业高级版 6 个版本。可支持 32 位和 64 位 Vista 及 Windows 7，仅支持 32 位 Windows XP，不支持 64 位 Windows XP。

1. Office 2010 的功能特点

Office 2010 在旧版本的基础上，做出了很大改变。首先体现在界面上，采用了 Ribbon（功能区）新界面主题，使界面更加简洁明快、更加干净整洁，并且标识更新为全橙色；其次体现在功能上，新版本的 Office 2010 进行了许多功能上的优化，主要的功能特点可以概括为以下几点。

（1）表达用户的创意并创造视觉效果

借助改进的图片和媒体编辑功能，可以轻松使用户的作品富有创造力并使用户的想法与众不同。无论要将演示文稿提供给客户、同事还是朋友，通过创建公司宣传手册或个人邀请函，Office 2010 都可使用户成为自己的图形设计师。

- 直接在选择的 Office 2010 程序中编辑用户的图片。尝试诸多引人注目的艺术效果和新的背景删除工具来为用户的图像润色。
- 使用 Word 2010 和 Publisher 2010 中新增的 OpenType 版式工具为用户的文本添加特殊效果。使用许多 OpenType 字体中提供的连字、样式集和其他版式功能。
- 直接在 PowerPoint 2010 中轻松编辑用户的嵌入视频，而不需要其他软件。剪裁、添加淡化和效果，甚至可以在用户的视频中包括书签以播放动画。

（2）使用简单易用的工具提高用户的工作效率

Office 2010 中的增强功能可帮助用户更直观地完成工作，以便用户可以将精力集中在手头任务并获得更理想的结果。

- Office 2010 可简化用户查找和使用功能的方式。新增的 Microsoft Office Backstage™视图替换了传统的"文件"菜单，可让用户在集中位置轻松访问、保存、共享、打印和发布等操作。

借助改进的功能区，用户可以快速访问更多命令，并对其进行自定义以使其符合用户的工作风格。

- 将新的"粘贴"功能与许多 Office 2010 应用程序中提供的实时预览功能结合使用，可以在粘贴之前预览用户的"粘贴选项"。
- 使用 OneNote 2010，可以在一个位置存储、组织和跟踪信息，以便时刻掌握用户的所有想法和观点。功能得到增强的导航、搜索工具、新页面版本和 wiki 链接可帮助用户快速查找和跟踪用户的资源。用户甚至可以在使用 Word 2010、PowerPoint 2010 或 Internet Explorer 时做笔记，并将这些笔记自动链接回源内容。
- 使用 Word 2010 中改进的导航窗格可以更快查找所需的内容。按标题快速浏览或使用集成的"查找"工具立即搜索用户的文档，并且所有相关结果都将突出显示。

（3）从信息中获得新见解并做出更好的决策

从企业财务到家庭预算，Office 2010 可更加轻松地管理和分析用户的数据并以有意义的方式呈现该数据。

- 使用 Excel 2010 中新的可视化工具可以使复杂内容变得清晰。使用称为迷你图的微型图表可添加用户的分析和值的可视摘要。使用切片器可在数据透视表或数据透视图中动态筛选数据并仅显示相关详细信息。
- 即使用户不是数据库专家，也可以在 Access 2010 中比以往更快地设计自己的数据库。使用"应用程序部件"等新功能，只需单击几次，即可在数据库中添加预建组件。使用 Access 2010，可通过拖放功能来为用户最常使用的窗体和报表设计导航窗体。

（4）克服位置和沟通障碍

Office 2010 提供创新而灵活的方式将人员聚集在一起。新技术和改进的功能可帮助用户轻松共享用户的文件并使用户始终能够通信。

- 借助 Office 2010 中新增的共同创作功能，用户可以与他人在不同位置同时编辑用户的文件。Word 2010、PowerPoint 2010、OneNote 2010、Excel Web App 和 OneNote Web App 中提供共同创作功能。
- 利用 PowerPoint 2010 中新增的广播幻灯片功能，用户可以在 Web 上即时广播用户的活动演示文稿。远程观众可以高保真查看用户的演示文稿，即使他们未安装 PowerPoint 也是如此。
- 在 Outlook 2010 中降低信息负载并更有效地管理用户的电子邮件。利用改进的"对话视图"和新的对话管理工具，用户可以清理多余的邮件或忽略电子邮件讨论。这一"忽略"功能可将当前邮件和将来的所有邮件移动到用户的"已删除邮件"文件夹中。通过新增的快速步骤功能，用户只需单击一次即可全部执行多步骤任务，如答复和删除。
- 借助若干 Office 2010 程序中集成的 Office Communicator，用户可以确定用户同事的连接状态（例如在 Word 中共同创作某个文档或在 Outlook 中查看用户的电子邮件时）。直接从用户的应用程序启动会话，包括即时消息甚至语音呼叫。

（5）随时随地并按用户所需的方式获取信息

Office 2010 通过 Web 浏览器、计算机或智能手机从任何位置提供对 Office 文档和笔记的访问，从而便于用户在业务繁忙时保持高效工作。

- Office Web Apps 是 Microsoft Office 2010 应用程序的联机套件，可将用户的文件张贴到 SharePoint 网站或用户的 Windows Live SkyDrive 文件夹，然后从实际具有 Internet 连接的任何计算机访问并编辑它们。
- Microsoft Office Mobile 2010 提供用户在使用 Windows phone 时所依赖的强大而熟悉的 Microsoft Office 2010 工具。可体验专门适用于用户的移动设备屏幕的丰富界面并在用户外出时轻松执行操作。
- SharePoint Workspace 2010（以前称为 Microsoft Office Groove）扩展了 SharePoint 2010 内容的边界。脱机时可轻松更新用户的文档和列表。当用户重新联机时，用户的修订将自动同步到服务器。

总之，Office 2010 提供灵活而强大的新方法来交付用户的最佳工作成果（在办公室、在家中或学校）。借助 Office 2010，无论用户以何种方式工作以及在哪里工作，一切都尽在用户的掌控之中，用户能够顺利完成工作并产生令人惊叹的效果。

2. Office 2010 新增加的功能

（1）截图工具

通过"屏幕截图"功能，用户可以轻松地截取图片，只需用鼠标单击，便可将相应窗口截图插入到编辑区域中。通过可用视窗的选择，用户可以实现截取浏览器或者运行中的软件的视图。此外，"屏幕剪辑"还提供了自定义截图功能，会自动隐藏 Office 组件窗口，以免对需要截图的内容造成遮挡。用户可以通过鼠标自由选取截图区域。

（2）背景删除工具

图片背景删除功能是 Office 2010 中新增的功能之一，包含在 2010 版的 Word、Excel、PowerPoint 和 Outlook 之中。利用删除背景工具可以快速而精确地删除图片背景，使用起来非常方便。而且与一些抠图工具不同的是，它无需在对象上进行精确描绘就可以智能地识别出需要删除的背景。此外背景删除工具还可以添加、去除图片水印。

（3）SmartArt 模板

通过使用 SmartArt 模板，用户可以轻松、快捷地制作精美的业务流程图。在 Office 2010 中，SmartArt 自带资源得到了进一步扩充，其"图片"标签便是新版 SmartArt 的最大亮点，用它能够轻松制作出"图片+文字"的抢眼效果，同时它的"类别"中也有新图形加入。

（4）【文件】选项

Office 2010 的【文件】按钮就像是一个控制面板。界面采用了"全页面"形式，分为3栏，最左侧是功能选项卡，最右侧是预览窗格。无论是查看或编辑文档信息，还是进行文件打印，随时都能在同一界面中查看到最终效果，极大地方便了对文档的管理。

（5）翻译器

在"审阅"功能区"语言"操作组中的【翻译】按钮，点击即可启用该功能。对于文档中有大量外语的用户，不失为一项十分方便、有用的功能。

（6）浮动工具栏

如图 6-1 所示："浮动工具栏"提供了在选定的文章的上下文中，用户可能调用的最频繁的格式命令。浮动工具栏的出现如一个幻影图像，而且当光标移动到这个图像上时，"浮动工具栏"变成格式工具栏；当光标从工具栏移开，或如果没有一个指令被选择，"浮动工具栏"就会褪色消失。

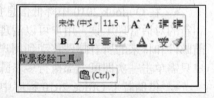

图 6-1　浮动工具栏

（7）"快速访问工具栏"

在"标题栏"的左边，Office 2010 新增加了"快速访问工具栏"。用户可以根据自己使用工具的实际情况，自定义其中的工具。这一功能使得工具的访问变得更加简单、方便。

（8）协同工作

通过 SharePoint，Office 2010 实现了多人同时连线编辑。多个用户可以同时分别完成文档中的不同部分，最终一起完成同一份文档，这对于提高团队合作的效率十分有意义。

（9）上载中心

当安装完 Office 2010 重新启动后，在任务栏的通知区域就会有一个黄色的图标，即 Office 2010 工具之一——Office 2010 上载中心，单击该图标，即可打开 Office 2010 上载中心，对上载的文件进行管理、设置等操作。

（10）粘贴预览

粘贴预览功能让用户在选择粘贴操作前，就可以预览到粘贴后的效果，帮助用户更明智地选择操作。其中有"保留源格式"、"合并格式"、"只保留文本"3 种格式选择，用户可以根据需要选择不同的格式。

（11）照片编辑功能

在 Office 2010 中，用户可以创建具有整洁、专业外观的图像。除了使用照片、绘图或 SmartArt 外，还可以利用下列功能。

- 图片修正：微调图片的颜色强度（饱和度）、色调（色温），或者调整其亮度、对比度、清晰度或颜色。

- 新增和改进的艺术效果：对图片应用不同的艺术效果，使其看起来更像素描、绘图或绘画作品。新增艺术效果包括铅笔素描、线条图形、水彩海绵、马赛克气泡、玻璃、蜡笔平滑、塑封、影印、画图笔画等。

- 更好的压缩和裁剪功能：更好地控制图像质量和压缩之间的取舍，以便选择适用的格式输出到相应介质（打印、屏幕、电子邮件）。

6.1.2　Office 2010 的组件

1. Office 2010 的版本及组件

Office 2010 的 6 个版本所包含的组件有所不同，如表 6-1 所示。用户可以根据具体的工作环境和业务需求自行选择。

表 6-1　　　　　　　　　　　　　　　　Office 2010 版本及组件

版　　本	Word	Excel	PowerPoint	OneNote	Outlook	Publisher	Access	InfoPath	SharePoint Workspace	Communicator
免费初级版	√	√	×	×	×	×	×	×	×	×
家庭及学生版	√	√	√	√	×	×	×	×	×	×
家庭及商业版	√	√	√	√	√	×	×	×	×	×
标准版	√	√	√	√	√	√	×	×	×	×
专业版	√	√	√	√	√	√	√	×	×	×
专业高级版	√	√	√	√	√	√	√	√	√	√

注：√表示包含；×表示不包含。

2. Office 2010 常用组件的功能

Office 2010 应用程序中包含了能够应用于不同领域的多个组件，其功能分别介绍如下。

（1）Word 2010（图文编辑工具）

Word 是 Office 套件中的元老，也是其中被用户使用最为广泛的应用软件，它的主要功能是进行文字（或文档）的编辑、排版、打印等工作。运用 Word 2010 中的艺术字及插入图片等相关功能可以创建和编辑具有专业外观的文档，如信函、论文、报告和小册子等。Word 2010 的最大变化是改进了用于创建专业品质文档的功能，提供了更加简单的方法来让用户与他人协同合作，使用户几乎从任何位置都能访问自己的文件。具体的新功能如下：全新的导航搜索窗口、生动的文档视觉效果应用、更加安全的文档恢复功能、简单便捷的截图功能等。

（2）Excel 2010（数据处理程序）

Excel 2010 是 Office 软件中的电子表格处理程序，也是应用较为广泛的办公组件之一，其功能非常强大，可以进行各种数据的处理、统计分析和辅助决策操作，通常应用于管理、统计财经、金融等众多领域。最新的 Excel 2010 能够用比以往使用更多的方式来分析、管理和共享信息，从而帮用户做出更明智的决策。新的数据分析和可视化工具会帮用户跟踪和亮显重要的数据趋势，将用户的文件轻松上传到 Web 并与他人同时在线工作，而用户也可以从几乎任何的 Web 浏览器来随时访问自己的重要数据。具体的新功能如下：能够突出显示重要数据趋势的迷你图、全新的数据视图切片和切块功能能够让用户快速定位正确的数据点、支持在线发布随时随地访问和编辑、支持多人协助共同完成编辑操作、简化的功能访问方式让用户几次单击即可保存、共享、打印和发布电子表格等。

（3）PowerPoint 2010（幻灯片制作程序）

PowerPoint 2010 是 Office 中的演示文稿程序，主要功能是进行幻灯片的制作和演示，可有效地帮助用户进行演讲、教学和产品演示等，更多地应用于企业和学校等教育机构。最新的 PowerPoint 2010 提供了比以往更多的方法够为用户创建动态演示文稿并与访问群体共享。使用令人耳目一新的视听功能及用于视频和照片编辑的新增和改进工具可以让用户创作更加完美的作品，就像在讲述一个活泼的电影故事。具体的新功能如下：可为文稿带来更多的活力和视觉冲击的新增图片效果应用、支持直接嵌入和编辑视频文件、依托新增的 SmartArt 快速创建美妙绝伦的图表演示文稿、全新的幻灯动态切换展示。

（4）Outlook 2010（电子邮件客户端）

Outlook 2010 是 Office 套件中的一个桌面信息管理程序，比 Windows 系统自带的 Outlook Express 功能更加强大，可用来收发邮件、管理联系人、记日记、安排日程、分配任务等。最新的 Outlook 2010 以重新设计的外观和高级电子邮件整理、搜索、通信和社交网络功能，让用户保持与个人网络和企业网络之间的连接。具体的新功能如下：更加便捷的多邮箱邮件管理、新增动态图形和图片编辑工具可以创建更加生动的电子邮件、支持在收件箱中直接接收语音邮件和传真等。

（5）Access 2010（数据库管理系统）

Access 是 Office 套件中基于 Windows 的小型桌面关系数据库管理系统。Access 2010 通过改进的用户界面和多种向导、生成器和模板把数据存储、数据查询、界面设计、报表生成等设计功能融合在一起，可帮助信息提供者轻松地创建数据库管理系统和程序，从而快速跟踪与管理信息。最新的 Access 2010 通过最新添加的 Web 数据库，可以增强用户运用数据的能力，从而可以更轻松地跟踪、报告和与他人共享数据。具体的新功能如下：改进的条件格式和计算工具可以使用户创建内容更加丰富且具有视觉影响力的动态报表、将数据库扩展到 web，用户无需使用 Access 客户端也可操作 web 数据库并进行同步、使用改进的宏设计器更轻松地创建编辑和自动化数据库逻辑等。

（6）OneNote 2010（笔记程序）

OneNote 类似于现实中一个笔记本的功能，用来搜集、组织、查找和共享用户的笔记和信息。它提供了一个将笔记存储和共享在一个易于访问位置的最终场所，同时还提供了强大的搜索功能，让用户可以迅速找到所需内容。最新的 OneNote 2010 能够捕获文本、照片和视频或音频文件，可以使用户的想法、创意和重要信息随时可得。具体的新功能如下：改进的导航栏可以使用户笔记本之间轻松组织和跳转、与共享笔记本的多个用户一起工作随时掌握项目变化、改进的搜索功能和新的排名系统可以让用户即时获取最新信息、支持对文本快速应用样式等。

（7）Publisher 2010（出版物制作程序）

Publisher 作为 Office 中的产品之一，它更多的面向于企业用户，主要用于创建和发布各种出版物，并可将这些出版物用于桌面及商业打印、电子邮件分发或在 Web 中查看。最新的 Publisher 2010 可以创建更个性化和共享范围广泛的具有专业品质的出版物和市场营销材料，还可以轻松地以各种出版物的形式传达信息，无论创建小册子、新闻稿、明信片、贺卡或电子邮件新闻稿，都可以获得高质量结果。具体的新功能如下：改进的照片编辑工具使作品更加如虎添翼、新的排版工具可帮用户将普通文本转换为精细排版、新的对象对齐技术和可视布局指南让用户控制对象更加轻松自由、支持联网下载共享新模板增强作品效果等。

（8）InfoPath 2010

InfoPath 可细分为 InfoPath Designer& InfoPath Filler 这两个产品，其主要功能是搜集信息和制作、填写表单。对于很多工作与企业的人来说可能经常需要填写零用金报销单、考勤卡、调查表或保险单等业务表单，甚至还可能需要负责设计、分发和维护组织中的这些表单，而最新的 InfoPath 2010 可以让用户设计更为复杂的电子表单，从而快速、经济地收集信息。具体的新功能如下：通过新的界面和工具快速设计表单、新增创建 SharePoint 协作工作流解决方案、新增建立高级表单并将 LOB 系统连接等。

（9）SharePoint Workspace 2010

SharePoint Workspace 2010 是 SharePoint 2010 的客户端程序，主要功能是用来离线同步基于微软 SharePoint 技术建立的网站中的文档和数据。最新的 SharePoint Workspace 2010 的特色如下：使用改进的功能区快速访问常用的命令创建自定义选项卡来个性化工作风格、更好的同步协助操作、更轻松地查看 SharePoint Server 上存储的不同版本文件等。

（10）Communicator（统一通信客户端）

Communicator 集成了各种通信方式，是类似于 MSN 和 QQ 的一个局域网即时通信工具。在最新的 Office 2010 中，Communicator 与 Outlook 2010、Word、Excel、PowerPoint 及 OneNote 等应用软件集成的更加紧密。例如，用户可以在 Outlook 中看到 Communicator 联系人列表，可以进行语音沟通、安排视频会议；另外在会话期间，用户还可以启动 OneNote 记笔记，显示呼叫中联系人的姓名；如果用户在 Outlook 2010 中存储会话历史记录，也将在其中存储指向 OneNote 页的链接。

除上述集成组件外，Office 2010 还包括如下独立组件。

- Office Visio 2010（使用 Microsoft Visio 创建、编辑和共享图表）。
- Office Project 2010（使用 Microsoft Project 计划、跟踪和管理项目，以及与工作组交流）。
- Office SharePoint Designer 2010（使用 SharePoint Designer 创建 SharePoint 网站）。
- Office Lync 2010 Attendee （聊天工具）。

6.2　Office 2010 安装与使用

本节重点介绍如何安装中文 Office 2010 应用程序，安装后如何运行 Office 2010 以及 Office 2010 的文档操作和风格定制。

6.2.1　Office 2010 安装要求及方法

1. 硬件支持

Office 2010 与之前版本相比，简化了软件运行配置说明，不再区分"系统最小配置"与"系统建议配置"，而把这两者合二为一。表 6-2 所示是 Office 2003/2007/2010 所需硬件配置对比。

另外值得注意的是，Office 2010 还需要系统支持 DirectX 9.0c，64M 的显存，因为 Office 2010 组件中有许多耗费 GPU 运算处理的程序，如 Excel 中的图表和 PowerPoint 中的动画，以此来保证 Excel 和 PowerPoint 顺利运行。

表 6-2	Office 2003/2007/2010 所需硬件配置对比		
硬　件	Office 2003	Office 2007	Office 2010
CPU	233MHz 或更高	500MHz 或更高	500MHz 或更高
内存	128MB 或更高	256MB 或更高	256MB 或更高
硬盘	400MB	1.5GB	3.0GB
显示	800×600 或更高	1 024×768 或更高	1 024×768 或更高

2. 系统支持

由于每款软件都只支持某些版本的系统，因此 32bit 与 64bit 版本的 Office 2010 所需的系统要求不同。

32 位的 Office 2010 既可以运行在 32 位的 Windows 操作系统之上也可以运行在 64 位的操作系统之上，包括 Win7、Vista SP1、windows XP Sp3、Windows Server 2008 以及 Windows Server 2003 R2 with MSXML 6.0。

64 位的 Office 2010 只能运行在 64 位的 Windows 操作系统之上，包括 Win7、Windows Vista SP1、Windows Server 2008 及 R2，但却不能正常运行于 windows XP Sp3 和 Windows Server 2003 R2 with MSXML 6.0。

3. Office 2010 的安装

在安装 Office 2010 之前先要做好以下准备工作。

- 根据所安装组件的要求，检查硬盘空间是否足够。
- 利用 Windows 的系统工具检查和整理硬盘。
- 在内存中不要有驻留程序。

Office 2010 的安装步骤如下。

① 启动 Windows 操作系统后，将 Office 2010 的光盘插入光驱。

② 利用 Windows 操作系统的"开始"菜单中的"运行"命令或利用"我的电脑"来启动光盘中的安装程序 Setup.exe，开始安装。

③ 当出现"输入您的产品密钥"窗口时，根据提示在相应文本框中输入产品密钥。

④ 密钥验证通过后，可勾选"尝试联机自动激活我的产品"，会在安装结束后，立即开始激活 office 的尝试；否则，会在第一次打开软件时提示激活。然后单击"继续"按钮。

根据安装版本的不同，可能不会出现此步骤。

⑤ 在随后出现的"阅读 Microsoft 软件许可证条款"窗口中，阅读条款并勾选在窗口底部的"我接受此协议条款"选项，然后单击"继续"按钮。

⑥ 选择安装模式：两种安装选项。

- 选择"立即安装"，软件就会帮助用户按照厂商的初始设定，安装一些必要的组件。
- 选择"自定义"安装方式，将由用户自己选择将要安装的产品。用户可以自定义需要安装的软件，取消不使用的软件的安装。根据版本不同，此窗口列出的软件可能不同。

⑦ 选择安装位置。在安装窗口中切换到"文件位置"选项卡，单击"浏览"按钮，可以自定义文件安装的位置。

⑧ 配置用户信息。在安装窗口中切换到"用户信息"选项卡，键入用户信息之后，单击"立即安装"按钮。

⑨ 等待安装完毕。进度条显示软件安装的百分比，安装时间根据安装组件多少和计算机性能决定。

最后出现"安装完毕"窗口，软件安装完成。

6.2.2　Office 2010 的界面结构

在 Office 2010 版本中，采用了全新的 Ribbon 用户化定制界面，可以根据用户的使用喜欢和个人偏好自定义应用软件的界面，一切以用户工作成果为导向。新的用户界面带来更高效、轻松的体验，使得软件操作更轻松，使用更方便，节省时间，提高效率。

1. 组件图标及启动界面

如图 6-2 所示，Office 2010 各组件的图标和界面主题色调也进行了更新，用不同的字母和色彩帮助用户区别不同的 Office 产品。

2. 基本界面结构

启动 Office 2010 应用程序之后，出现该应用程序的主界面。下面以 Word 2010 为例，介绍其基本界面的结构。

图 6-2　Office 2010 应用组件的图标

Office 2010 的主界面虽然依旧采用了 Ribbon 风格，但新版界面显然更加人性化，如图 6-3 所示。首先是顶端标题栏加入了渐变式半透明设计，这样便能与 Windows Aero 更好融合。其次按钮区取消了边框设计，让按钮的显示更加清爽。此外新界面显然更具"伸缩性"，能够更好地适应不同尺寸窗口，空间利用率较老版明显提高。

Word 2010 中文版主界面由标题栏、【文件】选项卡、功能区、工具栏、文本编辑区和状态栏等部分组成。

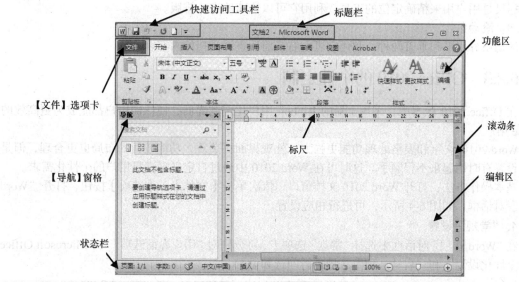

图 6-3　Word 2010 界面结构

（1）【文件】选项卡

【文件】选项卡可实现打开、保存、打印、新建和关闭等功能。单击【文件】选项卡弹出其下拉列表，该列表中包含【保存】、【另存为】、【打开】、【关闭】、【信息】、【最近使用文件】、【新建】、【打印】、【保存并发送】、【帮助】、【选项】和【退出】等菜单选项。

（2）快速访问工具栏

用户可以使用"快速访问工具栏"实现常用的功能，例如，保存、撤销、恢复、打印预览和快速打印等。

（3）标题栏

标题栏显示了当前打开的文档的名称，还为用户提供了3个窗口控制按钮，分别为【最小化】按钮，【最大化】/【还原按钮】按钮 和【关闭】按钮。

（4）功能区

功能区是菜单和工具栏的主要显现区域，几乎涵盖了所有的按钮、库和对话框。功能区首先将控件对象分为多个选项卡，然后在选项卡中将控件细化为不同的操作组。

选项卡分为固定选项卡和隐藏选项卡，根据用户选择的对象发生相应变化。

（5）文档编辑区

文档编辑区是用户工作的主要区域，用来实现文档、表格、图表和演示文稿等的显示和编辑。Word 2010 的文档编辑区除了可以进行文档的编辑之外，还有水平标尺、垂直标尺、水平滚动条和垂直滚动条等辅助功能。

（6）【导航】窗格

【导航】窗格中的上方是搜索框，用于搜索文档中的内容。在下方的列表框中通过单击3个不同的按钮，分别可以浏览文档中的标题、页面和搜索结果。

（7）状态栏

状态栏提供有页码、字数统计、拼音、语法检查、改写、视图方式、显示比例和缩放滑块等功能，以显示当前的各种编辑状态。

（8）标尺

标尺是用户用来精确定位的工具，利用它可以快速地进行排版。

（9）滚动条

滚动条分水平和垂直两种，利用它可左右或前后查看文档的内容。

6.2.3　Office 2010 的个性定制

在 Office 2010 版本中，采用全新的 Ribbon 用户化定制界面，使任何用户都能成为更高效的 Office 用户。

Word 2010 文字和表格处理功能更强大，外观界面更美观，功能按钮的布局也更合理，但是默认设置有时用起来不很顺手。这时可在 Word 2010 中通过自定义来满足用户的个性化需求。

基本操作方法：打开 Word 2010 文档窗口，依次单击【文件】→【选项】按钮，打开"Word 选项"对话框，如图 6-4 所示，可进行相应设置。

1．"常规"设置

在"Word 选项"对话框中选择"常规"选项卡，可分别对"用户界面选项""对 Microsoft Office 进行个性化设置"和"启动选项"区域进行勾选和设置。

Word 2010 窗口有 3 种配色方案可供用户选择，分别是蓝色、银色和黑色。用户可以根据实际需要设置自己喜欢的配色方案。

设置配色方案的方法：在图 6-4 所示的"用户界面选项"区域中单击"配色方案"下拉按钮，在配色方案列表中选择合适的颜色，并单击【确定】按钮即可。

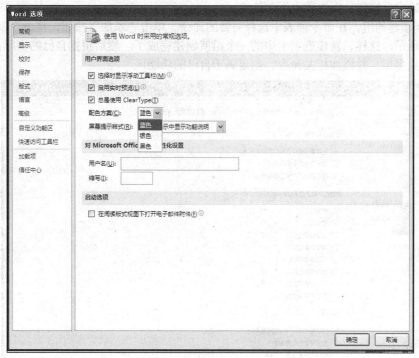

图 6-4　"Word 选项"对话框

外观界面设置和 Office 其他组件关联，当用户在一个组件（如 Word）中设置了外观风格，其他组件（如 Excel、PowerPoint、Access）的界面风格也会发生变化。

2."显示"设置

在"Word 选项"对话框中选择"显示"选项卡，如图 6-5 所示，可分别对"页面显示选项"、"始终在屏幕上显示这些格式标记"和"打印选项"区域进行勾选和设置。

相似的方式可分别在"Word 选项"对话框中选择"校对"、"保存"、"版式"、"语言"及"高级"等选项卡，分别进行勾选和设置。

3."自定义功能区"设置

在 Office 2010 中，使用功能区代替了原来的菜单栏，这样将使操作更加直观、简洁，避免了用户陷入层层菜单操作的困境中；而且 Office 2010 允许用户自定义功能区，可以创建功能区，也可以在功能区下创建组，让功能区更符合自己的使用习惯。

* 定制功能区显示的主选项

如图 6-6 所示，在"Word 选项"窗口，切换到"自定义功能区"选项卡，在"自定义功能区"列表中，勾选相应的主选项卡，然后通过"添加"/"删除"按钮，可以自定义功能区显示的主选项。

* 创建新的功能区

① 如果要创建新的功能区，单击"新建选项卡"按钮，在"主选项卡"列表中出现"新建选项卡（自定义）"，将鼠标指针移动到"新建选项卡（自定义）"上，单击鼠标右键，在弹出菜单中选择"重命名"，如图 6-7(a)所示。

② 在"重命名"小窗口中的"显示名"右侧文本框中输入名称（如我的工具箱），如图 6-7(b)所示，单击"确定"按钮，为新建选项卡命名。

③ 然后单击"新建组"按钮，在选项卡下创建组，鼠标右键单击新建的组，在弹出菜单中选择"重命名"，弹出"重命名"窗口，选择一个图标，输入组名称（如数据工具），如图 6-7(c)所

示，单击"确定"按钮，在选项卡下创建组。

④ 选择新建的组，在命令列表中选择需要的命令，单击"添加"按钮，将命令添加到组中，如图 6-7(d)所示。这样，新建选项卡中的一个组就创建完成了。然后根据自己的实际需要，在选项卡中创建更多组，并添加相关命令，创建属于自己的功能区。

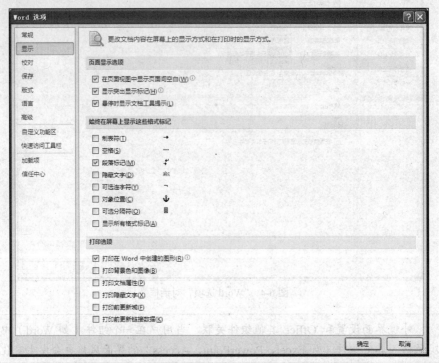

图 6-5　"显示"选项设置

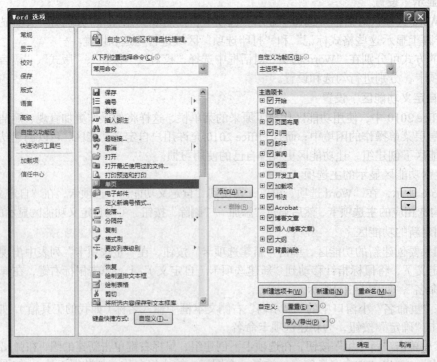

图 6-6　定制功能区显示的主选项

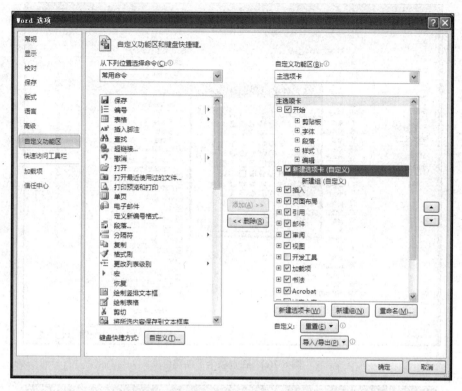

图 6-7(a)　创建"新建选项卡（自定义）"

图 6-7(b)　为新建选项卡命名

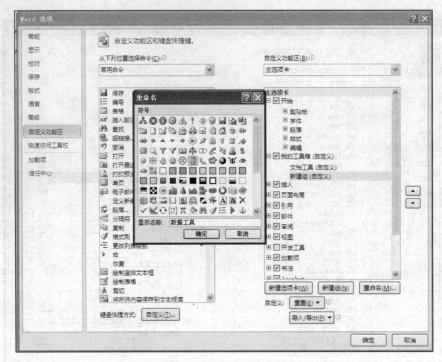

图 6-7(c)　在选项卡下创建组

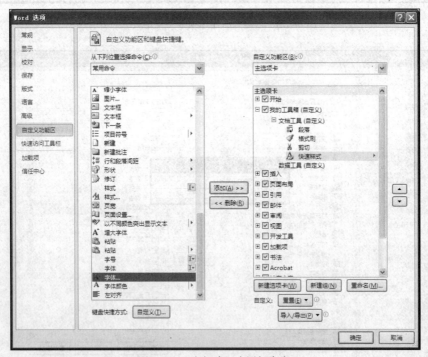

图 6-7(d)　在新建组中添加命令

新建功能区的效果如图 6-8 所示。

- 删除自定义功能区

可以将自定义功能区删除，打开"Word 选项"窗口，切换到"自定义功能区"选项卡，用鼠标右键单击自定义的选项卡或组，在弹出菜单中选择"删除"，可以将自定义的选项卡或组删除。

图 6-8　新建功能区效果

如果要一次性删除所有自定义的功能区，可以打开"Word 选项"窗口，切换到"自定义功能区"选项卡，单击"重置"按钮，在下拉菜单中选择"重置所有自定义项"，弹出提示消息框，单击【是】，即可将所有自定义项删除，恢复 Word 2010 功能区的本来面貌。

- 功能区的隐藏和显示

如图 6-9 所示，为了扩大文档编辑区域的范围，可以使用以下几种方法将功能区设置为隐藏和显示状态。

① 双击功能区选项卡上的标签。

② 鼠标右键单击功能区或"快速访问工具栏"，在弹出菜单中选择【功能区最小化】命令。

③ 单击功能区右侧【帮助】按钮左侧的按钮【功能区最小化】按钮，或按 Ctrl+F1 组合键。

图 6-9　功能区的隐藏和显示

4. 自定义"快速访问工具栏"

功能区是相当高效的，但许多用户更喜欢在任何时候都能访问某些命令，而不必单击选项卡。解决这个问题的办法是自定义"快速访问工具栏"。"快速访问工具栏"是一个可自定义的工具栏，它包含一组独立于当前显示的功能区上选项卡的命令。

- 定义"快速访问工具栏"的位置

通常情况下，"快速访问工具栏"出现在标题栏的左侧、功能区的上方。用户也可以选择在功能区下方显示"快速访问工具栏"，为此，只需鼠标右键单击"快速访问工具栏"，然后选择"在功能区下方显示"即可，如图 6-10 所示。

如果是在功能区下方显示"快速访问工具栏"，则可提供更多空间用于显示图标，但也意味着会少显示一行工作表内容。

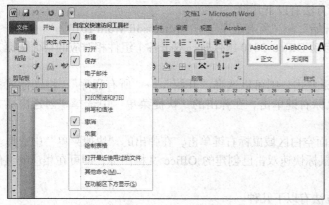

图 6-10　定义"快速访问工具栏"的位置

- 自定义"快速访问工具栏"的命令选项

默认情况下，"快速访问工具栏"包含 3 个工具："保存"、"撤销"和"恢复"。用户可以通过添加其他常用命令来自定义"快速访问工具栏"。

① 向"快速访问工具栏"添加命令

在功能区上，单击相应的选项卡或组以显示要添加到"快速访问工具栏"的命令，右键单击该命令，然后单击快捷菜单上的"添加到快速访问工具栏"。

② 从"快速访问工具栏"中删除命令

鼠标右键单击要从"快速访问工具栏"中删除的命令，然后单击快捷菜单上的"从快速访问工具栏删除"。

③ 更改"快速访问工具栏"上命令的顺序

鼠标右键单击"快速访问工具栏"，然后选择快捷菜单上的"自定义快速访问工具栏"，在弹出的窗口中，单击要移动的命令，然后单击"上移"或"下移"箭头。

也可以依次单击"文件"→"选项"按钮，打开"Word 选项"对话框，通过"快速访问工具栏"选项，根据需要自定义"快速访问工具栏"。

- 通过在命令间添加分隔符来对命令分组

鼠标右键单击"快速访问工具栏"，然后选择快捷菜单上的"自定义快速访问工具栏"。在"从下列位置选择命令"列表中，单击"常用命令"，单击"<分隔符>"，然后单击"添加"按钮。若要将分隔符放在所需的位置上，请单击"上移"或"下移"箭头。

- 将"快速访问工具栏"还原为默认设置

右键单击"快速访问工具栏"，然后单击快捷菜单上的"自定义快速访问工具栏"，在"自定义快速访问工具栏"窗口中，单击"还原默认设置"，然后单击"只还原快速访问工具栏"。

不能通过 Microsoft Office 中的选项增大代表命令的按钮的尺寸。增大按钮尺寸的唯一方法是降低所使用的屏幕分辨率，不能在多行上显示"快速访问工具栏"。

6.2.4　Office 2010 的文档操作

Office 2010 软件的组件虽然很多，但在操作上有一定的相似性，下面将以 Word 2010 为例，简单介绍 Office 2010 组件的一些通用的文档操作。

1. Office 2010 的启动和退出方法

（1）Office 2010 组件常用的启动方法有以下几种。

- 使用"开始"按钮：选择"开始"→"所有程序"→"Microsoft Word 2010"。
- 创建桌面快捷方式：当需要启动 Office 2010 组件时，双击各个组件相对应的桌面快捷方式图标，即可启动该组件。

如果在安装时没有创建桌面快捷方式，则可以选择"开始"→"所有程序"，将光标放置在"Microsoft Word 2010"选项时鼠标右键单击，在弹出的"快捷菜单"中选择"创建快捷方式"命令。

- 使用桌面"快捷菜单"：在桌面空白区域鼠标右键单击，在弹出的"快捷菜单"中选择。
- 打开已创建的 Office 文档：鼠标快速双击已创建的 Office 文档图标，即可在相应的组件中打开该文档。

（2）常用的退出 Office 2010 的方法有以下几种。

- 单击组件界面窗口右上角的关闭按钮。
- 选择菜单"文件"→"关闭"命令。
- 在键盘上按【Alt+F4】组合键。

关闭 Office 2010 软件时，如果对文档进行了编辑修改，系统会提醒是否保存该文档，在打开的对话框中单击"是"按钮，即可保存。

2. Office 2010 文档的基本操作

以 Word 2010 为例介绍。

（1）新建文档

新建文档主要有下述 3 种方式。

- 新建空白文档：在 Word 2010 中选择"文件"→"新建"选项，在"可用模板"区域选择【空白文档】选项，然后在"空白文档"区域单击"创建"按钮。

直接单击快速"访问工具栏"中的【新建】图标也可以快速创建一个空白文档。

- 使用模板创建新文档：在 Word 2010 中选择"文件"→"新建"选项，在"可用模板"区域选择适用的模板选项，然后单击右侧的"创建"按钮。

模板是一种系统提供或用户创建的特殊文档，通过模板创建的文档具有相同的格式。

- 根据现有内容新建文档：如果新建的文档与之前创建过的文档格式类似，则可以在 Word 2010 中选择"文件"→"新建"选项，在"可用模板"区域中选择"根据现有内容新建"选项，在打开的对话框中选择需要新建的文档，然后单击"新建"按钮。

（2）保存文档

默认情况下，使用 Word 2010 编辑的 Word 文档会保存为.docx 格式。如果 Word 2010 用户经常需要跟 Word 2003 用户交换 Word 文档，而 Word 2003 用户在未安装文件格式兼容包的情况下又无法直接打开.docx 文档，那么 Word 2010 用户可以将其默认的保存格式设置为.doc 文件。

- 在 Word 2010 中设置默认保存格式

打开 Word 2010 文档窗口，依次单击"文件"→"选项"命令，在打开的"Word 选项"对话框中切换到"保存"选项卡，在"保存文档"区域单击"将文件保存为此格式"下拉按钮，并在打开的下拉菜单中选择适当的格式，如果要将默认保存格式设置为.doc，则选择"Word97-2003 文档（*.doc）"选项，如图 6-11 所示，最后单击"确定"按钮。

改变 Word 2010 默认保存的文件格式，并不能改变使用右键菜单新建 Word 文档的格式，使用右键菜单新建的 Word 文档依然是.docx 格式。只有在打开 Word 2010 文档窗口，然后进行保存时才能默认保存为.doc 文件。

- 将 Word2010 文档保存为.PDF 文件

用户可以将 Word 2010 文档直接保存为.PDF 文件，操作步骤如下。

① 打开 Word 2010 文档窗口，依次单击"文件"→"另存为"按钮，在打开的"另存为"对

话框中，选择"保存类型"为"PDF（*.pdf）"，如图 6-12 所示。

　　② 选择 PDF 文件的保存位置并输入 PDF 文件名称，然后单击"保存"按钮，保存为 PDF
文件。

提示　　用户还可以在选择保存类型为 PDF 文件后单击"另存为"对话框中的"选项"
按钮，在打开的"选项"对话框中对另存为的 PDF 文件进行更详细的设置，如图 6-13
所示。

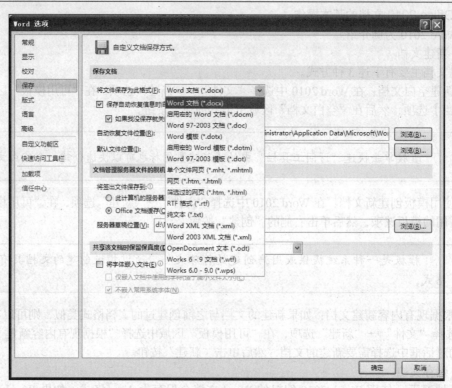

图 6-11　选择"Word 97-2003 文档（*.doc）"选项

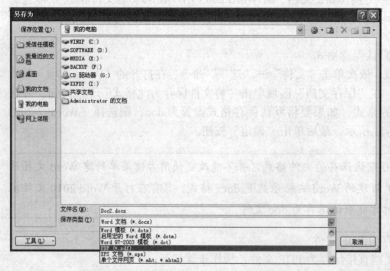

图 6-12　选择"保存类型"为"PDF（*.pdf）"

图 6-13　"选项"对话框

6.3　使用 Office 2010 帮助信息

为了能随时帮助用户解决使用过程中的疑难问题，Office 2010 提供了完善的帮助系统。该功能在安装 Office 程序时默认已安装在计算机上。用户不仅可以从 Microsoft Office Online 中获得附加的帮助信息，也可以指定要搜索帮助的位置，还可以将搜索范围限制为联机、脱机或程序中的特定类别。

6.3.1　使用联机帮助

Office 2010 提供了丰富的联机帮助，用户可以在帮助系统中根据相关主题或者单击帮助系统的目录浏览帮助内容。

操作方法：

① 单击 Word 2010 文档窗口右上方的"Microsoft Word 帮助"按钮 ，打开"Word 帮助"窗口，在该窗口中可搜索帮助信息。

　　　　　打开的帮助窗口名称为当前用户使用程序的名称，例如单击【Microsoft Excel 帮助】按钮，可打开"Excel 帮助"窗口。

② 在"Word 帮助"窗口中，单击"搜索"下拉按钮，选择"来自 Office.com 的内容"列表中的相关命令，如"Word 帮助"命令。

③ 在"键入要搜索的字词"文本框中输入要搜索的内容，如"设置字体颜色"文字，并单击"搜索"按钮，即可在该窗口中显示搜索的信息。

　　　　　如果"已连接到 Office.com"信息显示在帮助窗口的右下方，则表明用户正在从 Office Online 上进行搜索并获得帮助。如果右下方显示的是"脱机"，则表明用户正在从存储于计算机上的文件中搜索并获得帮助。

6.3.2　使用脱机帮助信息

Office Online 提供了各种有用的资源，不过当用户无法连接到 Internet 时，就需要脱机帮助。在脱机状态下，用户只可以搜索来自此计算机的内容。

用户可以在脱机帮助系统中搜索相关主题或者单击帮助系统的目录浏览帮助内容。

方法：在"Word 帮助"窗口中，单击"搜索"下拉按钮，选择"来自此计算机的内容"列表中的相关命令，如执行"开发人员参考"命令，即可查找到脱机开发人员相关的帮助信息。

6.3.3　联机帮助与脱机帮助间切换

"Word 帮助"窗口右下方的"连接状态"选项，用来指明用户正在以联机或脱机方式查看帮助。

若要查看 Office Online 上的帮助，可在"Word 帮助"窗口右下方"连接状态"选项中，执行"显示来自 Office.com 的内容"命令。

若要查看计算机上的帮助，可在"连接状态"选项中，执行"仅显示来自此计算机的内容"命令。

　　　　　"Word 帮助"窗口关闭后将保留用户的设置，在下一次打开帮助时，脱机或已连接状态与上次的设置一致。

思考与练习

1. Office 2010 由哪些组件构成？各组件的作用是什么？
2. Office 2010 的风格定制包括哪些内容？
3. 如何设置 Office 2010 窗口的配色方案？
4. 怎样设置"快速访问工具栏"的位置？
5. 如何将 word 文档保存为 PDF 文件？

第7章
字符处理软件 Word 2010

Word 2010 是一种功能强大的文字处理软件，旨在帮助用户创建具有专业水准的文档。本章主要介绍如何使用 Word 2010 来创建和编辑文档，以及如何通过在文档中插入表格、图像等对象美化文档，增强文档的表现力。

7.1　Word 文档的基本操作

Word 是微软公司的 Office 系列办公组件之一，是目前世界上最流行的文字编辑软件。使用它我们可以编排出精美的文档，方便地编辑和发送电子邮件，编辑和处理网页等。Word 2010 中带有众多顶尖的文档格式设置工具，可帮助用户更有效地组织和编写文档，Word 2010 还包括功能强大的编辑和修订工具，以便用户与他人轻松地开展协作。此外，应用 Word 2010，用户还可以将文档存储在网络中，进而可以通过各种网页浏览器对文档进行编辑，随时把握住稍纵即逝的灵感。

7.1.1　文本的编辑操作

Word 2010 的启动退出、文档的新建、保存、打开等基本操作详见 6.2，本小节重点介绍 Word 2010 的界面特点、文本编辑及基本格式设置。

文档的编辑工作包含许多任务，本节只介绍字符的输入和编辑，例如如何选定、插入、删除、复制、移动查找和替换文字等的操作。至于表格、图表、图形等的编辑在本章后续部分介绍。

1. 输入文档内容

新建文档后，就可在其中输入文档内容了，完成内容的输入后还可对其进行删除、复制等相关的编辑操作。

（1）定位光标插入点

启动 word 后，在编辑区中不停闪动的光标即为光标插入点，光标插入点所在的位置就是输入文本的位置。在文档中输入文本前需要先定位好光标插入点，其方法主要有两种。

① 通过鼠标定位

• 在空白文档中定位光标插入点：在空白文档中光标插入点就在文档的开始处，此时可直接输入文本。

• 在已有文本的文档中定位光标插入点：若文档已有部分文本，当需要在某一具体位置输入文本时，可将鼠标指针指向该处，当光标呈"I"形状时，单击鼠标左键即可。

② 通过键盘定位

• 按下键盘上的方向键（←、↑、→、↓），光标插入点将向相应的方向移动。

- 按下【End】键，光标插入点向右移动至当前行行末；按下【Home】键，光标插入点向左移动至当前行行首。
- 按下【Ctrl+Home】组合键，光标插入点可移至文档开头；按下【Ctrl+End】组合键，光标插入点可移至文档末尾。
- 按下【PgUp】键，光标插入点向上移动一页；按下【PgDn】键，光标插入点向下移动一页。

（2）输入内容

定位好光标插入点后，切换到自己习惯的输入法，即可开始输入文本。随着文本的输入光标不断向右移动，当光标到达一行的最右边时，随着下一个字符的输入 Word 会自动换行。如果要重起一个新的段落，则按【Enter】键。

- 符号的输入

Word 文档中最基本的输入内容就是中英文字符和一些符号。当在文档中输入符号时，对于比较常用的符号，如逗号、句号和顿号等，可以直接通过键盘输入；如果键盘上没有，则可通过选择符号的方式插入。

在文档窗口中，用户可以通过"符号"对话框插入任意字符和特殊符号，操作步骤如下所述。

① 在文档窗口中，切换到"插入"功能区，在"符合"操作组中单击"符号"按钮。

② 在打开的符号面板中可以看到一些最常用的符号，单击所需要的符号即可将其插入文档中。

③ 如果符号面板中没有所需要的符号，可以单击"其他符号"按钮，打开"符号"对话框，在"符号"选项卡中单击"子集"右侧的下拉按钮，在打开的下拉列表中选中合适的子集，然后在符号表格中单击选中需要的符号，最后单击"插入"按钮，关闭"字符"对话框，可以看到符号已经插入文档中的指定位置。

有时为了美化版面还需要一些特殊符号，可在"符号"对话框中切换到"特殊符号"选项卡，在"字符"列表框中选中需要插入的符号（系统还为某些特殊符号定义了快捷键，用户可以直接按下这些快捷键即可插入该符号），单击"插入"按钮，关闭"插入"对话框，可以看到特殊符号已经插入文档中的指定位置。

2. 文本的选定

在 Word 文档中，文字的选取是最基本的操作，只有选定了目标文字才能对其进行其他的编辑操作，因此必须掌握如何选取要编辑的范围。下面介绍具体操作方法。

方法 1：利用鼠标选定文本。

使用鼠标选定文本是最常用的方法，一般是将鼠标移到要选取范围的起始位置，按住鼠标左键不放并拖动到所要选取的范围为止。表 7-1 所示为利用鼠标选取文档的常用操作方法。

表 7-1   利用鼠标选取文档的常用操作方法

选取范围	操作方法
一个词	双击该词的任意位置
一个句子（中文内容以句点作为结束）	按住 Ctrl 键并单击句子中的任意位置
一行	将鼠标指针移到该行最左边，当指针变为 ⤢ 时，单击左键
多行	将鼠标指针移到首行最左边，当指针变为 ⤢ 时，拖动鼠标直至尾行，然后放开
一个段落	将鼠标指针移到段落的最左边，当指针变为 ⤢ 时，双击鼠标左键
整个文档	将鼠标指针移到文档最左边的任一位置，当指针变为 ⤢ 时，连击鼠标左键 3 次
文档中的矩形区域	按住 Alt 键后，按下鼠标左键拖动

方法 2：利用键盘选定文本。

对于习惯使用键盘的用户，Word 提供了选取操作的快捷键。主要是利用【Ctrl】键、【Shift】键和↑、↓、←、→4 个方向键来操作。一般是将光标移到欲选取的起始位置，按【Shift】键不放，再用↑、↓、←、→4 个方向键移动来选取。

在选定文本之后，如果要取消这次操作，在文档的任意位置单击即可。

方法 3：利用"开始"功能区中"编辑"操作组中的"选择"按钮。

3. 文本的插入和删除

在文档的编辑过程中，经常需要插入新的字符或修改各种文字录入错误，因此需要掌握文本的插入和删除操作。

（1）插入操作

如果想在文档的任意位置插入新的字符，只要把光标移动到想要插入的目标位置，然后输入文本就可以了。但有时在新的页面中，用户并不想从第一行开始输入文本，此时可以利用"即点即输"功能，在选定的地方双击鼠标。"即点即输"功能的设置方法是单击"文件"按钮，在打开的窗口中选择"选项"选项卡，打开"word 选项"对话框，选中"高级"选项卡，在"编辑选项"区域中选中"启用即点即输"即可。

（2）删除操作

如果是删除单个的文字，则可以将光标插入点置于文字的后面，按【BackSpace】键，或者将插入点置于文字的前面，按【Delete】键。

如果要删除一段文字，则需要先选取文字，然后按【Delete】键或利用"开始"功能区中"剪贴板"操作组中的"剪切"按钮。

4. 文本的移动和复制

（1）文本的移动

在编辑文档时，有时需要把一段文字移动到另外一个位置。其方法如下。

方法 1：利用鼠标。选定要移动的文本，将鼠标指针指向被选定的文本，待鼠标指针变成↘后，按下鼠标左键。这时鼠标箭头的旁边会有竖线，鼠标箭头的尾部会有一个小方框，其中竖线标志将要移动到的位置。拖动竖线到新的插入文本的位置，放开鼠标左键，被选定的文本就会移动到新的位置。

方法 2：利用"开始"功能区中"剪贴板"操作组中的"剪切"和"粘贴"按钮。首先选定要移动的文本，然后单击"剪切"按钮，把光标移动到要插入文本的位置，最后单击"粘贴"按钮，被选定的文本就移动到了新的位置。

方法 3：利用键盘。选定文本后按【F2】键，状态栏中显示"移至何处"，移动插入点至指定位置，按【Enter】键。

方法 4：利用组合键。按【Ctrl + X】组合键执行"剪切"命令，按【Ctrl + V】组合键执行"粘贴"命令。

（2）文本的复制

如果要输入的内容已经存在，或相差不多，可以不必重新输入，利用复制操作来完成。

方法 1：利用鼠标。与文本的移动操作相似，只是在拖动鼠标时要按【Ctrl】键，这时鼠标箭头尾部的小方框中会有一个"+"。

方法 2：利用"开始"功能区中"剪贴板"操作组中的"复制"和"粘贴"按钮。首先选定要复制的文本；然后单击"复制"按钮，把光标移动到要插入文本的位置；最后单击"粘贴"按钮，被选定的文本就复制到了新的位置。

方法 3：利用组合键。"复制"命令的组合键是【Ctrl+C】。

（3）使用 Office 剪贴板

Office 剪贴板是存储文本或图形的一个内存区域，它可以临时存放剪切和复制操作的内容，以便在不同的应用程序和应用程序的不同部分之间共享信息。

在 Office 2010 中，剪贴板以任务窗格的形式出现，可以同时存放 24 项内容，具有可视化和大容量化的特点，用户可以将多项内容复制到剪贴板中，然后在目标位置将这些内容分别粘贴或一次全部粘贴。

在文档中设置 Office 剪贴板：打开文档窗口，选中一部分需要复制或剪切的内容，执行"开始"功能区中的"剪贴板"操作组中的"复制"或"剪切"按钮命令，然后单击"剪贴板"操作组右下角的"显示'Office 剪贴板'任务窗格"按钮。

使用剪贴板的方法是先将光标移动到目标位置，如果要粘贴其中的一项，则单击此项对应的图标；如果要粘贴剪贴板上的所有内容，则单击"全部粘贴"按钮；如果要清除剪贴板中的内容，则单击"全部清空"按钮。

另外需要注意的是，用户收集到剪贴板上的内容将一直保存在剪贴板中，直到关闭了计算机中运行的所有 Office 组件程序为止。

提示

如果需要删除 Office 剪贴板中的其中一项内容或几项内容，可以单击该项目右侧的下拉三角按钮，在打开的下拉菜单中执行"删除"命令。

5. 文本的查找与替换

当用户要在文档中检查某些文字并加以修改时，利用"查找"与"替换"命令可以轻松地完成。"查找"命令会快速地找出用户所指定的文字，"替换"命令则将欲替换的文字迅速、准确地取代完成。"查找"与"替换"功能的主要对象有文字、词或句子、特殊字符等。

（1）文本的查找

利用"查找"命令不需要滚动文本，就可以快速地查找到指定的内容，方法如下。

① 打开要查找内容的文档，执行"开始"功能区中的"编辑"操作组中的"查找"按钮命令或按【Ctrl + F】组合键，打开"导航窗格"。

提示

切换到"视图"功能区，勾选"显示"操作组中的"导航窗格"，也可以打开"导航窗格"。

② 在搜索框中输入要查找的文本内容，文档中将突出显示要查找的全部内容。

③ 单击"上一处搜索结果"或"下一处搜索结果"按钮，可定位查找的内容。

④ 单击搜索框中的"结束"按钮可终止查找。

（2）文本的替换

当文档中的某些字或词需要替换时，可执行如下操作。

① 打开要替换内容的文档，执行"开始"功能区中的"编辑"操作组中的"替换"按钮命令或按【Ctrl+H】组合键，弹出"查找和替换"对话框，并自动定位在"替换"选项卡。

提示

在"导航窗格"中单击搜索框右侧的下拉按钮，在弹出的下拉列表中选择"替换"命令，也可以弹出"查找和替换"对话框。

② 在"查找内容"和"替换为"文本框中分别输入要查找和替换的内容。

③ 单击"替换"按钮执行替换操作；单击"全部替换"按钮将搜索范围内的全部指定内容都进行替换；单击"查找下一处"按钮，定位查找替换的内容。

④ 单击对话框的"关闭"按钮可终止替换。

提示

若在"查找与替换"对话框中单击"更多"按钮，将出现限定查找范围的高级选项。在"搜索选项"区域，可以进行"搜索范围"、"区分大小写"、"全字匹配"、"使用通配符"、"同音"、"查找单词的各种形式"、"区分全/半角"等功能的设置；在"替换"区域，可以进行"格式"、"特殊字符"功能的设置。

6. 撤销和恢复操作

在编辑文档的时候，如果误操作，可通过"撤销"功能来撤销前一操作。如果误撤销了某些操作，可通过"恢复"功能取消之前的撤销操作，恢复原来的文本。

（1）撤销操作

撤销是取消上一步用户在文档中所做的修改。当用户在文档中删错了文字、选错了范围或是执行了不当的命令时，只要未进行过其他操作，都可以利用"撤销"功能执行撤销操作。具体方法如下。

① 单击"快速访问工具栏"中的"撤销"按钮，可撤销上一步操作，继续单击该按钮，可撤销多步操作。

② 单击"撤销"按钮右侧的下拉按钮，在打开的列表中可选择撤销到某一指定的操作。

③ 按【Ctrl+Z】（或【Alt+BackSpace】）组合键，可撤销上一步操作，继续按下组合键，可撤销多步操作。

提示

保存文档后，无法执行撤销的操作。

（2）恢复操作

恢复操作和撤销操作是相对应的，恢复操作是把撤销操作再重复回来。其操作方法如下。

① 单击"快速访问工具栏"中的"恢复"按钮，可恢复被撤销的上一步操作，继续单击该按钮，可恢复被撤销的多步操作。

② 按下【Ctrl+Y】组合键，可恢复被撤销的上一步操作，继续按下该组合键，可恢复被撤销的多步操作。

7.1.2　字符和段落的格式设置

在完成了文档的创建和编辑工作之后，为了使文档美观大方、便于他人阅读，用户还需要对文档进行必要的格式化操作。本节将主要介绍如何设置文档中字符和段落的格式。

1. 字符格式化的设置

字符是文档中最基本的单元，通过格式化操作，可以给字符设置字体、字形、大小和颜色等格式属性以及空心、阴影、阴文、阳文、上下标和删除线等多种效果。此外，还可以改变字符间距和添加文字的动态效果等。

在默认情况下，在 Word 中输入的文本为"宋体"、"五号"、"黑色"，用户可以根据自己的实际需要进行设置，具体方法如下。

（1）使用"开始"功能区中的"字体"操作组设置字符格式

对字符进行格式化最快捷的方法就是使用"字体"操作组中的按钮。"字体"操作组按钮如图7-1 所示。

① 设置字体、字形和字号

选定需要改变字符格式的文本，找到"字体"操作组中的相应工具按钮，可以设置字体、字号、颜色等选项。

如果要进行更加复杂的字体设置，则单击"字体"操作组中右下角的"显示字体对话框"按钮，打开"字体"对话框，如图 7-2 所示，其中包括"字体"和"高级"两个选项卡。

● "字体"选项卡

图 7-2 所示为"字体"选项卡，单击各列表框右侧的箭头按钮，可打开列表框并从中选择、设置。设置后的效果还可通过预览框预览。

● "高级"选项卡

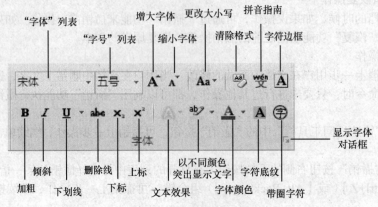

图 7-1 "字体"操作组

单击图 7-2 所示"字体"对话框中的"高级"选项卡，则会出现如图 7-3 所示对话框。通过该对话框中的选项，用户可以对 Word 默认的标准格式如字符间距、OpenType 功能等重新设置，其中的部分功能介绍如下。

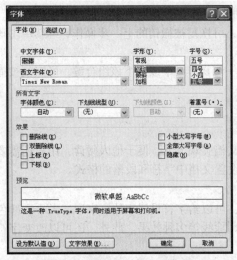

图 7-2 "字体"选项对话框

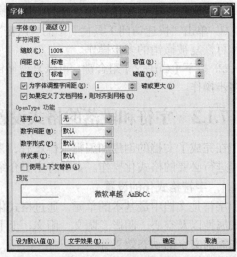

图 7-3 "高级"选项对话框

缩放：用来调整字符横宽的大小比例。

间距：设置字符之间的距离，可以在其下拉列表框中选择，也可以通过其右边的"磅值"框进行微调。

位置：设置文字相对于基准线的升高与降低值，基准线是紧接在字符下方的一条假想的横线，"位置"也可以通过其右边的"磅值"框进行微调。

为字体调整字间距：选择该复选框，Word 将自动调整字距或字符间距，间距取决于选定的字符。

磅或更大：用户可在该选取项框中指定字体大小，Word 将自动调整大于该值的字间距。

② 设置特殊效果

在文档排版中，有时需要对选定文字设置特殊效果，设置方法很简单，具体如下。

● 单击"字体"操作组中的"文本效果"按钮，在打开的如图 7-4 所示"文本效果"操作选项中就可以进行设置。

- 单击图 7-2"字体"对话框中的"文字效果"按钮，在弹出的如图 7-5 所示的"设置文本效果格式"对话框中就可进行设置。

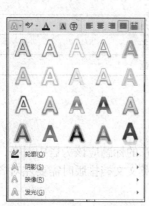

图 7-4　"文本效果"操作选项

图 7-5　"设置文本效果格式"对话框

（2）使用组合键设置字符格式

用户还可以使用键盘设置字符格式，其字符格式化组合键如表 7-2 所示。

表 7-2　　　　　　　　　　　　　　字符格式化组合键

字 符 格 式	组 合 键	字 符 格 式	组 合 键
粗体	Ctrl + B	字体	Ctrl + Shift + F
斜体	Ctrl + I	字号	Ctrl + Shift + P
下划线	Ctrl + U	增大字号	Ctrl + >
上标	Ctrl + Shift + =	减小字号	Ctrl + <
下标	Ctrl + =		

在使用时，如果选择文本的字符不具有该格式特征，使用组合键将对其进行字符格式化处理；如果选择文本的字符已具有该格式特征，使用组合键将取消其格式化效果。

2. 段落格式化的设置

在 Word 中，段落是独立的信息单位，具有自身的格式特征。一个段落是后面跟有段落标记的正文和图形或其他的对象。每当用户在编辑文档的过程中单击【Enter】键，便在文档中插入了一个段落标记（如果用户在屏幕上没有看到段落标记，则可单击"开始"功能区中"段落"操作组中的"显示/隐藏编辑标记"按钮）。

用户在输入文档时，在段落中间，即使是行尾也不要按【Enter】键；如果确实需要换行，则按【Shift + Enter】组合键。

段落格式的设置仅对用户当前所选定的段落或插入符所在的段落有效。在移动或复制段落时，如果想保留段落的格式，一定要将段落标记包括进去。如果要删除某个段落标记，则会使该段落与其下一个段落合并。

段落格式的设置通过"开始"功能区中"段落"操作组中的各个按钮命令实现。

（1）设置段落的对齐方式

段落的对齐方式决定段落边缘外观和方向。常用的对齐方式有 5 种：两端对齐、居中、左对齐（默认方式）、右对齐和分散对齐，具体内容如表 7-3 所示。

表7-3 段落对齐方式

对 齐 方 式	说 明
两端对齐	将所选段落（除末行外）的左、右两边与页边距同时对齐
居中	使文本、数字或嵌入对象在页面上居中
左对齐	使文本、数字或嵌入对象与页边距左对齐，右边不齐
右对齐	使文本、数字或嵌入对象与页边距右对齐，左边不齐
分散对齐	通过调整空格，使所选段落或单元格文本的各行等宽

设置段落对齐方式的方法有如下两种。

- 使用功能区操作命令

选择"开始"功能区中"段落"操作组中的相应命令按钮。

一般来说，文章中的不同内容应该有不同的对齐方式。如文章的标题应该为居中对齐，正文的段落应该两端对齐，作者名称、信件的落款应该右对齐，有些英文文档排版时需要左对齐，而有些特殊文档则需要分散对齐。

- 使用快捷键

用户还可以使用键盘上的快捷键来设置段落的对齐。将插入点移至目标段落，根据需要可选择表7-4所示的快捷键。

表7-4 段落对齐快捷键

对 齐 操 作	快 捷 键	对 齐 操 作	快 捷 键
左对齐	Ctrl+L	两端对齐	Ctrl+J
居中对齐	Ctrl+E	分散对齐	Ctrl+Shift+J
右对齐	Ctrl+R		

在文档中要进行上述对齐操作时，首先应将插入点放在目标段落中或选定该段落。

（2）设置段落的缩进格式

为了增强文档的层次感，提高可阅读性，可对段落设置合适的缩进。缩进是指段落文本相对于左、右页边距的位置。段落的缩进方式有左缩进、右缩进、首行缩进和悬挂缩进4种。

Word 允许用户控制正文与页面左、右边沿之间的空白。在中文输入中，常用的是首行缩进2个字符。

Word 有几种生成缩进的方法，下面分别介绍。

- 使用标尺设置段落缩进

标尺的设置：切换到"视图"功能区，勾选"显示"操作组中的"标尺"即可。

用户可以将标尺上的缩进符号拖动到合适的位置上来缩进段落。标尺段落缩进符号如图 7-6 所示。

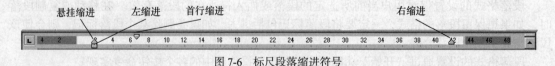

图 7-6 标尺段落缩进符号

操作方法是，将插入点置于段落中，拖动相应的缩进标记到要缩进的位置。

首行缩进标记：控制段落首行的左边界。

悬挂缩进标记：指第二行及后续各行的缩进量大于首行。控制段落中除首行之外各行的左边界，通常用于项目符号列表或数字列表中。

左缩进标记：控制首行缩进和悬挂缩进标记，即拖动时将同时改变首行缩进和悬挂缩进标记的位置。

右缩进标记：控制段落中每行的右边界。

提示　　　缩进量的大小也可通过单击"段落"操作组中"减少缩进量"和"增加缩进量"命令按钮来控制。

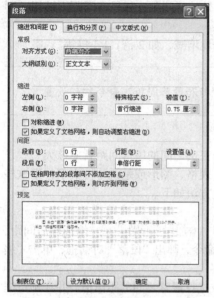

图 7-7　"段落"对话框

- 使用"段落"对话框设置段落缩进

利用"段落"对话框可以设置任何形式的缩进，且在预览框中可以同步观察相应的设置效果。操作方法如下。

① 将插入点置于段落中。

② 单击"段落"操作组中右下角的"段落"按钮，打开"段落"对话框，如图 7-7 所示，单击"缩进和间距"选项卡。

③ 在"缩进"区域中的"左侧"选项框和"右侧"选项框中分别输入或单击上下列表按钮设置段落从页边距缩进的距离；在"特殊格式"列表框中选择当前段落的首行缩进类型，其中"无"表示取消当前选定段落的特殊缩进格式，"首行缩进"表示将当前选定段落的首行按"磅值"框中所设的值缩进，"悬挂缩进"表示将当前选定段落中除首行以外的各行按"磅值"框中所设的值右移。

④ 在"磅值"框中输入希望段落首行或悬挂缩进的量。

⑤ 设置完毕后单击"确定"按钮。

- 使用快捷键设置段落缩进

用户还可以使用键盘上的快捷键来设置段落的缩进。将插入点移至目标段落，根据需要可选择表 7-5 所示的快捷键。

表 7-5　　　　　　　　　　　　　　段落缩进快捷键

缩 进 操 作	快 捷 键	缩 进 操 作	快 捷 键
左缩进	Ctrl+M	悬挂缩进	Ctrl+T
删除左缩进	Ctrl+Shift+M	删除悬挂缩进	Ctrl+Shift+T

（3）设置段落的行间距与段间距

在设置文档的版面时，行间距和段间距的设置是一个非常重要的环节。调整行间距能控制所选段落或插入符所在段落中的各行之间的距离，调整段间距则可以控制段落之间的距离。

- 设置段落的行间距

Word 的行间距设置功能除可以在文档中自动留出相应的行间距之外，还能让用户对文档中的行间距进行设置，即可以增大和减小行间距，以便准确地控制文档中的行间距。操作方法如下。

① 将插入点置于段落中。

② 单击"段落"操作组中的"行和段落间距"按钮选择相应的行距值命令；如果要进行复杂的行距设置，则选择"行距选项"命令，弹出"段落"对话框，单击"缩进和间距"选项卡，出现"换行与分页"对话框。

③ 在"行距"列表框中选择所需要的行距设置，并通过预览框查看。行距列表框中有如下选项。

单倍行距：将行距设置为单行间距（行高会自动调节，以适应字体尺寸和任何插入行中的图形和公式）。

1.5 倍行距：将行距设置为一行半间距（增加半行的行间距）。

2 倍行距：将行距设置为两行的间距（增加一整行的行间距）。

最小值：行间距至少是在对话框中的"设置值"框中输入的值，该行中出现的文字或图形超出该距离后，Word 将自动调节到可容纳最大字体或图形的最小行距。

固定值：选取该项后，在"设置值"框中输入或选定的值将成为固定行间距；此后无论行中字符的大小如何，所有的行都将一样高，Word 不会增加额外的行间距；如果行间距不够用，则某些正文文字会被剪切掉。

多倍行距：允许行距以"设置值"框中的值的任何百分比增减，如 2 倍，1.7 倍等。

提示

段落内的行距还可通过"段落"操作组中的"行和段落间距"命令按钮设置。

- 设置段落的间距

不同类型的段落之间的间距通常是不相同的，如标题与正文之间的段落间距就应该大一些，而正文各段之间的间距可以保持正常水平，如果在正文中有表格、图形或是说明性文字，则这些段落与正文段落之间的距离应该比正常稍大一些。具体设置方法如下。

① 将插入点置于段落中。

② 单击"段落"操作组中的"行和段落间距"按钮选择"增加段前间距"或"增加段后间距"命令；如果要进行复杂的段间距设置，则选择"行距选项"命令，弹出"段落"对话框，单击"缩进和间距"选项卡，出现"换行与分页"对话框。

③ 在对话框中的"段前"框和"段后"框中分别输入或选择段落之间的距离值，并在预览框中观察效果。

④ 满意后单击"确定"按钮。

（4）设置段落的换行和分页

当用户输入文本时，Word 会自动生成分页符，但有时会希望将某些段落保持在同一页上，希望不要在段中分页，或要控制孤行。例如，某些段落在断开后或在下一页的开始处仅有该段的一行文本时会失去原有的效果。在这些情况下，可通过 Word 中的分页符控制各个段落的安排。操作步骤如下。

① 将插入点置于需要调整的段落中。

② 单击"段落"操作组中右下角的"段落"按钮，在打开的"段落"对话框中选择"换行和分页"选项卡。

③ 在对话框中选取需要的复选框，各复选框的说明如表 7-6 所示。

④ 在预览框中观察效果，满意后单击"确定"按钮。

（5）设置中文版式

版式是文档排版时，对版面设计的一些具体要求。操作步骤如下。

① 将插入点置于目标段落中，单击"段落"操作组中右下角的"段落"按钮，在打开的"段落"对话框中选择"中文版式"选项卡，在弹出的对话框中选取需要的复选框，各复选框的说明如表 7-7 所示。另外，在"中文版式"对话框中还有一个"选项"命令按钮，单击该按钮，则在弹出的对话框中可以进一步设置与字距、版面和首尾字符等有关的选项。

② 在预览框中观察效果，满意后单击"确定"按钮。

表 7-6　　　　　　　　　　　　　"换行与分页"选项卡中各复选框说明

复　选　框	说　　　明
孤行控制	不允许顶部（或底部）出现段落的最后一行（或第一行）
段中不分页	使段落内不出现分页符，避免同一段落放在不同页面中
与下段同页	在选定段落与下一段落之间不出现分页符，从而确保两段落在同一页中
段前分页	在选定段落前插入分页符
取消行号	使后续行不出现行号
取消断字	使选定段落不自动断字

表 7-7　　　　　　　　　　　　　"中文版式"选项卡中各复选框说明

复　选　框	说　　　明
按中文习惯控制首尾字符	防止在行的头部或尾部出现不正确的符号。用户可在"选项…"对话框中的"后置标点"和"前置标点"框中自行定义
允许西文在单词中部断字	根据用户在"页面设置"对话框中设置的字符长度等相关因素，允许换行时在西文单词的中部断字
允许标点溢出边界	当行尾出现标点时，Word 允许个别标点出现在文字区域之外
允许行首标点压缩	选中此复选框后，如果一行的开头是标点符号，则 Word 2000 将把该标点符号的宽度设置为正常字宽的一半
自动调整中文与西文的间距	选中此复选框后，Word 会自动在中文与英文之间添加大致相当于一个空格的间隙
自动调整中文与数字的间距	选中此复选框后，Word 会自动在中文与数字之间添加大致相当于一个空格的间隙

（6）清除和复制格式

在 Word 中，用户可以方便地清除和复制格式。

- 清除格式

首先选定要清除格式的文本，然后鼠标右键单击，在弹出的快捷菜单中选择"样式"→"清除格式"命令即可。

- 复制段落格式

① 选定需要复制格式的段落。

② 选择"开始"功能区中"剪贴板"操作组中的"格式刷"按钮，若只需将选定格式复制到一个段落，则单击"格式刷"按钮，若选定的格式要复制到多个段落，则快速双击"格式刷"按钮。

③ 当鼠标指针变成带格式刷的形状时，在要设置的文本块上拖动即可，若要将格式复制到多个段落，则放开鼠标按键后到下一个段落拖动。

④ 复制完毕后，按 Esc 键，或再次单击"格式刷"按钮，撤销格式刷命令。

7.1.3　简单页面布局与打印

为了使得输出的文档更加美观、大方，需要进行页面格式的设置。页面格式的设置主要包括文字方向、页边距、纸型、页眉与页脚、页码等的设置等。页面的设置既可以在输入文档之前，也可以在输入的过程中或文档输入之后进行。

1. 简单页面布局

用户可根据实际需要对文档的页面格式进行设置，主要包括文字方向、页边距、纸型等的设置。切换到"页面布局"功能区，然后在"页面设置"操作组中通过单击相应的按钮进行设置。具体操作如下。

- 文字方向：默认情况下，文档中文字的排列方向为"水平"；若要进行更改，则单击"文字方向"按钮，在弹出的下拉列表中选择。
- 页边距：页边距指的是文档内容与纸张边缘的距离，Word 默认的为"普通"设置，即左右边距值各为 3.17 厘米，上下页边距各为 2.54 厘米；有时候为了增进文档的可读性，需要对其页边距值进行调整，操作步骤为单击"页边距"按钮，在弹出的下拉列表中选择页边距大小。
- 纸张方向：默认情况下，纸张的方向为"纵向"；若要更改其方向，则单击"纸张方向"按钮，在弹出的下拉列表中进行选择。
- 纸张大小：默认情况下，纸张的大小为"A4"，若要更改其大小，则单击"纸张大小"按钮，在弹出的下拉列表中进行选择。
- 分栏：单击"分栏"按钮，在弹出的下拉列表中可选择分栏方式，已达到创建个性风格文档或节约纸张的目的。

另外，在"页面视图"状态下，用户也可以通过在标尺上拖动页边距线来调整页边距。在水平及垂直标尺上，页边距区域以阴影表示。调整的方法是在需要改变页边距的文档中设置插入点，拖动水平标尺和垂直标尺上的页边距线至所需的位置。在调整距离时，若想显示文本区域的尺寸和页边距的大小，可按住 Alt 键拖动。用户还可以在"打印预览"状态下调整页面设置。

还可以进入"页面设置"对话框中进行详细设置。见 7.4.1。

2. 文档的打印输出设置

在 Word 2010 中，用户可以通过设置打印选项使打印设置更适合实际应用，且所做的设置适用于所有 Word 文档。在 Word 2010 中设置 Word 文档打印选项的步骤如下。

打开 Word 2010 文档窗口，依次单击"文件"→"选项"按钮。

（1）在打开的"Word 选项"对话框中，切换到"显示"选项卡。在"打印选项"区域列出了可选的打印选项，每项作用如下。

- "打印在 Word 中创建的图形"选项，可以打印使用 Word 绘图工具创建的图形。
- "打印背景色和图像"选项，可以打印为 Word 文档设置的背景颜色和在 Word 文档中插入的图片。
- "打印文档属性"选项，可以打印 Word 文档内容和文档属性内容（如文档创建日期、最后修改日期等内容）。
- "打印隐藏文字"选项，可以打印 Word 文档中设置为隐藏属性的文字。
- "打印前更新域"选项，在打印 Word 文档以前首先更新 Word 文档中的域。
- "打印前更新链接数据"选项，在打印 Word 文档以前首先更新 Word 文档中的链接。

（2）在"Word 选项"对话框中切换到"高级"选项卡，在"打印"区域可以进一步设置打印选项，选中每一项的作用介绍如下。

- 选中"使用草稿品质"选项，能够以较低的分辨率打印 Word 文档，从而实现降低耗材费用、提高打印速度的目的。
- 选中"后台打印"选项，可以在打印 Word 文档的同时继续编辑该文档，否则只能在完成打印任务后才能编辑。
- 选中"逆序打印页面"选项，可以从页面底部开始打印文档，直至页面顶部。
- 选中"打印 XML 标记"选项，可以在打印 XML 文档时打印 XML 标记。
- 选中"打印域代码而非域值"选项，可以在打印含有域的 Word 文档时打印域代码，而不打印域值。
- 选中"打印在双面打印纸张的正面"选项，当使用支持双面打印的打印机时，在纸张正面打印当前 Word 文档。
- 选中"在纸张背面打印以进行双面打印"选项，当使用支持双面打印的打印机时，在纸张背面打印当前 Word 文档。

- 选中"缩放内容以适应 A4 或'8.5×11'纸张大小"选项，当使用的打印机不支持 Word 页面设置中指定的纸张类型时，自动使用 A4 或"8.5×11"尺寸的纸张。
- "默认纸盒"列表中可以选中使用的纸盒，该选项只有在打印机拥有多个纸盒的情况下才有意义。

7.2　Word 中特殊功能的使用

7.2.1　文档窗口的显示方式

在 Word 2010 中提供了多种视图模式供用户选择，这些视图模式包括"页面视图""阅读版式视图""Web 版式视图""大纲视图"和"草稿视图"这 5 种视图模式。用户可以根据需要选择不同的视图模式。

1. 视图模式的切换

- 利用功能区操作组

打开 Word 文档，切换到"视图"功能区，如图 7-8 所示，在"文档视图"操作组中单击相应的视图模式按钮即可在不同的视图模式之间进行切换。

图 7-8　"文档视图"操作组

- 利用状态栏

打开 Word 文档，在文档窗口底部的"状态栏"的右侧即可看到视图模式按钮，如图 7-9 所示，点击相应的视图模式按钮即可在不同的视图模式之间进行切换。

图 7-9　"状态栏"视图模式按钮

2. 视图模式的功能特点

（1）页面视图

"页面视图"可以显示 Word 2010 文档的打印结果外观，主要包括页眉、页脚、图形对象、分栏设置、页面边距等元素，是最接近打印结果的页面视图。

（2）阅读版式视图

"阅读版式视图"以图书的分栏样式显示文档，"文件"按钮、功能区等窗口元素被隐藏起来。在阅读版式视图中，用户还可以单击"工具"按钮选择各种阅读工具。

（3）Web 版式视图

"Web 版式视图"以网页的形式显示文档，Web 版式视图适用于发送电子邮件和创建网页。

（4）大纲视图

"大纲视图"主要用于设置文档显示标题的层级结构，并可以方便地折叠和展开各种层级的文档。大纲视图广泛用于长文档的快速浏览和设置中。

（5）草稿视图

"草稿视图"取消了页面边距、分栏、页眉页脚和图片等元素，仅显示标题和正文，是最节省计算机系统硬件资源的视图方式。当然现在计算机系统的硬件配置都比较高，基本上不存在由于硬件配置偏低而使 Word 2010 运行遇到障碍的问题。

7.2.2　特殊格式的编排

1. 插入分隔符

在编辑 Word 文档的时候通常会用到分隔符，分隔符包括分页符、分栏符以及分节符等，通过在文字中插入分隔符，可以将 Word 文档分成多个部分，然后可以对这些部分做不同的页面设置和灵活排版，满足比较复杂的文档页面要求。

插入分隔符的基本操作是，打开 Word 文档，切换到"页面布局"功能区，单击"分隔符"按钮，打开如图 7-10 所示的分隔符选项，选择相应的分隔符选项。

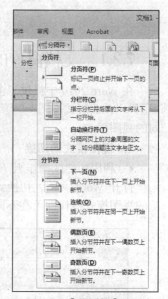

图 7-10　【分隔符】按钮

分隔符的功能介绍如下。

• 分页符

当文本或图形等内容填满一页时，Word 会插入一个自动分页符并开始新的一页。如果要在某个特定位置强制分页，可手动插入分页符，这样可以确保章节标题总在新的一页开始。

• 分栏符

分栏常用于报纸、期刊等文档中。在分栏排版时，将一篇文章分成几列纵栏来排放，其内容从一栏的顶部排列到底部，然后再延伸到下一栏的顶部。如果文档设置了多个分栏，则文本内容会在完全使用当前栏的空间后转入下一栏显示。可以在任意文档位置（主要应用于多栏文档中）插入分栏符，使插入点以后的文本内容强制转入下一栏显示。

• 换行符

通常情况下，文本到达文档页面右边距时，Word 将自动换行。如果文档段落中需要换行，则单击"分隔符"按钮，选择列表中的"自动换行符"选项，即可在插入点位置强制断行（换行符显示为灰色"↓"形）。

• 分节符

在建立新文档时，Word 将整篇文档视为一节。为了便于对文档进行格式化，可以将文档分割成任意数量的节，然后就可以根据需要分别为每节设置不同的格式。

如果整篇文档采用统一的格式，则不需要进行分节；如果想在文档的某一部分中间采用不同的格式设置，就必须创建一个节。节可小至一个段落，大至整篇文档。

（1）分节符类型

① 下一页：选择此项，光标当前位置后的全部内容将移到下一页面上。

② 连续：选择此项，Word 将在插入点位置添加一个分节符，新节从当前页开始。

③ 偶数页：光标当前位置后的内容将转至下一个偶数页上，Word 自动在偶数页之间空出一页。

④ 奇数页：光标当前位置后的内容将转至下一个奇数页上，Word 自动在奇数页之间空出一页。

（2）设置分节符的方法

① 打开文档窗口，将光标定位到准备插入分节符的位置。然后切换到"页面布局"功能区，在"页面设置"操作组中单击"分隔符"按钮。

② 在打开的"分隔符"列表中，"分节符"区域列出 4 中不同类型的分节符，选择合适的分节符即可。

分节符起着分隔其前面文本格式的作用，如果删除了某个分节符，它前面的文字会合并到后面的节中，并且采用后者的格式设置。

2. 设置页面背景

页面背景是指显示于 Word 文档最底层的颜色或图案，用于丰富 Word 文档的页面显示效果。在文档中设置单色页面背景的方法如下。

打开文档窗口，切换到"页面布局"功能区，选择在"页面背景"操作组中单击相应的命令按钮完成。具体操作如下。

（1）水印

在使用编辑文档的过程中，常常需要为页面添加水印，方法如下。

① 打开文档，在"页面背景"操作组中单击"水印"按钮，如图 7-11 所示。

② 在水印列表中选择合适的水印。

③ 或在水印列表中选择选择"自定义水印"选项，打开"水印"对话框，如图 7-12 所示。在"水印"对话框中选中"文字水印"选项。

④ 在"文字"编辑框中输入自定义水印文字，并根据需要设置字体、字号和颜色；选定"半透明"复选框；设置水印版式为"斜式"或"水平"。

图 7-11　"水印"按钮

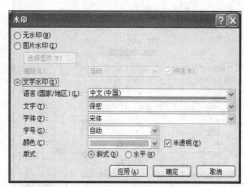

图 7-12　"水印"对话框

（2）页面颜色

页面颜色是指显示于 Word 文档最底层的颜色或图案，用于丰富 Word 文档的页面显示效果。

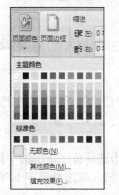

图 7-13　"页面颜色"按钮

- 设置单色页面背景

① 打开文档窗口，切换到"页面布局"功能区。

② 在"页面背景"操作组中单击"页面颜色"按钮，如图 7-13 所示。在打开的页面颜色面板中选择"主题颜色"或"标准色"中的特定颜色即可。

- 设置渐变页面背景颜色

在文档窗口中使用单色的页面背景看起来似乎有些单调，并且很难呈现出让人眼前一亮的效果；而如果使用渐变颜色作为 Word 文档页面背景，则可以使 Word 文档更富有层次感。在文档中设置渐变页面背景颜色的步骤如下。

① 打开文档窗口，切换到"页面布局"功能区。在"页面背景"

操作组中单击"页面颜色"按钮，并在打开的页面颜色面板中选择"填充效果"选项。

② 在打开的"填充效果"对话框中，切换到"渐变"选项卡，如图 7-14 所示。在"颜色"区域选中"双色"单选框，然后分别选择"颜色 1"和"颜色 2"；在"底纹样式"区域选择颜色的渐变方向，包括"水平""垂直""斜上""斜下""角部辐射"和"中心辐射"几种样式。

③ 设置完毕单击"确定"按钮。

如果"主题颜色"和"标准色"中显示的颜色无法满足用户的需要，可以选择"其他颜色"选项，在打开的"颜色"对话框中切换到"自定义"选项卡，选择合适的颜色。

3. 稿纸设置

对于某些特殊的文档，还是需要用到稿纸格式，以便使文档更有个性。

稿纸格式的设置步骤如下。

① 打开文档窗口，切换到"页面布局"功能区。在"稿纸"操作组中单击"稿纸设置"按钮，打开"稿纸设置"对话框，如图 7-15 所示。

② 在打开的"稿纸"对话框中，分别对"网格区域"、"页面区域"、"页眉/页脚"区域、"换行区域"中的选项根据需要进行设置。

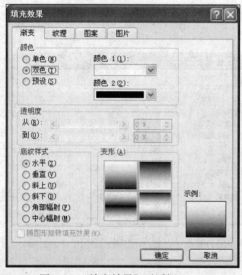
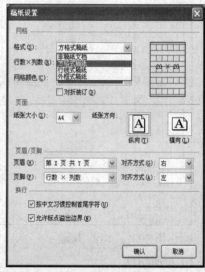

图 7-14 "填充效果"对话框　　　　　　　图 7-15 "稿纸设置"对话框

4. 首字下沉

为了增强文字的可读性，在报纸或杂志中常见其文章开头的第一个字往往放大数倍，这就是首字下沉功能。设置"首字下沉"的操作步骤如下。

① 打开文档窗口，将插入点置于要设定首字下沉的段落。

② 切换到"插入"功能区，在"文本"操作组中单击"首字下沉"按钮，在下拉列表中选择首字下沉的样式；如果要进行自定义格式设置，则选择"首字下沉选项"，打开"首字下沉"对话框。

③ 在对话框中的"位置"栏中选择所需的形式，在"字体"下拉列表中选择首字下沉的字体，在"下沉行数"框中选择或输入首字下沉的字符行数，在"距正文"框中输入或选择首字下沉字符与正文文字之间的距离。

7.2.3　特殊内容的插入

编辑文档时，适当的添加一些信息可以使文档更加专业，方便用户更好地完成工作。用户可以为文档添加脚注与尾注，并插入系统日期和时间，使得文档内容更加丰富。

1. 插入日期和时间

用户可以根据实际需要在文档中插入日期和时间，并且由于所插入的日期和时间代码是从系统中调用的，因此可以在每次打开该文档时自动更新时间，或者只在需要更新时间时进行手动更新。

（1）插入日期和时间的步骤

在文档中插入日期和时间的步骤如下所述。

① 打开文档窗口，且换到"插入"功能区。将插入点光标定位到需要插入日期和时间的位置（正文任意位置或页眉页脚中），然后在"文本"操作组中单击"日期和时间"按钮。

② 打开"日期和时间"对话框，在"可用格式"列表中选择合适的日期或时间格式，也可以选择日期和时间的组合格式。如果选中"自动更新"复选框，则可以在每次打开该 Word 文档时，根据当前系统的日期和时间自动更新。

③ 设置完毕单击"确定"按钮。

提示　　　如果在"日期和时间"对话框的"语言"列表中选择的是"英语（美国）"选项，并且选择的"可用格式"为日期和时间的组合格式，则在返回 Word 文档窗口后，可以单击选中插入的日期或时间，并单击"更新"按钮，可以手动更新日期或时间。

（2）插入日期和时间的快捷方式

插入当前日期：【Alt + Shift + D】

插入当前时间：【Alt + Shift + T】

（3）日期和时间的自动更新

如果在插入日期和时间的时候在"日期和时间"对话框中选择了"自动更新"的话，则每次打开该文档时日期和时间都会变成当前的日期和时间。如果用户并不需要日期和时间的自动更新，可以单击时间和日期处，按下【Ctrl+F11】组合键，这样就可以锁定时间和日期了。还有一种一劳永逸的方法，就是按下【Ctrl+Shift+F9】组合键使时间和日期变为正常的文本，自然就不会自动更新了。

2. 插入脚注和尾注

顾名思义，脚注是在页面下端添加的注释，如添加在一篇论文首页下端的作者情况简介；尾注是在文档尾部（或节的尾部）添加的注释，如添加在一篇论文末尾的参考文献目录。脚注和尾注由两个关联的部分组成，包括注释引用标记和其对应的注释文本。用户可让 Word 自动为标记编号或创建自定义的标记。在添加、删除或移动自动编号的注释时，Word 将对注释引用标记重新编号。

在 Word 2010 中可以非常容易地在文档中添加尾注或脚注。操作步骤如下。

① 打开文档窗口，切换到"引用"功能区。将光标定位到需要插入脚注（或尾注）的位置。

② 在"脚注"操作组中直接单击"插入脚注"按钮，如图 7-16 所示，然后在下方直接输入文字即可。

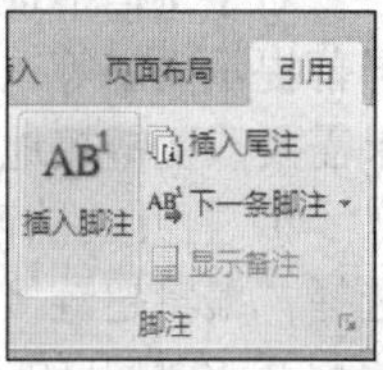

图 7-16　"脚注"操作组

此时当鼠标移动到脚注标记时便可以看到脚注的相关内容。这种方法方便用户在浏览文档时添加相应的指示信息。在"脚注"选项组中单击"插入尾注"按钮即可轻松插入尾注。用户还可以在脚注和尾注对话框中进行对尾注或脚注的位置设定。

3. 插入超链接

网站上的文章或资讯中有些特定的词、句或图片带有超链接，单击后会跳到与这些特定词、句、图片相关的页面中，便于阅读。在 Word 中也可以实现超链接。

（1）外部超链接

"外部超链接"，即给某个词或句子加超链接，单击时直接打开相应的网站。操作步骤如下。

① 首先选中需要加超链接的词或句，然后切换到"插入"功能区，单击"链接"操作组中的"超链接"按钮，打开"插入超链接"对话框，如图 7-17 所示。

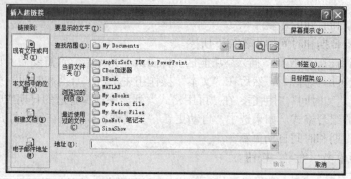

图 7-17 "插入超链接"对话框

② 在"插入超链接"对话框中的"地址"文本框中输入网址，单击"确定"按钮即可。

（2）内部文件超链接

内部文件超链接即给相关的文档做超链接，可以实现点击链接后直接打开另一个文档。操作方法与上相似，只是在"插入超链接"对话框中找目标链接文档的存放位置。

（3）书签超链接

书签超链接即在同一个文档中创建超链接，实现阅读中的跳转。操作步骤如下。

① 首先，选中目标位置（单击后跳转的位置），可以将光标定位到目标位置的前面，也可以选中。

② 然后单击"链接"操作组中的"书签"按钮，打开"书签"对话框，输入书签名，设置完成后，单击右边的"添加"按钮。

③ 回到文档中需要加超链接的地方，选中需要加超链接的词，切换到"插入"功能区，单击"链接"操作组中的"超链接"按钮，打开"插入超链接"对话框。

④ 在"插入超链接"对话框中单击"书签"按钮。

⑤ 此时会弹出"在文档中选中位置"对话框，在下面的"书签"选项下可以找到前面添加的书签，选中后单击"确定"按钮就可以了。

（4）编辑超链接

对于文档中现有的超链接，用户可以根据需要随时改变其链接文本、链接地址、链接类型、屏幕提示文字等。如果仅仅需要改变链接文本，可以像编辑普通文本一样编辑文本内容即可。如果需要改变链接地址、链接类型等项目，则可以按以下步骤进行操作。

① 打开文档窗口，选中需要修改的超链接。右键单击被选中的超链接，在打开的快捷菜单中选择"编辑超链接"命令。

② 在打开的"编辑超链接"对话框中，用户可以根据需要修改链接地址等项目。完成修改后单击"确定"按钮即可。

（5）取消超链接

• 取消某个超链接：只需要选中链接，然后右键单击，在弹出的快捷菜单中选中"取消超链接"即可。

- 取消所有超链接：先使用快捷键【Ctrl+A】选中全文，然后用快捷键【Ctrl+Shift+F9】就可以一下子取消所有的超链接了。

4. 插入签名行

签名行看上去类似于打印文档中可能出现的典型签名占位符，但它的使用方式不同。向文档

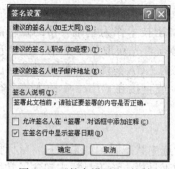

图 7-18　"签名设置"对话框

签名行中插入签名行时，作者可以指定有关预期签名人的信息以及向签名人提供说明。将文件的电子副本发送给预期签名人后，此人会看到签名行和请求其签名的通知。插入签名行的操作步骤如下。

① 在文档中选定要添加签名行的位置。

② 切换到"插入"功能区，单击"文本"操作组中的"签名行"按钮，显示关于签名行法律效力说明框。

③ 单击"确定"按钮，显示"签名设置"对话框，如图7-18 所示。

④ 在设置对话框中设置签名行需要的项目，确定后，设置的签名行便会出现在文档中。

7.2.4　特殊功能工具

1. 文档安全保护方法

文档安全保护方法为用户提供了若干种保护 Office 文档安全的方法。如果用户不希望辛苦完成的文档被其他人随意阅读、抄袭、篡改，可以根据具体情况选用提供的安全保护功能保护文档。

操作方法是，打开文档，依次单击"文件"→"信息"→"保护文档"按钮，可以看到 Word 提供的几种安全保护功能：标记为最终状态、用密码进行加密、限制编辑、按人员限制权限、添加数字签名，如图 7-19 所示。

针对"保护文档"的 5 个选项依次说明如下：

- 标记为最终状态

标记为最终状态可以令 Word 将文档标记为只读模式，Word 在打开一个已经标记为最终状态的文档时将自动禁用所有编辑功能。不过标记为最终状态并不是一个安全功能，任何人都可以以相同的方式取消文档的最终状态。特别是，在打开标记为最终状态的文档时会在窗口顶部醒目地提示文档已经被标记为最终状态并显示"仍然编辑"按钮。

- 用密码进行加密

用密码进行加密就是对 Word 文档设置密码保护，但密码保护功能最大的问题是用户容易忘记密码。一旦忘记密码，只能使用 Advanced Office Password Recovery 等第三方工具进行密码破解，有可能会损坏文档。

- 限制编辑

图 7-19　"文档保护"功能列表

限制编辑功能提供了 3 个选项：格式设置限制、编辑限制和启动强制保护。格式设置限制可以有选择地限制格式编辑选项，可以单击其下方的"设置"进行格式选项自定义；编辑限制可以有选择地限制文档编辑类型，包括"修订""批注""填写窗体"以及"不允许任何更改（只读）"，假如制作一份表格，只希望对方填写指定的项目，不希望对方修改问题，就需要用到此功能，"例外项（可选）"及"更多用户"对受限用户自定义；启动强制保护可以通过密码保护或用户身份验证的方式保护文档，此功能需要信息权限管理（IRM）的支持。

- 按人员限制权限

按人员限制权限可以通过 Windows Live ID 或 Windows 用户帐户限制 Word 文档的权限。选择使用一组由企业颁发的管理凭据或手动设置"限制访问"对文档进行保护。此功能同样需要信息权限管理（IRM）的支持。如需使用信息权限管理（IRM），必须首先配置 Windows Rights Management Services 客户端程序。

- 添加数字签名

添加数字签名也是一项流行的安全保护功能。数字签名以加密技术作为基础，帮助减轻商业交易及文档安全相关的风险。如需新建自己的数字签名，必须首先获取数字证书，这个证书将用于证明个人的身份，通常会从一个受信任的证书颁发机构（CA）获得。如果没有自己的数字证书，可以通过微软合作伙伴 Office Marketplace 获取，或直接在 Office 中插入签名行或图章签名行。

2. 关闭浮动工具栏

浮动工具栏是一项极具人性化的功能，当文档中的文字处于选中状态时，如果用户将鼠标指针移到被选中文字的右侧位置，将会出现一个半透明状态的浮动工具栏。该工具栏中包含了常用的设置文字格式的命令，如设置字体、字号、颜色、居中对齐等命令。将鼠标指针移动到浮动工具栏上将使这些命令完全显示，进而可以方便地设置文字格式。

如果不需要在文档窗口中显示浮动工具栏，可以在"Word 选项"对话框中将其关闭，打开文档窗口，依次单击"文件"→"选项"按钮，打开"Word 选项"对话框，取消"常规"选项卡中的"选择时显示浮动工具栏"复选框即可。

3. 显示或隐藏标尺、网格线和导航窗格

在文档窗口中，用户可以根据需要显示或隐藏标尺、网格线和导航窗格。在"视图"功能区的"显示"操作组中，选中或取消相应复选框可以显示或隐藏对应的项目。

（1）显示或隐藏标尺

"标尺"包括水平标尺和垂直标尺，用于显示文档的页边距、段落缩进、制表符等。

（2）显示或隐藏网格线

"网格线"能够帮助用户将文档中的图形、图像、文本框、艺术字等对象沿网格线对齐，并且在打印时网格线不被打印出来。

（3）显示或隐藏导航窗格

"导航窗格"主要用于显示文档的标题大纲，单击"文档结构图"中的标题可以展开或收缩下一级标题，并且可以快速定位到标题对应的正文内容，还可以显示文档缩略图。

4. 删除最近使用的文档记录

Word 2010 具有记录最近使用过的文档的功能，从而为用户下次打开该文档提供方便。如果用户出于保护隐私的要求需要将文档使用记录删除，或者关闭文档历史记录功能，在文档窗口中，单击"文件"→"选项"按钮，打开"Word 选项"对话框，单击"高级"按钮。在"显示"区域将"显示此数目的'最近使用的文档'"数值调整为 0 即可清除最近使用的文档记录，并关闭文档历史记录功能。

5. 并排查看多个文档窗口

Word 2010 具有多个文档窗口并排查看的功能，通过多窗口并排查看，可以对不同窗口中的内容进行比较。在 Word 2010 中实现并排查看窗口的步骤如下。

① 打开两个或两个以上文档窗口，在当前文档窗口中切换到"视图"功能区，在"窗口"操作组中单击"并排查看"按钮。

② 在打开的"并排比较"对话框中，选择准备进行并排比较的 Word 文档，单击"确定"按钮。

③ 在其中一个文档的"窗口"分组中单击"并排滚动"按钮，则可以实现在滚动当前文档时另一个文档同时滚动。

在"视图"功能区的"窗口"分组中，还可以进行诸如新建窗口、拆分窗口、全部重排等窗口相关操作。

7.3 Word 中的对象

7.3.1 文本框

1. 插入文本框

文本框可以看做是特殊的图形对象，主要用来处理文档中的特殊文本。利用文本框可以将文本、图形、表格等框起来整体移动，便于在页面中精确定位。Word 2010 内置有多种样式的文本框供用户选择使用，在文档中插入文本框的操作步骤如下。

① 打开文档窗口，切换到"插入"功能区。在"文本"操作组中单击"文本框"按钮。

② 在打开的内置文本框面板中选择合适的文本框类型。

③ 返回文档窗口，所插入的文本框处于编辑状态，直接输入用户的文本内容即可。

2. 绘制文本框

在上述第二步中选择"绘图文本框"选项，鼠标指针变成"＋"形，将鼠标指针指向要插入文本框的地方，按住鼠标左键拖动，当文本框的虚框达到需要的大小之后，释放鼠标，即可绘制出文本框。

3. 文本框的设置

（1）设置文本框大小

用户可以设置文本框的大小，使其符合用户的实际需要。用户既可以在"布局"对话框中设置文本框大小，也可以在"绘图工具/格式"功能区中设置文本框大小。

• 在文档窗口中插入文本框或绘制文本框后，会自动打开"格式"功能区。在"大小"操作中可以设置文本框的高度和宽度。

• 用户也可以在"布局"对话框中设置文本框的大小，操作步骤如下所述。

① 在文档窗口中插入文本框或绘制文本框后，右键单击文本框的边框，在打开的快捷菜单中选择"选择其他布局选项"命令。

② 打开"布局"对话框，切换到"大小"选项卡。在"高度"和"宽度"绝对值编辑框中分别输入具体数值，以设置文本框的大小，最后单击"确定"按钮。

（2）设置文本框边框

用户可以根据实际需要为文档中的文本框设置边框样式，或设置为无边框，操作步骤如下所述。

① 打开文档窗口，单击选中文本框。在打开的"格式"功能区中单击"形状样式"操作组中的"形状轮廓"按钮。

② 打开形状轮廓面板，在"主题颜色"和"标准色"区域可以设置文本框的边框颜色；选择"无轮廓"命令可以取消文本框的边框；将鼠标指向"粗细"选项，在打开的下一级菜单中可以选择文本框的边框宽度；将鼠标指向"虚线"选项，在打开的下一级菜单中可以选择文本框虚线边框形状。

③ 返回文档窗口，用户可以查看重新设置了边框的文本框。

（3）设置文本框填充效果

在文档中，用户可以根据文档需要为文本框设置纯颜色填充、渐变颜色填充、图片填充或纹理填充，使文本框更具表现力。在文档中设置文本框填充效果的步骤如下所述。

① 打开文档窗口，单击文本框并切换到"绘图工具/格式"功能区。单击"形状样式"操作组中的"形状填充"按钮。

② 打开形状填充面板，在"主题颜色"和"标准色"区域可以设置文本框的填充颜色。单击"其他填充颜色"选项可以在打开的"颜色"对话框中选择更多的填充颜色。

如果希望为文本框填充渐变颜色，可以在形状填充面板中将鼠标指向"渐变"选项，并在打开的下一级菜单中选择"其他渐变"命令。打开"设置形状格式"对话框，并自动切换到"填充"选项卡。选中"渐变填充"单选框，用户可以选择"预设颜色""渐变类型""渐变方向"和"渐变角度"，并且用户还可以自定义渐变颜色。设置完毕单击"关闭"按钮即可。

如果用户希望为文本框设置纹理填充，可以在"填充"选项卡中选中"图片或纹理填充"单选框，然后单击"纹理"下拉三角按钮，在纹理列表中选择合适的纹理。

如果用户希望为文本框设置图案填充，可以在"填充"选项卡中选中"图案填充"单选框，在图案列表中选择合适的图案样式。用户可以为图案分别设置前景色和背景色，设置完毕单击"关闭"按钮。

用户还可以为文本框设置图片填充效果，在"填充"选项卡中选中"图片或纹理填充"单选框，单击"文件"按钮。找到并选中合适的图片，返回"填充"选项卡后单击"关闭"按钮即可。

（4）设置文本框边距和垂直对齐方式

在默认情况下，文档的文本框垂直对齐方式为顶端对齐，文本框内部左右边距为 0.25 厘米，上下边距为 0.13 厘米。这种设置符合大多数用户的需求，不过用户可以根据实际需要设置文本框的边距和垂直对齐方式，操作步骤如下所述。

① 打开文档窗口，右键单击文本框，在打开的快捷菜单中选择"设置形状格式"命令。

② 在打开的"设置形状格式"对话框中切换到"文本框"选项卡，在"内部边距"区域设置文本框边距，然后在"垂直对齐方式"区域选择顶端对齐、中部对齐或底端对齐方式。设置完毕单击"确定"按钮。

（5）设置文本框文字环绕方式

文字环绕方式是指文本框与周围文字间的位置关系，默认设置为"浮于文字上方"环绕方式。用户可以根据文档版式需要设置文本框文字环绕方式，操作步骤如下所述。

① 选中文本框，在"文本框工具/格式"功能区的"排列"操作中单击"位置"按钮。

② 在打开的位置列表中提供了嵌入型和多种位置的四周型文字环绕方式，如果这些文字环绕方式不能满足用户的需要，则可以单击"其他布局选项"命令。

③ 打开"位置"对话框，切换到"文字环绕"选项卡。用户可以看到提供了四周型、紧密型、衬于文字下方、浮于文字上方、上下型、穿越型等多种文字环绕方式。选择合适的环绕方式，并单击"确定"按钮即可。

7.3.2 艺术字

在 Word 中为了使文档赏心悦目、富于艺术色彩，在文档中还可以插入艺术字。艺术字是一种包含特殊文本效果的绘图对象。用户可以利用这种修饰性文字，任意旋转角度、着色、拉伸或调整字间距，以达到最佳效果。艺术字通常作为文章的标题使用。

1. 插入艺术字

插入艺术字的操作步骤如下。

① 将鼠标放在要插入艺术字的位置上，切换到"插入"功能区，在"文本"操作组点击"艺术字"按钮。

② 选择一种内置的艺术字样式，文档中将自动插入含有默认文字"请在此放置您的文字"和所选样式的艺术字，并且功能区将显示"绘图工具/格式"的上下文菜单。

2. 修改艺术字效果

选择要修改的艺术字，单击功能区中"绘图工具"的"格式"选项卡，功能区将显示艺术字的各类操作按钮。

- 在"形状样式"操作组中，可以修改艺术字的样式，设置艺术字形状的填充、轮廓及形状效果。
- 在"艺术字样式"操作组中，可以对艺术字中的文字设置填充、轮廓及文字效果。
- 在"文本"操作组中，可以对艺术字文字设置链接、文字方向、对齐文本等。
- 在"排列"操作组中，可以修改艺术字的排列次序、环绕方式、旋转及组合。
- 在"大小"操作组中，可以设置艺术字的宽度和高度。

7.3.3　数学公式

数学公式在编辑数学方面的文档时使用很广泛。如果直接输入公式，比较繁琐而且浪费时间，容易输错，利用数学公式可以直接输入数学符号，快速、便捷。

1. 创建数学公式

创建数学公式的操作步骤如下。

① 打开文档窗口，切换到"插入"功能区。在"符号"操作组中单击"公式"按钮，在文档中将创建一个空白公式框架。

② 通过"公式工具/设计"功能区，在"结构"操作组中打开的运算符结构列表中选择合适的运算符结构形式，通过键盘或"公式工具/设计"功能区的"符号"操作组输入公式内容，如图 7-20 所示。

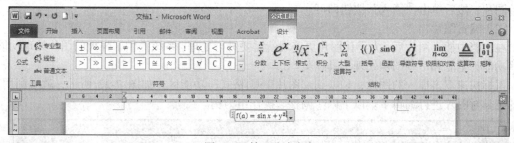

图 7-20　输入公式内容

在"公式工具/设计"功能区的"符号"操作组中，默认显示"基础数学"符号。除此之外，还提供了"希腊字母"、"字母类符号"、"运算符"、"箭头"、"求反关系运算符"、"手写体"、"几何学"等多种符号供用户使用。

2. 插入内置公式

Word 2010 和 Office.com 提供了多种常用的公式供用户直接插入文档中，用户可以根据需要直接插入这些内置公式，以提高工作效率，操作步骤如下。

单击"插入"功能区→"符号"操作组→"公式"旁的下拉三角按钮，从打开的内置公式列表中选择需要的公式（如"二次公式"）即可，如图 7-21 所示。

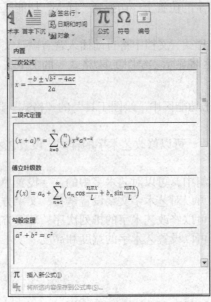

图 7-21　插入内置公式

7.3.4　插图

为了美化文档，在 Word 文档中可以插入图片、剪贴画、形状、SmartArt、图表等。

1. 插入图片

（1）插入图片

可以将多种格式的图片插入文档中，从而创建图文并茂的 Word 文档，操作步骤如下。

光标定位在要插入图片的位置，单击"插入"功能区→"插图"操作组→"图片"按钮，打开"插入图片"对话框，在"文件类型"编辑框中列出最常见的图片格式，选中需要插入到文档中的图片，然后单击"插入"按钮即可。

（2）编辑图片

在文档中插入图片后，为了让图片更美观就需要进行处理，系统提供了强大的图片处理功能，有些功能甚至能和一些图像处理工具媲美。

鼠标快速双击插入的图片，切换到"图片工具/格式"功能区，如图 7-22 所示，就可利用其中的工具对图片进行编辑了。以下以"调整"操作组为例。

图 7-22　"图片工具/格式"功能区

- 单击"更正"按钮，在弹出的效果缩略图中选择自己需要的效果，调节图片的亮度、对比度和清晰度。

- 单击"颜色"按钮，在弹出的效果缩略图中选择自己需要的效果，调节图片的色彩饱和度、色调，或者为图片重新着色。

- 单击"艺术效果"按钮，在弹出的效果缩略图中选择一种艺术效果，为图片加上特效。

还可以使用"图片样式""排列""大小"等操作组工具改变页面中文本和图片的相对位置及

其与周围文字的关系，调整图片的大小尺寸，对图片进行裁剪等。

也可以在图片上单击鼠标右键，在弹出菜单中选择"设置图片格式"，打开"设置图片格式"窗口，在"图片更正"选项卡中设置柔化、锐化、亮度、对比度，在"图片颜色"选项卡中设置图片颜色饱和度、色调，或者对图片重新着色，在"艺术效果"选项卡中为图片添加艺术效果；也可单击图片，通过鼠标拖动图片周围的 8 个控制点来调整图片的尺寸。

2. 插入剪贴画

在默认情况下，剪贴画不会全部显示出来，需要用户使用相关的关键字进行搜索。用户可以在本地磁盘和 Office.com 网站中进行搜索。

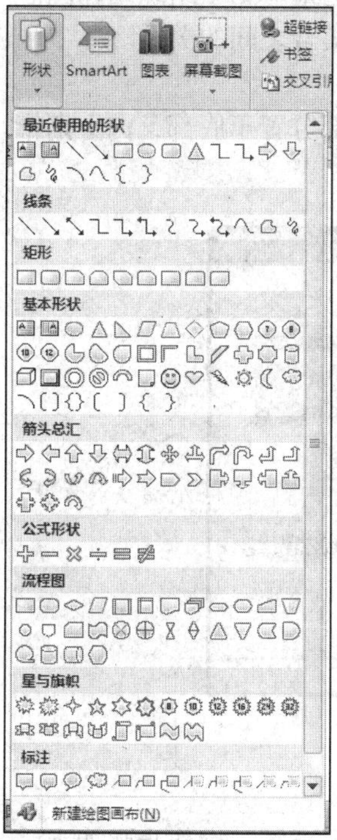

① 单击"插入"功能区→"插图"操作组→"剪贴画"按钮。

② 打开"剪贴画"任务窗格，在"搜索文字"编辑框中输入准备插入的剪贴画的关键字（如"运动"）。如果当前电脑处于联网状态，则可以选中"包括 Office.com 内容"复选框。

③ 单击"结果类型"下拉三角按钮，在类型列表中仅选中"插图"复选框。

④ 完成搜索设置后，单击"搜索"按钮，显示剪贴画搜索结果。选定合适的剪贴画，或单击剪贴画右侧的下拉三角按钮，在打开的菜单中单击"插入"按钮即可将该剪贴画插入文档中。

3. 插入形状

用户可以在文档中添加一个形状，或者合并多个形状以生成一个绘图或一个更为复杂的形状。可用的形状包括线条、基本几何形状、箭头、公式形状、流程图形状、星、旗帜和标注。添加一个或多个形状后，用户可以在其中添加文字、项目符号、编号和快速样式。

（1）插入单个形状

① 单击"插入"功能区→"插图"操作组→"形状"按钮，打开"形状"面板，如图 7-23 所示。

② 单击所需形状，接着单击文档中的目标位置，拖动鼠标以放置形状。

图 7-23 "形状"面板

要创建规范的正方形或圆形（或限制其他形状的尺寸），请在拖动的同时按住【Shift】键。

（2）插入多个形状

① 打开"形状"面板后，右键单击要添加的形状，再单击"锁定绘图模式"。

② 单击文档中的目标位置，拖动鼠标以放置形状。对要添加的每个形状重复此操作。

③ 添加完所有需要的形状后，按【Esc】键取消锁定。

（3）向形状添加文字

右击要添加文字的形状，快捷菜单中选择"添加方案"命令，然后键入文字。

添加的文字将成为形状的一部分，如果用户旋转或翻转形状，文字也会随之旋转或翻转。

（4）从文件中删除形状

① 单击要删除的形状，然后按【Delete】键。

② 若要删除多个形状，在按住【Ctrl】键的同时单击选定多个要删除的形状，然后按【Delete】键。

4. 插入 SmartArt 图形

SmartArt 是 Word 2007 之后版本中新增的一项图形功能，相对于以前的 Word 版本中提供的图形功能，SmartArt 功能更强大、种类更丰富、效果更生动。

（1）SmartArt 类型

SmartArt 包括 8 种类型，如图 7-24 所示。

- 列表型：显示非有序信息或分组信息，主要用于强调信息的重要性。
- 流程型：表示任务流程的顺序或步骤。
- 循环型：表示阶段、任务或事件的连续序列，主要用于强调重复过程。
- 层次结构型：用于显示组织中的分层信息或上下级关系，最广泛地应用于组织结构图。
- 关系型：用于表示两个或多个项目之间的关系，或者多个信息集合之间的关系。
- 矩阵型：用于以象限的方式显示部分与整体的关系。
- 棱锥图型：用于显示比例关系、互连关系或层次关系，最大的部分置于底部，向上渐窄。
- 图片型：主要应用于包含图片的信息列表。

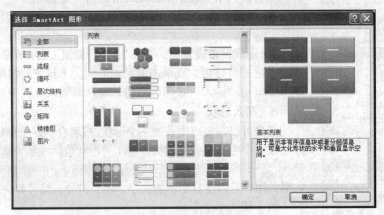

图 7-24 "选择 SmartArt 图形"对话框

（2）插入 SmartArt 图形

借助提供的 SmartArt 功能，用户可以在文档中插入各类 SmartArt 示意图，操作步骤如下。

① 打开文档窗口，切换到"插入"功能区。在"插图"操作组中单击"SmartArt"按钮。

② 在打开的"选择 SmartArt 图形"对话框中，单击左侧的类别名称选择合适的类别，然后在对话框右侧单击选择需要的 SmartArt 图形，并单击"确定"按钮。

③ 返回文档窗口，在插入的 SmartArt 图形中单击文本占位符输入合适的文字即可。

（3）SmartArt 图形的编辑

在默认情况下，每种 SmartArt 图形布局均有固定数量的形状。用户可以根据实际工作需要删除或添加形状，操作步骤如下。

① 在 SmartArt 图形中单击选中与新形状相邻或具有层次关系的已有形状。

② 在"SmartArt 工具/设计"功能区的"创建图形"操作组中，单击"添加形状"右侧的下拉三角按钮。

③ 在打开的添加形状下拉菜单中包含 5 种命令，分别代表以下不同的意义。

- 在后面添加形状：在选中形状的右边或下方添加级别相同的形状。
- 在前面添加形状：在选中形状的左边或上方添加级别相同的形状。
- 在上方添加形状：在选中形状的左边或上方添加更高级别的形状，如果当前选中的形状处于最高级别，则该命令无效。

● 在下方添加形状：在选中形状的右边或下方添加更低级别的形状，如果当前选中的形状处于最低级别，则该命令无效。

● 添加助理：仅适用于层次结构图形中的特定图形，用于添加比当前选中的形状低一级别的形状。

根据需要添加合适级别的新形状即可。

5. 插入图表

图表功能在所有 Office 2010 应用软件中都可以使用，其中嵌入 Word 2010、PowerPoint 2010等文档中的图表均是通过 Excel 2010 进行编辑，因此在非 Excel 的 Office 2010 应用软件中，图表的全部功能都可以实现。

（1）创建图表

在文档中创建图表的步骤如下。

① 单击"插入"功能区→"插图"操作组→"图表"按钮。

② 打开如图 7-25 所示的"插入图表"对话框，在左侧选择需要创建的图表类型，在右侧图表子类型列表中选择合适的子图表，单击"确定"按钮。

③ 在并排打开的 Word 窗口和 Excel 窗口中，用户首先需要在 Excel 窗口中编辑图表数据。例如修改系列名称和类别名称，并编辑具体数值。在编辑 Excel 表格数据的同时，Word 窗口中将同步显示图表结果。

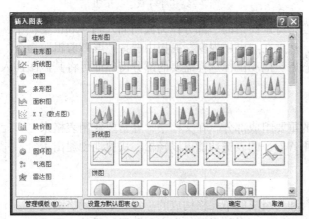

图 7-25 "插入图表"对话框

④ 完成 Excel 表格数据的编辑后关闭 Excel 窗口，在 Word 窗口中可以看到创建完成的图表。

（2）创建图表模板

Word 2010 内置有多种图表模板供用户选择使用，不仅如此，用户还可以根据实际需要创建自定义的图表模板，从而提供工作效率。在 Word 2010 中创建图表模板的步骤如下。

① 打开文档窗口，根据工作需要制作一张准备用于创建模板的 Word 图表。

② 选中创建的图表，在"图表工具/设计"功能区的"类型"操作组中单击"另存为模板"按钮。

③ 打开"保存图表模板"对话框，图表保存位置保持不变，在"文件名"编辑框中输入名称，并单击"保存"按钮即可。

6. 插入屏幕截图

借助"屏幕截图"功能，用户可以方便地将已经打开且未处于最小化状态的窗口截图插入当前 Word 文档中。

"屏幕截图"功能只能应用于文件扩展名为.docx 的文档中。

在文档中插入屏幕截图的步骤如下。

① 将准备插入文档中的窗口处于非最小化状态，然后打开文档窗口，切换到"插入"功能区。在"插图"操作组中单击"屏幕截图"按钮。

② 打开"可用视窗"面板，如图 7-26 所示，将显示智能监测到的可用窗口。单击需要插入截图的窗口即可。

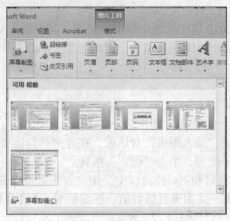

图 7-26 "屏幕截图"按钮

如果用户仅仅需要将特定窗口的一部分作为截图插入到 Word 文档中，则可以只保留该特定窗口为非最小化状态，然后在"可用视窗"面板中选择"屏幕剪辑"命令。

进入屏幕裁剪状态后，拖动鼠标选择需要的部分窗口即可将其截图插入当前 Word 文档中。

7.3.5 表格

表格是文字处理的重要组成部分。在文档中，经常要使用表格来组织和说明信息。使用 Word 的表格功能可以轻松、快捷地创建出美观大方的表格。

1. 表格的创建

表格是由许多由行和列组成的单元格构成的。每一个单元格都代表一个段落，在单元格中用户可以随意添加文字和图形，另外，还可以对表格中的数字进行排序和计算。

（1）插入表格

在文档中，用户可以使用"插入表格"对话框插入指定行列的表格，并可以设置所插入表格的列宽，操作步骤如下。

① 打开文档窗口，切换到"插入"功能区。在"表格"操作组中单击"表格"按钮，并在打开的"插入表格"面板中选择"插入表格"命令，如图 7-27 所示。

图 7-27 "插入表格"面板

② 打开"插入表格"对话框，在"表格尺寸"区域分别设置表格的行数和列数。在"'自动调整'操作"区域如果选中"固定列宽"单选框，则可以设置表格的固定列宽尺寸；如果选中"根据内容调整表格"单选框，则单元格宽度会根据输入的内容自动调整；如果选中"根据窗口调整表格"单选框，则所插入的表格将充满当前页面的宽度。选中"为新表格记忆此尺寸"复选框，则再次创建表格时将使用当前尺寸。

（2）绘制表格

不仅可以通过指定行和列插入表格，还可以通过绘制表格功能自定义插入需要的表格，操作步骤如下。

① 打开文档窗口，切换到"插入"功能区，在"表格"操作组中单击"表格"按钮，并在打开的表格菜单中选择"绘制表格"命令。

② 鼠标指针呈现铅笔形状，在 Word 文档中拖动鼠标左键绘制表格边框，然后在适当的位置绘制行和列。

③ 完成表格的绘制后，按下键盘上的【Esc】键，或者在"表格工具/设计"功能区单击"绘制表格"按钮结束表格绘制状态。

如果在绘制或设置表格的过程中需要删除某行或某列，可以在"表格工具/设计"功能区的"绘图边框"操作组中，单击"擦除"按钮。鼠标指针呈现橡皮擦形状，在特定的行或列线条上拖动鼠标左键即可删除该行或该列。在键盘上按下【Esc】键取消擦除状态。

2. 表格的编辑

（1）在表格中输入数据

表格创建完毕后，即可输入内容了。方法与在文档窗口中相似。将插入点放置在准备输入内容的单元格内输入文本，当输入的文本抵达单元格的边界时，会自动切换到下一行并增加整行的行高；若按【Enter】键，则将在该单元格中开始一个新的段落；若按【Tab】键，则切换到本行的下一单元格。

单元格内容的剪切、复制与粘贴的方式与普通文档一样。要删除单元格中的内容时，先选中被删除的内容，按【Delete】键。

（2）在表格中移动与选取

在表格中移动插入点时，可将插入点放置在目标单元格内单击鼠标左键，也可以利用键盘，其操作方法如表 7-8 所示。

另外，要移动整张表格，可以双击表格或选取某单元格，当表格的左上角出现一个控制点时，拖动该控制点即可。

表 7-8　　　　　　　　　　　　用键盘在表格中移动

操　作	目　　的	操　作	目　　的
Tab	移动到同行的下一单元格	Shift + Tab	移动到前一单元格
→	向右移动一个字符	Alt + Home	移动到本行第一个单元格
←	向左移动一个字符	Alt + End	移动到本行最后一个单元格
↑	上移一行	Alt + PageUp	移动到本列第一个单元格
↓	下移一行	Alt + PageDown	移动到本列最后一个单元格

在表格中要进行各种操作，首先必须选取目标，其选取操作方法与普通文本有所不同，可通过"表格"菜单中"选择"命令的子命令选取"表格"、"列"、"行"、"单元格"，也可使用表 7-9 所示操作。

（3）在表格中添加和删除行、列与单元格

表格创建后，有时还需要对表格进行添加或删除等修改，Word 在这方面提供了便捷的操作方法。

表 7-9　　　　　　　　　　　　表格的选取

目　　的	操　　作
选定一个单元格	单击该单元格左边界
选定一行	将光标移到该行左侧，当光标变成◿时，单击鼠标左键
选定一列	将光标移到该列上端，当光标变成⬇时，单击鼠标左键
选定相邻单元格	拖动鼠标选取，或按住 Shift 键用方向键选取
选定整个表格	选择所有行或所有列；或将插入点置于表格内任意位置，单击表格左上角的十字箭头图标

- 添加单元格、行或列

添加单元格

① 在要添加单元格处的右侧或上方的单元格内单击。

② 切换到"表格工具/布局"功能区，单击"行和列"操作组右下方的【显示插入单元格】按钮。

③ 在打开的"插入单元格"对话框中单击下列选项之一。

- 活动单元格右移：插入单元格，并将该行中所有其他的单元格右移。

- 活动单元格下移：插入单元格，并将该列中剩余的现有单元格每个下移一行，该表格底部会添加一个新行以包含最后一个现有单元格。

- 整行插入：在单击的单元格上方插入一行。

- 整列插入：在单击的单元格右侧插入一列。

添加行、列

① 在要添加行或列处的下方或上方的单元格内单击。

② 切换到"表格工具/布局"功能区，单击"行和列"操作组中的相应按钮。

删除单元格、行、列及表格

① 定位要删除的目标，切换到"表格工具/布局"功能区，单击"行和列"操作组中的"删除"按钮。

② 在打开的列表中选择相应的操作命令即可。

也可在表格中定位光标点后单击鼠标右键，在弹出的快捷菜单中选择相应的操作命令。

3. 表格的格式

表格创建完成后，为了使表格具有说服性、更加美观，用户可以适当改变表格的外观，如表格在文档页面中的总体布局、表格的列宽和行高以及边框和底纹等。操作方法如下。

（1）使用"表格样式"设置整个表格的格式

创建表格后，可以使用"表格样式"来设置整个表格的格式。

① 在要设置格式的表格内单击。

② 切换到"表格工具/设计"功能区，在"表格样式"操作组将鼠标指针停留在每个表格样式上预览效果，直至找到要使用的样式为止。

要查看更多样式，单击"其他"三角按钮。

③ 单击样式可将其应用到表格。

（2）使用快捷菜单调整表格的外观

① 将插入点置于表格中。

② 鼠标右键单击，在弹出的快捷菜单中选择"表格属性"命令，弹出"表格属性"对话框，单击其中的"表格"选项卡。

- 在"尺寸"栏中，可以改变当前表格的宽度设置。

- 在"对齐方式"栏中，选择适当的对齐方式使表格在页面中的位置达到理想效果。

- 在"文字环绕"栏中，指定表格周围的文字环绕属性。若选择"环绕"选项，则还可以通过单击"定位"按钮，弹出"表格定位"对话框，进一步指定表格当前的位置。

- 单击"边框和底纹"按钮，在弹出的"边框和底纹"对话框中设置表格的边框和底纹。

- 单击"选项"按钮，在弹出的"表格选项"对话框中设置表格的其他一些属性，如"自动重调尺寸以适应内容"等。

③ 单击"表格属性"对话框中的"行"选项卡，在弹出的对话框中，通过"尺寸"栏和"上一行""下一行"按钮来设置表格中行的高度。

④ 单击"表格属性"对话框中的"列"选项卡，在弹出的对话框中，通过"尺寸"栏和"前一列""后一列"按钮来设置表格中列的高度。

⑤ 单击"表格属性"对话框中的"单元格"选项卡，在弹出的对话框中，通过"大小"栏中的选项设置单元格的宽度；通过"垂直对齐方式"栏指定单元格中文字的垂直对齐方式；单击"选项"按钮，用户可以进一步设置单元格的其他属性。

另外，用户还可以通过其他方式来改变表格的外观。例如，可以通过选择快捷菜单中"自动调整"命令的子命令来设置表格的外观属性，也可以通过拖动表格中的行边框或文档窗口中垂直标尺上的"调整表格行"标记来改变行高，通过拖动表格中的列边框或文档窗口中水平标尺上的"移动表格列"标记来改变列宽（在拖动鼠标时按住【Alt】键，则会显示行高和列宽的具体数值）。

表格内容的格式化设置与一般文档基本相同，可以利用相应的功能区操作命令按钮改变格式，如字体、大小、段落间距、行距等。

4. 表格的特殊功能操作

（1）表格的拆分和单元格的合并与拆分

● 表格的拆分：Word 允许将一个表格拆分成上、下两个部分，其操作方法是，将插入点移至表格中要进行拆分的位置，切换到"表格工具/布局"功能区，单击"合并"操作组中的"拆分表格"按钮。

● 合并单元格：选取欲合并的相邻单元格，切换到"表格工具/布局"功能区，单击"合并"操作组中的"合并单元格"按钮。

● 拆分单元格：将插入点置于欲拆分的单元格，切换到"表格工具/布局"功能区，单击"合并"操作组中的"拆分单元格"按钮，在弹出的"拆分单元格"对话框中选择或键入要拆分的行数和列数即可。

（2）表格与文字之间的转换

Word 可以将文字转换成表格的形式，也可以将表格中的内容转换成一般的文字段落，其转换的关键是设定文字分隔符，常用的文字分隔符有"段落标记""逗号""制表符"，空格等。

● 将表格转换为文字

在文档中，用户可以将 Word 表格中指定单元格或整张表格转换为文本内容（前提是 Word 表格中含有文本内容），操作步骤如下。

① 打开文档窗口，选中需要转换为文本的单元格。如果需要将整张表格转换为文本，则只需单击表格任意单元格，切换到"表格工具/布局"功能区，然后单击"数据"操作组中的"转换为文本"按钮。

② 在打开的"表格转换成文本"对话框中，选中"段落标记""制表符""逗号"或"其他字符"单选框（选择任何一种标记符号都可以转换成文本，只是转换生成的排版方式或添加的标记符号有所不同，最常用的是"段落标记"和"制表符"两个选项）。选中"转换嵌套表格"可以将嵌套表格中的内容同时转换为文本。设置完毕单击"确定"按钮即可。

● 将文字转换为表格

在文档中，用户可以很容易地将文字转换成表格。其中关键的操作是使用分隔符号将文本合理分隔；能够识别常见的分隔符，例如"段落标记"（用于创建表格行）、"制表符"和"逗号"（用于创建表格列）。例如，对于只有段落标记的多个文本段落，可以将其转换成单列多行的表格；而对于同一个文本段落中含有多个制表符或逗号的文本，可以将其转换成单行多列的表格；包括多个段落、多个分隔符的文本则可以转换成多行、多列的表格。

将文字转换成表格的步骤如下。

① 打开文档，为准备转换成表格的文本添加段落标记和分割符（建议使用最常见的逗号分隔符，并且逗号必须是英文半角逗号），并选中需要转换成表格的所有文字。

如果不同段落含有不同的分隔符，则会根据分隔符数量为不同行创建不同的列。

② 在"插入"功能区的"表格"操作组中单击"表格"按钮，并在打开的表格列表中选择"文本转换成表格"命令。

③ 打开"将文字转换成表格"对话框。在"列数"编辑框中将出现转换生成表格的列数，如果该列数为 1（而实际应该是多列），则说明分隔符使用不正确（可能使用了中文逗号），需要返回上面的步骤修改分隔符。在"自动调整"操作区域可以选中"固定列宽"、"根据内容调整表格"或"根据窗口调整表格"单选框，用以设置转换生成的表格列宽。在"文字分隔位置"区域自动选中文本中使用的分隔符，如果不正确可以重新选择。设置完毕单击"确定"按钮。

（3）表格的运算与排序

· 表格中的运算

在使用、制作和编辑表格时，如果需要对表格中的数据进行计算，则可以使用公式和函数两种方法。

方法一：公式计算

① 打开文档，单击准备存放计算结果的表格单元格。

② 切换到"表格工具/布局"功能区，单击"数据"操作组中的"公式"按钮，如图 7-28 所示。

③ 在"公式"对话框中编辑公式。

④ 单击"确定"按钮即可在当前单元格得到计算结果。

方法二：函数计算

① 打开文档，单击表格中临近数据的左右或上下单元格。

② 切换到"表格工具/布局"功能区，单击"数据"操作组中的"公式"按钮。

③ 单击"粘贴函数"的下拉三角按钮，在函数列表中选择需要的函数，例如，可以选择求和函数 SUM 计算所有数据的和，或者选择平均数函数 AVERAGE 计算所有数据的平均数。

④ 单击"确定"按钮即可得到计算结果。

· 表格中的排序

对数据进行排序并非 Excel 表格的专利，在 Word 2010 中同样可以对表格中的数字、文字和日期数据进行排序操作，操作步骤如下。

① 打开文档窗口，在需要进行数据排序的 Word 表格中单击任意单元格。切换到"表格工具/布局"功能区，单击"数据"操作组中的"排序"按钮。

② 打开"排序"对话框，如图 7-29 所示。在"列表"区域选中"有标题行"单选框。如果选中"无标题行"单选框，则 Word 表格中的标题也会参与排序。

如果当前表格已经启用"重复标题行"设置，则"有标题行"或"无标题行"单选框无效。

③ 在"主要关键字"区域，单击关键字下拉三角按钮选择排序依据的主要关键字。单击"类型"的下拉三角按钮，在"类型"列表中选择"笔画""数字""日期"或"拼音"选项。如果参

与排序的数据是文字，则可以选择"笔画"或"拼音"选项；如果参与排序的数据是日期类型，则可以选择"日期"选项；如果参与排序的只是数字，则可以选择"数字"选项。选中"升序"或"降序"单选框设置排序的顺序类型。

④ 在"次要关键字"和"第三关键字"区域进行相关设置，并单击"确定"按钮对 Word 表格数据进行排序。

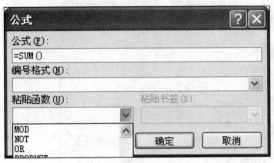
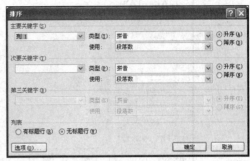

图 7-28　"公式"对话框　　　　　　　　　　图 7-29　"排序"对话框

7.4　长文档的编排

　　用 Word 编辑文档，有时会遇到长达几十页，甚至上百页的超长文档，这类文档因其篇幅较长，在对它进行编辑时，常遇到很多编排普通小文档时未遇到的问题，本节介绍长文档编排的技巧。

　　通常长文档的编排主要从以下几个方面着手：页面设置、分隔符设置、样式与编号、引用与链接、浏览与定位、目录和索引。下面就如何解决这些问题介绍长文档的编排步骤。

　　【例】假定论文的格式要求是纸张大小为 A4，纸张边距左右上下皆为 2.5 厘米；一级标题为黑体四号前后间距 0.5 行单倍行距，二级标题为宋体小四号加粗前后间距 0.5 行单倍行距，三级标题宋体五号加粗单倍行距，正文为首行缩进 2 个字符宋体五号单倍行距；英文字体均为 Times New Roman，图和表格居中；页眉为文档总标题并右对齐，奇数页脚右对齐，偶数页脚左对齐；目录生成三级目录，目录页面从罗马数字 I 开始编号，正文从 1 开始插入页码。

7.4.1　页面设置

　　页面设置是一个整体格局，很多人习惯先录入内容，最后再设纸张大小和页边距，这样有可能使整篇文档的排版不能很好地满足要求，所以对于长文档而言应该先进行页面设置。除利用 7.1.3 介绍的功能区中的按钮直接进行页面设置外，还可以利用"页面设置"对话框进行。

1. 纸张和页边距

　　打开 Word 文档，切换到"页面布局"功能区，单击"页面设置"操作组中右下角的"页面设置"按钮，打开"页面设置"对话框。其中的"页边距"和"纸张"窗口如图 7-30 所示，除简单页面布局外，还可指定装订线及位置、多页间的关系（普通、对称页边距、拼页、书籍折页、反向书籍折页）。

　　在"页面设置"对话框中，有一个"设为默认值"命令按钮。如果单击该按钮，则在"页面设置"对话框中所做的改变将会影响到基于当前文档模板的所有文档。

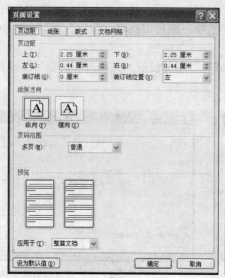

图 7-30　页面设置的"页边距"和"纸张"

2．文档网格

在页面上设置网格，可以给用户一种在方格纸上写字的感觉，同时还可以利用网格对齐文档。

切换到"文档网格"选项卡，如图 7-31 所示。选中"指定行和字符网格"，在"字符数"设置中，默认为"每行 39"个字符，可以适当减小，例如改为"每行 37"个字符。同样，在"行数"设置中，默认为"每页 44"行，可以适当减小，例如改为"每页 42"行。这样文字的排列就均匀、清晰了。

3．设置版式

由于要设置奇偶页眉和页脚不同，因此，在"页面设置"对话框中的"版式"选项卡上，要在"奇偶页不同"前面打钩，如图 7-32 所示。如不要求置奇偶页不同则不需要选择此项。

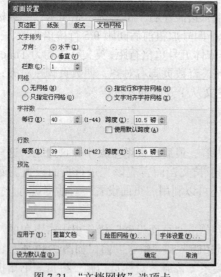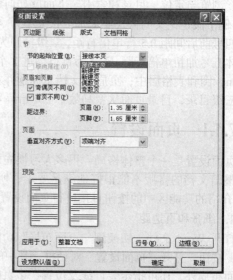

图 7-31　"文档网格"选项卡　　　　　图 7-32　"版式"选项卡

版式及版面格式，具体指的是开本、版型和周围空白的尺寸等的安排。切换到"版式"选项卡可设置如下内容。

（1）"节"区域

设置"节的起始位置"，共有 5 个选项：接续本页、新建栏、新建页、偶数页和奇数页。

（2）"页眉和页脚"区域

- 勾选"奇偶页不同""首页不同"选项。
- 设置页眉、页脚距边界的距离，可以通过调节按钮设置或直接键入。

（3）"页面"区域

可以在页面的"垂直对齐方式"下拉列表中选择顶端对齐、居中、两端对齐和底端对齐。

（4）"行号"设置

单击"页面设置"对话框中右下角的"行号"按钮，打开"行号"对话框进行勾选或键入设置，满意后单击"确定"按钮，返回"页面设置"对话框。

（5）"边框"设置

单击"页面设置"对话框中右下角的"边框"按钮，打开"边框"对话框，可以在"边框""页面边框"和"底纹"三个选项卡之间切换，对文本及页面的边框和底纹进行勾选设置，单击"确定"按钮，返回"页面设置"对话框。

7.4.2　特殊设置

1．页眉、页脚设置

页眉和页脚是在文档中每个页面的顶部和底部重复出现的信息，可以是文字、图片、图形、日期或时间、页码等。在文档中可以自始至终用同一个页眉或页脚，也可以在文档的不同部分用不同的页眉与页脚。其中，页眉打印在顶边上，而页脚打印在底边上。

在默认情况下，文档中的页眉和页脚均为空白内容，只有在页眉和页脚区域输入文本或插入页码等对象后，用户才能看到页眉或页脚。

如果用户想在文档中添加页眉与页脚，则应首先将文档切换到"页面视图"。

操作方法如下。

① 选择"插入"功能区中的"页眉和页脚"操作组，分别单击"页眉"或"页脚"命令如图 7-33 所示。

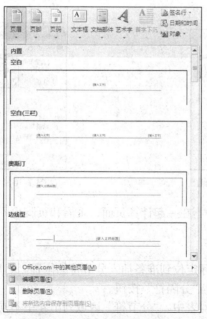

图 7-33　单击"页眉"按钮

② 在打开的相应列表中选择中意的页眉或页脚样式或单击"编辑页眉"按钮，进入如图 7-34 所示的"页眉和页脚工具"视图。

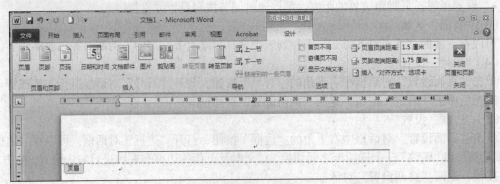

图 7-34　"页眉和页脚工具"视图

③ 在"页眉"或"页脚"区域输入文本内容，还可以在打开的"设计"功能区选择插入页码、日期和时间等对象。

④ 完成编辑后单击"页眉和页脚工具"视图下的"关闭页眉和页脚"按钮，完成设置。

2. 页码设置

文档页码的设定是一般文字处理中常见的功能。在 Word 2010 中，用户可以使用选择"插入"功能区中的"页眉和页脚"操作组，单击"页码"命令按钮，如图 7-35 所示，在弹出的列表中选择页码位置及样式，还可以选择"设置页码格式"，进行满足个性化的设置要求，如图 7-36 所示。

3. 分隔符设置

文章的不同部分通常会另起一页开始，很多初学者习惯用加入多个空行的方法使新的部分另起一页，这是一种错误的做法，会导致修改时的重复排版，降低工作效率。另一种做法是插入分页符分页，如果希望采用不同的页眉和页脚，这种做法就无法实现了。

正确的做法是插入分节符，将不同的部分分成不同的节，这样就能分别针对不同的节进行设置。

图 7-35　插入页码

图 7-36　设置页码格式

因为封面与目录和正文并不在一起计算页面，页眉和页脚也不同，因此封面和目录之间、目录和正文之间必须要分节。

插入分节符的方法：

① 打开文档窗口，将光标定位到准备插入分节符的位置。然后切换到"页面布局"功能区，在"页面设置"操作组中单击"分隔符"按钮。

② 在打开的"分隔符"列表中，"分节符"区域列出 4 中不同类型的分节符，选择合适的分节符即可。

唯有不同节之间才可以设置不同的页眉和页脚，页码才可以重新编号。为了清楚地看到分节符和分页符，以及其他空格等字符，可以单击"显示/隐藏编辑标记"按钮，显示编辑标记后，分页符和分节符就会显示出来。

7.4.3　样式与多级列表

　　样式就是格式的集合。通常所说的"格式"往往指单一的格式，例如，"字体"格式、"字号"格式等。每次设置格式，都需要选择某一种格式，如果文字的格式比较复杂，就需要多次进行不同的格式设置。而样式作为格式的集合，它可以包含几乎所有的格式，设置时只需选择一下某个样式，就能把其中包含的各种格式一次性设置到文字和段落上。

　　样式的设置较简单，将字体和段落的各种格式设计好后，为样式定义一个名字，就可以保存样式。Word 有一个默认的样式，如果没有特别规定，只需使用 Word 提供的预设样式就可以了，但是一般长文档都有特殊的格式规定，预设样式不能满足要求，这时就必须修改预设样式。

1．样式

（1）修改样式

　　文档中的内容采用系统预设的样式后，格式可能不能完全符合实际需要。如果设定的要求是一级标题黑体四号加粗前后间距 0.5 行单倍行距，内置的标题 1 肯定无法完全满足需求，这个时候就需要修改样式。

　　无论是内置样式，还是自定义样式，用户随时可以对其进行修改。修改样式的步骤如下。

图 7-37　"样式"窗格

　　① 在"开始"功能区的"样式"操作组中单击"显示样式窗口"按钮，如图 7-37 所示。

　　② 在打开的"样式"窗格中右键单击准备修改的样式，在打开的快捷菜单中选择"修改"命令。

　　③ 打开"修改样式"对话框，用户可以在该对话框中重新设置样式定义。

　　"正文"样式是文档中的默认样式，新建的文档中的文字通常都采用"正文"样式。很多其他的样式都是在"正文"样式的基础上经过格式改变而设置出来的，因此"正文"样式是 Word 中的最基础的样式，不要轻易修改它，一旦它被改变，将会影响所有基于"正文"样式的其他样式的格式。

　　对于当前编排的这篇文章，需要在"正文"样式上修改为首行缩进两个字符，那么，就必须要先修改正文，才可以修改其他样式，否则正文所做的修改将会影响到其他样式，导致之前所做更改无效。

　　"标题 1" ～ "标题 9"为标题样式，它们通常用于各级标题段落，与其他样式最为不同的是标题样式具有级别，分别对应级别 1～9。这样，就能够通过级别得到文档结构图、大纲和目录。

　　现在规划一下文章中可能用到的样式。

　　正文样式：为原样式基础上首行缩进两个字符，必须首先修改。

　　标题样式：需要三级标题，因此必须要规定好"标题 1""标题 2"和"标题 3"这 3 个标题的样式。

　　文章中的图表和说明文字，采用"注释标题"样式。

（2）样式的使用

　　规划结束之后，即可录入文字并使用样式了。

- 认识大纲级别

大部分用户很少用过"段落"中的"大纲级别"，但是，无论是生成文档结构图或者生成目录，都必须认识这个"大纲级别"。以这篇文章的第一个"一级标题"即"一、前言"为例，选择"一、前言"这一行，然后右键选择"字体"，黑体四号加粗，然后再右键选择"段落"，设置前后间距0.5行，单倍行距，最重要的，就是在"大纲级别"处将"正文文本"改为"1级"，这样，"一、前言"这一行就成为一级标题，并且在文档结构图中已经显示"一、前言"，至于后面可以用格式刷刷成相同的，而"（一）设置纸张"这一行设置好字体和行距后也要在"大纲级别"处将"正文文本"改为"2级"，这样就出现了二级标题，其他二级标题用格式刷，最好双击格式刷，一次性将所有二级标题全部刷好。以此类推，三级标题也是如此，一般情况下，三级标题已经足够。

- 应用有效样式

录入文章第一部分的标题，注意保持光标的位置在当前标题所在的段落中。切换到"开始"功能区，在"样式"操作组中选择"标题1"样式，即可快速设置好此标题的格式。

用同样的方法，即可一边录入文字，一边设置该部分文字所用的样式。如果没有定义正文的样式，可以选择"所有样式"，即可为文字和段落设置"正文首行缩进2"和"注释标题样式"。

2. 多级列表

在编排长文档的过程中，很多时候需要插入多级列表编号，以更清晰地标识出段落之间的层次关系。所谓多级列表是指 Word 文档中编号或项目符号列表的嵌套，以实现层次效果。在文档中可以插入多级列表，操作步骤如下。

（1）创建多级列表

方法一：

① 打开文档窗口，在"开始"功能区的"段落"操作组中单击"多级列表"按钮。

② 在打开的多级列表面板中选择一种符合实际需要的多级列表编号格式。

③ 在第一个编号后面输入内容，按回车键自动生成第二个编号（注意不是第二级编号），接着输入内容。完成所有内容的输入后，选中需要更改级别的段落，并再次单击"多级列表"按钮。

④ 在打开的多级列表面板中选择"更改列表级别"选项，并在下一级菜单中选择需要设置的列表级别。

⑤ 返回文档窗口，即可以看到创建的多级列表。

方法二：

① 打开文档窗口，在"开始"功能区的"段落"操作组中单击"多级列表"按钮。

② 在打开的多级列表面板中选择一种符合实际需要的多级列表编号格式。

③ 在第一个编号后面输入内容，按回车键自动生成第二个编号，先不要输入内容，而是按下【Tab】键将自动开始下一级列表编号。

第二级列表的格式也可以在"编号"列表中进行设置，完成输入内容后连续按下两次回车键，就可以返回上一级列表了。

（2）定义新的多级列表

① 打开文档页面，在"开始"功能区的"段落"操作组中单击"多级列表"按钮。

② 在打开的多级列表面板中选择"定义新的列表样式"选项。

③ 在打开的"定义新列表样式"对话框中根据需求分别进行设置和勾选。

只有插入文档中的"多级列表"才能更改级别。如果是普通编号或者是项目符号，则不能更改列表级别。

7.4.4　引用与链接

在长文档的编排中通常会有脚注、尾注、书签、题注、交叉引用、超链接等操作。其中，脚注、尾注、书签、超链接的操作见本章 7.2.3 小节，这里重点介绍题注和交叉引用。

1. 题注

题注就是给图片、表格、图表、公式等项目添加的名称和编号。例如，在图片下面输入图编号和图题，就能方便读者的查找和阅读。

使用题注功能可以保证长文档中图片、表格或图表等项目能够顺序地自动编号；如果移动、插入或删除带题注的项目时，Word 可以自动更新题注的编号；而且一旦某一项目带有题注，还可以对其进行交叉引用。

【例】添加表格题注

在文档窗口中，选中准备插入题注的表格。在"引用"功能区的"题注"操作组中单击"插入题注"按钮。

还可选中整个表格后右键单击表格，在打开的快捷菜单中选择"插入题注"命令。

打开"题注"对话框，在"题注"编辑框中会自动出现"表格 1"字样，可在其后输入被选中表格的名称。然后单击"编号"按钮。

在打开的"题注编号"对话框中，单击"格式"下拉三角按钮，选择合适的编号格式。如果选中"包含章节号"复选框，则标号中会出现章节号。设置完毕单击"确定"按钮。

返回"题注"对话框，如果选中"题注中不包含标签"复选框，则表格题注中将不显示"表"字样，而只显式编号和用户输入的表格名称。单击"位置"的下拉三角按钮，在位置列表中可以选择"所选项目上方"或"所选项目下方"。设置完毕单击"确定"按钮。

插入的表格题注默认位于表格左上方，用户可以在"开始"功能区设置对齐方式。

长文档中表格和图片较多，在编排时，只要所有图片或表格都使用了题注的方式进行标识，那么新插入的图片或表格及后面图片或表格的题注中的编号都会被自动更新。也就是说，如果在"图 10"前面插入了一张图片，那么原来的"图 10"就会自动变为"图 11"，后面的图片一样会自动更新。

2. 交叉引用

交叉引用就是在文档的一个位置引用文档另一个位置的内容，类似于超级链接，只不过交叉引用一般是在同一文档中互相引用而已。如果两篇文档是同一篇主控文档的子文档，用户一样可以在一篇文档中引用另一篇文档的内容。

交叉引用常常用于需要互相引用内容的地方，如"有关××××的使用方法，请参阅第×节"和"有关××××的详细内容，参见××××"等。交叉引用可以使读者能够尽快地找到想要找的内容，也能使整个书的结构更有条理，更加紧凑。在长文档处理中，如果是想靠人工来处理交叉引用的内容，既花费大量的时间，又容易出错。如果使用 Word 的交叉引用功能，Word 会自动确定引用的页码、编号等内容。如果以超级链接形式插入交叉引用，则读者在阅读文档时，可以通过单击交叉引用直接查看所引用的项目。

（1）创建交叉引用

创建交叉引用的方法如下。

① 在文档中输入交叉引用开头的介绍文字，如"有关××××的详细使用，请参见××××。"

② 在"引用类型"下拉列表框中选择需要的项目类型，如编号项。如果文档中存在该项目类型的项目，那么它会出现在下面的列表框中供用户选择；在"引用内容"列表框中选择相应要插入的信息，如"段落编号（无内容）"等；在"引用哪一个编号项"下面选择相应合适的项目。

③ 要使读者能够直接跳转到引用的项目，选择"以超级链接形式插入"复选框，否则，将直接插入选中项目的内容。

④ 单击"插入"按钮即可插入一个交叉引用。如果还要插入别的交叉引用，可以不关闭该对话框，直接在文档中选择新的插入点，然后选择相应的引用类型和项目后单击"插入"按钮即可。

如果选择了"以超级链接形式插入"复选框，那么把鼠标移到插入点，鼠标指针即可变成小手形状，用户单击可以直接跳转到引用的位置。

（2）修改交叉引用

在创建交叉引用后，有时需要修改其内容，例如，原来要参考 6.2 节的内容，由于章节的改变，需要参考 6.3 节的内容。具体方法如下。

① 选定文档中的交叉引用（如 6.2 节），注意不要选择介绍性的文字（如有关×××的详细内容，请参看×××）。

② 切换到"插入"功能区，单击"链接"操作组中的"交叉引用"按钮，打开"交叉引用"对话框。

③ 在"引用内容"框中选择要新引用的项目。

④ 单击"插入"按钮。

如果要修改说明性的文字，在文档中直接修改即可，并不对交叉引用造成什么影响。

（3）利用交叉引用在页眉或页眉中插入标题

在页眉和页脚中插入章节号和标题是经常用的排版格式，根据章节号和标题可以迅速地查找到所需要的内容，Word 可以利用交叉引用在页眉和页脚中插入章节号和标题，这样可以节省用户的工作量，并能使文档的内容与页面或页脚的内容保持一致。具体操作方法如下。

① 切换到"页面或页脚"编辑状态，光标定位在"页面"或"页脚"编辑区。

② 切换到"插入"功能区，单击"链接"操作组中的"交叉引用"按钮，打开"交叉引用"对话框。

③ 在"引用类型"框所带的下拉列表框中，选择"标题"选项；在"引用内容"下拉列表框中，选择"标题文字"选项；在"引用哪一个标题"下面，选择要引用的标题，如本节的标题（6.7 使用交叉引用）。

④ 单击"插入"按钮，即可将章节号和标题插入页面和标题中。

如果以后对文档的章节号或标题作了修改，Word 在打印时会自动更新页面和页脚，而不必人工去修改页面或页脚的章节号。如果想要更新页眉或页脚，可以选择该页面或页脚，然后单击鼠标右键，在弹出的快捷菜单中选择"更新域"即可，也可以按【F9】键来更新域。

7.4.5 浏览与定位

1. 文档结构图

长篇文档前后非常长，无论是迅速定位文档位置，还是要设定"样式和格式"，或者生成目录，都必须认识"文档结构图"。

切换到"视图"功能区，在"显示"操作组中勾选"导航窗格"选项。打开"导航"窗格，其中有 3 页，单击"浏览你的文档中的标题"页，将文档导航方式切换到"文档标题导航"，会对文档进行智能分析，并将文档标题在"导航"窗格中列出，如图 7-38 所示，只要单击标题，就会自动定位到相关段落。

一般而言，在没有任何设置的情况下，文档结构图为空白的，若是文档结构图中有内容，单击其内容定位到那段文档，选择那段文档后右键单击，在弹出的快捷菜单中可以选择相应命令选项调整标题级别。

文档结构图会简单明了地显示出各级标题和大纲级别，也是设定样式和格式的基础。文档结构图是不可以编辑的，它是由于各级标题的设定而出现的，其中，二级标题将会在一级标题后缩进一个字符，而三级标题将会再缩进半个字符，从中可以一目了然地看出标题行的正确与否，而文档结构图就是以后目录的基础。

2. 拆分窗口

当需要在一篇很长的 Word 文档的两个位置来回进行操作时，翻来翻去很不方便，这时可以使用"拆分窗口"功能，将 Word 文档的整个窗口拆分为两个窗口，不仅使窗口拆分为两个窗口，同时也可以对窗口进行最大化和还原窗口的操作。操作步骤如下。

切换到"视图"功能区，单击"窗口"操作组中的"拆分窗口"按钮，此时窗口中间出现一条横贯工作区的灰色粗线，直接移动鼠标（不要按键），可以移动其位置，将之拖动到合适位置，单击左键，原窗口即被拆分成了两个。

图 7-38　文档结构图

拆分窗口后，在任何一个子窗口中对文档的编辑修改均会同步反映在两个窗口中。

取消拆分有以下两种方法。

方法一："窗口" → "取消拆分"。

方法二：在拆分条上双击。

3. 快速定位

在长文档中快速定位的方法主要有以下几种。

（1）利用"查找和替换"对话框：切换到"开始"功能区，点击"编辑"操作组的"替换"按钮，在打开的"查找和替换"对话框中切换到"定位"选项卡，根据需要选择和键入即可。

利用"查找和替换"对话框中的"查找"功能也可快速定位。

（2）利用"垂直滚动条"上的按钮快速定位。

（3）利用键盘上的翻页键【PageUp】和【PageDown】或方向键。

（4）利用"书签"功能定位。

7.4.6　生成目录

当全文的文档结构图生成并且检查无误之后，要做的事情就是生成目录了。

1. 生成目录

将鼠标定位于第二页，目录位置，切换到"引用"功能区的"目录"操作组，单击"目录"按钮，在弹出的选项中选择"插入目录"，打开"目录"对话框，选择设置完成后，单击"确定"按钮，目录就做好了。如果不要缩进和加粗，直接把目录当成普通的文字编辑就可以了。

2. 生成目录的作用

生成目录的好处，在于即使更改了部分内容和页码，只要在目录上的任意位置单击鼠标右键，选择"更新域"命令，就会弹出"更新目录"对话框；如果只是页码发生改变，可选择"只更新页码"；如果有标题、内容的修改或增减，可选择"更新整个目录"。

另外，目录还有链接的功能。

至此，可以说一个长文档已经基本完成格式的编辑功能，如果打印装订，还要考虑到装订线位置的问题。因此下面就介绍如何预留装订线区域。

为了让双面打印的比较厚的文档能够在装订后不会遮挡文字，可以预留出装订线区域。

打开 Word 文档窗口，进入"页面设置"对话框，选择"页边距"选项卡。

在"页码范围"中，设置"多页"为"对称页边距"；在"页边距中"，设置"装订线"为"2厘米"，并可预览效果；在"预览"中设置"应用于"为"整篇文档"。

7.4.7　错误检查与更正

1. 删除全文的超链接

由于文档中有时会有从网上复制的内容，当鼠标定位在某一段文档的时候，会出现有超链接的提示，因此需要进行如下操作。

按【Ctrl+A】组合键全选文档，按【Ctrl+shift+F9】组合键删除超链接。

2. 寻找并替换中英文标点符号

在设置为"中文宋体，英文 Times New Roman"时，往往会出现中文标点符号也改为英文标点符号的现象，或者从网络上拷贝的文件也会出现这样的情况。这样的情况下，很多人都是直接忽视不见或者一个个地改，这个工程量是很大的，因此针对这样的情况，可做如下操作。

一般出问题的是"句号、分号、逗号、引号"，但是有个问题就是一般在摘要和关键词之后，都有英文翻译，而英文翻译的标点符号一定是英文的，所以一定要避开英文翻译，定位在正文开始处，才可以替换。另外，部分参考文献是英文的，因此只能一个个替换，不过如果加上快捷键，速度也很快。

定位在正文开始处，按【Ctrl+H】组合键，启动替换窗口，在"查找内容处"输入英文状态下的句号"."，在"替换为"处输入中文状态下的句号"。"，因为部分英文参考文献和英文翻译都是有英文句号的，因此只能一次次地替换，选择【查找下一处】（快捷键【Alt+F】），如果要替换，就选择【替换】（快捷键【Alt+R】）。以此类推，分号、逗号以及引号都是这样。

3. 全角和半角

也许很少人会注意到全角和半角的区别，比如很少人能够看出"."和"．"的区别，或者数字"2"和"２"之间的区别也看不太清楚。一般情况下，默认为英文标点符号和数字及小写字母为半个字符，而中文标点符号和大写字母及汉字为一个字符，因此要注意区别。

　　　　　半角和全角在搜狗拼音输入法状态下切换组合键为：【Shift+Space】。

有时也有例外，比如某些论文要求标题行的数字后面的句号为全角，比如"3. 寻找并替换其他字符"，这个句号就是英文状态下，且在全角状态下输入的。

4. 换行号和回车号

回车键是指一段结束后的标志，回车键的符号为"↵"而换行键的符号为"↓"它表示换行不换段，比如本段设置为首行缩进两个字符，而换行键之后就不再缩进两个字符了，因为它对于本段而言，不是"首行"。一般情况下，一个文章里面是不会出现换行键的，除非是排版有特殊要求。

去掉换行符的方法仍然是查找和替换，按【Ctrl+H】组合键，将鼠标定位在"查找内容"，选择"特殊字符"，选择"手动分行符"，然后将鼠标定位在"替换为"上，同样是"特殊字符"，选择"段落标志"，然后选择"全部替换"。

5. 多余的空格

从网络上复制也会造成多余的空格，或者输入时误操作，可以用查找和替换解决。

操作方法：按【Ctrl+H】组合键，在查找内容中输入一个空格（按一下空格键），最好把区分半角和全角去掉，"替换为"处什么都不填，单击"查找下一个"。

注意　　千万不要全部替换，那样论文的英文翻译中将会没有一个空格。

至此，长文档的编排基本结束，通过熟练掌握与应用本节内容，可极大地提高用户的工作效率。

思考与练习

1. Word 的视图包括哪几种？其用途各是什么？
2. 如何在 Word 文档中选取矩形区域？
3. Word 文档中的分隔符有哪些？各有什么功能？
4. Word 中如何将表格转换为文字？
5. 插入表格后如何设定表格中文字的对齐方式？
6. 文本框的作用是什么？
7. 在 Word 文档中如何实现"拆分窗口"？
8. Word 文档中怎样设置每页不同的页眉？

第8章 电子表格软件 Excel 2010

Excel 是 Microsoft Office 办公套装软件中一个非常重要的组件，是集快速制表，将数据图表化，对数据进行各种运算、分析、管理，制作复杂的统计表等功能于一身的优秀电子表格处理软件，目前已广泛应用于商业、科学、工程、财务、经济等各个领域。本章主要介绍 Excel 2010 的基本操作、数据编辑、格式设置、数据计算、分析管理、打印输出及其他功能。

8.1 Excel 2010 基本操作

本节主要介绍工作簿文件的基本操作、数据的基本操作、行列单元格的基本操作和工作表的基本操作。

8.1.1 工作簿文件操作

启动 Excel 2010 程序后，系统首先建立一个名为"工作簿 1"的文件。工作簿是存储和运算数据的文件，其后缀名为.xlsx。

1. Excel 2010 的工作界面

启动 Excel 2010 后，进入其工作界面，如图 8-1 所示。"公式"和"数据"选项卡是 Excel 2010 特有的功能。

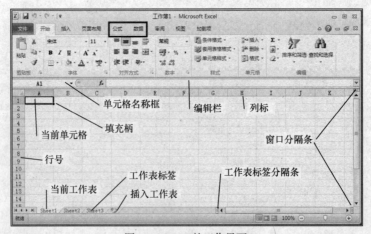

图 8-1　Excel 的工作界面

- "公式"选项卡：包含 4 组内容，即函数库、定义的名称、公式审核和计算，如图 8-2 所示。

图 8-2　"公式"选项卡功能按钮

- "数据"选项卡：包含 5 组内容，即获取外部数据、连接、排序和筛选、数据工具、分级显示，如图 8-3 所示。

图 8-3　"数据"选项卡功能按钮

- 编辑栏：位于功能区下方，用于显示、编辑和修改单元格中的内容。编辑栏左侧是单元格名称框，用于定义或显示当前活动单元格或区域的地址或名称。当在单元格中输入或编辑内容时，编辑栏中等号左侧会出现 ✕ ✓ fx 按钮，分别用于取消或确认单元格中的内容，相当于键盘上的【Esc】键和【Enter】键，或向单元格插入函数。
- 列标和行号：每张工作表中有横向的行和纵向的列，行号是位于各行左侧的数字，通常用阿拉伯数字表示，如 2，10，35。列标是位于各列上方的字母，用大写英文字母表示，如 A，C，AM，DX。
- 单元格：工作表中行与列交叉处是一个单元格，共有 1048576 行×16384 列个单元格，单元格中用于输入各种格式的文本、数字、公式等数据信息。默认的单元格名称由列标行号表示，如 G5 指位于第 G 列第 5 行的单元格。由于一个工作簿中包含有多张工作表，为了区分不同工作表中的单元格，可在单元格地址前加表名来区别，工作表名称与单元格地址间用"!"分隔。例如 Sheet2!A5 表示该单元格为 Sheet2 工作表中的 A5 单元格。

单击某个单元格时，其四周被粗黑边框包围，这个单元格称为当前活动单元格，意味着可以在其中输入或编辑内容。活动单元格边框的右下角有一个黑色小方块，称为填充柄，用于快速填充内容。

- 工作表标签：一个工作簿中默认有 3 张工作表，工作表是 Excel 完成一项工作的基本单位，用于对数据进行组织和分析。工作表是通过工作表标签标识的，在水平滚动条左侧，用标有 Sheet1、Sheet2 和 Sheet3 名称的标签代表一张张工作表。在这些工作表标签中，呈白底色的工作表为当前工作表，其他灰色标签的为非活动工作表。若工作表标签没有全部显示出来，可用工作表滚动按钮进行操作：|◀ ▶| 用于显示出第一个或最后一个工作表标签；◀ ▶ 用于显示出当前工作表的前一个或后一个工作表标签。
- 窗口分割条：分割条位于水平和垂直滚动条上，其中"工作表标签分割条"可用来改变水平滚动条和工作表标签区的长短；窗口的"水平分割条"和"垂直分割条"可将窗口分成上下或左右两部分，每部分都有滚动条，使窗口在上（左）半部分保持不动的情况下，滚动下（右）半部分，这种操作对于查看一张庞大的表格十分有用。

在 Excel 工作窗口中右击任意处，都会出现一个相应的快捷菜单，菜单中的命令随右击对象的不同而变化，此菜单中聚集了处理该对象最常用的各种命令。

2. 创建工作簿

一个工作簿就是一个文件，新建 Excel 工作簿的方法与一般文件类似。

- 启动 Excel 程序时系统自动创建一个新的文件：工作簿 1。
- 在已打开的 Excel 程序窗口中，单击"快速访问工具栏"中的"新建"按钮 。
- 在已打开的 Excel 程序窗口中，按【Ctrl+N】组合键。
- 在已打开的 Excel 程序窗口中，执行"文件"按钮中的"新建"命令，可从右侧选择 "空白工作簿"、"最近打开的模板"、"样本模板"、"我的模板"、"根据现有内容新建"以及 Office.com 模板，进行创建。

利用模板生成电子表格，可以减少烦琐的重复操作，提高工作效率。

3. 保存工作簿

工作表中输入一定内容后，要及时保存。执行"快速访问工具栏"上的"保存"按钮，或"文件"按钮下的"保存"命令，若第一次执行保存操作，系统弹出"另存为"对话框，选择保存类型，确定文件的保存位置，输入文件名，单击"保存"按钮。以后再执行保存命令时，Excel 会按原位置、原名称覆盖原文件。

- 如果希望文件在之前的版本中也能打开，则"保存类型"中选择"Excel97-2003 工作簿"。
- Excel 默认将工作簿文件保存在"我的文档"文件夹中。
- Excel 默认的文件保存类型为"Excel 工作簿（*.xlsx）"，也可将文件保存为"模板（*.xltx）"格式，以便重复使用该表，这时文件的保存位置会自动变为"Templates"文件夹。
- 在"另存为"对话框中单击"工具"按钮，选择"常规选项"，打开如图 8-4 的对话框，可对要保存的工作簿设置如图的几项内容。

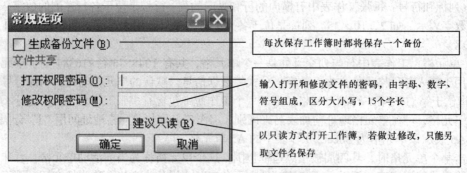

图 8-4　保存时的"常规选项"对话框

4. 保护工作簿

Excel 对工作簿、工作表和单元格均可进行保护和隐藏。保护和隐藏工作簿可以防止他人对工作簿进行任何操作，保护和隐藏工作表可防止工作表中任何对象被修改，保护和隐藏单元格可防止他人对单元格中的数据、公式等进行修改。

Excel 2010 可以从结构和窗口两方面对工作簿进行保护。

在工作簿的"审阅"选项卡中选择"更改"组，单击"保护工作簿"，进入如图 8-5 所示的对话框，"结构"主要保护工作簿不被移动、重命名、隐藏/取消隐藏、删除工作表等操作；"窗口"用于保护

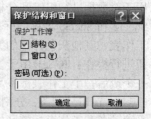

图 8-5　工作簿保护对话框

工作簿的窗口不被移动、缩放、隐藏、关闭。经过保护后的工作簿窗口中标题栏上的控制按钮消失。

5. 关闭工作簿

完成工作簿的操作需要关闭时，最常用的方法是单击工作簿文件标题栏上的"关闭"按钮，也可执行"文件"按钮中的"退出"选项。

8.1.2　数据的基本操作

1. 数据的输入

输入数据是建立工作表最基本的操作，只有输入数据，才可对其进行计算以及分析等工作。工作表中可以输入的数据包括数字、文本、时间和日期、公式和函数等，可以用以下两种方法对单元格输入数据。

- 选定单元格，直接在其中输入数据，按【Enter】键确认。
- 选定单元格，在"编辑栏"中单击鼠标左键，向其中输入数据，单击编辑栏上的√按钮或按【Enter】键确认。

向 Excel 中输入任何符号时必须在英文标点符号输入状态下，各类数据输入方法和格式有别。

（1）数字的输入

Excel 中键入的数字为常量，可参与计算，输入单元格的数字自动右对齐。

Excel 中的数字包括可从键盘上输入的 0～9、+、−、/、%、$、.、E 等数字和符号。

若要输入分数，应采用"整数 分子/分母"的格式，真分数的整数部分用零代替，以免系统将输入的数字当日期对待。如输入二分之一时，要输入 0 1/2，否则系统会认为是 1 月 2 日。

当单元格中输入的数字过长时，Excel 会将整数部分用科学记数法（一种采用指数形式的记数方法，由尾数部分、字母 E 及指数部分组成）表示，小数部分自动四舍五入后显示（数字为常规格式时），或出现####符号字样（数字为数值格式时），这时可调整列宽来改变。例如，向单元格中输入 1236547898745 时，确定后该单元格中变为 1.23655E+12。

当单元格中显示的数值是小数如 5.73 而输入的真实值是 5.726 时，参与计算的是其真实值而不是显示值。这就是有时用 Excel 计算的结果与手工计算的结果有差异的原因。

（2）文本的输入

在默认情况下，单元格中输入的文本自动左对齐。Excel 中的文本通常是指字符或是任何字符与数字的组合，如 12-R、第 5 行、24A 等。

如果要将输入的数字例如电话号码、身份证号码等作为文本对待，而非数字数据，须先向单元格中输入英文标点中的单引号（'），再输入数字，确定后该单元格左上角会自动出现一个绿色三角标记，且当选定该单元格时，旁边出现提示符号，提示该单元格中的内容为文本格式，并可从下拉三角形中选择操作命令。

单元格的文本太长时会溢出到右单元格，若右单元格中也有内容，则会截断溢出部分，但左单元格中实际内容都存在，可选定该单元格，在编辑栏中浏览其中全部内容，也可调整列宽来显示全部内容。

公式或函数中有文本时，须用字符串定界符即英文标点中的双引号将文本括起来。例如要输入文本 0123，可在单元格中输入="0123"；再比如公式=IF(D2>60,"通过","不通过")中的"通过"和"不通过"都是文本格式。

单元格中插入的"特殊符号"也自动作为文本对待。

（3）日期和时间的输入

在 Excel 中，日期和时间均按数字处理，故可用于计算。日期和时间的显示方式取决于所在单元格的数字格式。比如通过设置单元格格式，使日期的显示方式为 07/1/24 或 2007-1-24。

一般 Excel 默认使用斜线（/）或连字符（-）输入日期，用冒号（:）输入时间，并以 24 小时制显示时间。如：

输入 12/6/24 时，显示为 2012-6-24；输入 6/24 时，显示为 6 月 24 日；

输入 12：30：45 时，显示为 12：30：45。

输入当天日期，可用【Ctrl+；】组合键，输入当时时间可用【Ctrl+Shift+：】组合键。

（4）公式和函数的输入

Excel 单元格中除了可以输入数字、文本等常量外，还经常需要对某些数据进行数学运算处理，这就要求在工作表单元格中输入公式或函数。详细内容将在后面的相关部分具体介绍。

（5）批量自动填充

在向工作表中输入数据时，有时要在一行、一列或一个单元格区域内填充相同的数据，或填充一些序列数据，如月份、季度、星期，为了快速完成这类数据的输入，可以用 Excel 提供的自动填充功能，即拖动活动单元格的填充柄或用"开始"选项卡→"编辑"组→"填充"按钮进行操作。

● 相同数据的输入

要在工作表的某区域中输入相同的数据，先在区域第一个单元格中输入数据，用鼠标向下和向右拖曳其填充柄，到该区域的最后一个单元格，松开鼠标即可。

先选定要输入数据的单元格区域（可以连续或不连续），输入数据后，按【Ctrl+Enter】组合键，即可在所有选定的单元格中快速输入相同数据。

● 序列数据的输入

除了连续复制同样的数据外，Excel 可扩展起始单元格中包含的序列数据（指有一定变化规律的数字或字段），如自然数、奇数、季度、星期、月份等。

要连续填充数字系列，先在区域的前两个单元格中分别输入数据，确定变化的步长，然后选定这两个单元格，拖动填充柄到区域的最后一个单元格，释放鼠标，数据会按步长值依次填入单元格区域。

若要填充连续自然数或系统预定义的序列，可在第一个单元格中输入第一个数据后直接拖动填充柄到区域的最后一个单元格。例如，在某单元格中输入星期一，向下拖动该单元格的填充柄，即可自动填入星期二、星期三、星期四、星期五、星期六、星期日。

选定已输入序列起始值的单元格，用鼠标右键拖动其填充柄到区域的最后单元格，释放鼠标后，弹出如图 8-6 所示的快捷菜单，从中选择要执行的命令，即可按要求填充序列。

也可用"序列"对话框填充，在第一个单元格中输入序列的初始值，选定填充区域，在"开始"选项卡中的"编辑"组中单击"填充"按钮，执行下拉菜单中的"系列"，打开如图 8-7 所示的对话框，选择按行或列的方向填充；序列类型如果是"日期"，则要选择一种日期单位；如果是数字型的序列，要确定步长值和终值；设置完毕，单击"确定"按钮，即可完成序列数据的填充。

图 8-6 快捷菜单

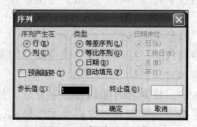

图 8-7 "序列"对话框

【例 8-1】启动 Excel 2010 程序，在第一张工作表中输入如图 8-8 所示的数据。

要求：工号内容是文字型，且用序列方式填充，相同的部门名称可以复制填充，在 E2 单元格中按下【Ctrl+;】组合键快速输入当前制表日期，内容输入完毕后保存为"工资信息"文件。

	A	B	C	D	E	F
1	食品公司员工基本工资表					
2				制表日期		
3	工号	姓名	部门	工龄	基本工资	岗位工资
4	001	李华	原料车间	12	2300	400
5	002	张成	配料车间	23	3400	350
6	003	徐克	原料车间	30	4500	400
7	004	周建	模具车间	21	3000	300
8	005	黄海	模具车间	5	1800	300
9	006	郑建设	成品车间	10	2000	260
10	007	范璐	原料车间	7	1900	400
11	008	李平	配料车间	2	1000	350
12	009	何勇	配料车间	4	1600	350
13	010	齐永亮	成品车间	9	2100	260

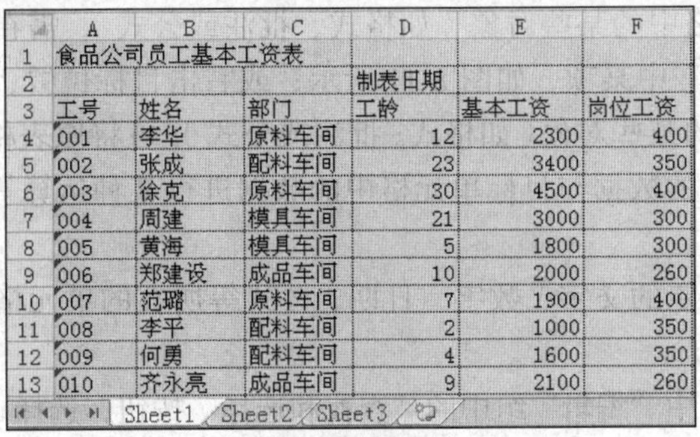

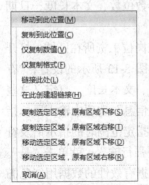

图 8-8　例表原始样式

2. 单元格数据的编辑

数据输入单元格后，可能要进行修改、删除、移动、复制、查找、替换等编辑操作。

（1）修改数据

单击单元格，直接输入新内容将替换原来的内容。若只对单元格中的内容进行局部修改，则有以下两种方法。

- 单击数据所在的单元格，则该数据显示在“编辑栏”中，在编辑栏中单击并修改数据后确定。
- 双击数据所在的单元格，直接在单元格中对数据进行修改，按【回车】键确定。

（2）删除和清除数据

若只删除某些单元格中的内容，可以在选定这些单元格后，按【Delete】键；若要删除的是单元格中的全部内容，或只清除格式、批注等时，在选定单元格后，从“开始”选项卡中“编辑”组中单击“清除”下拉菜单，从中选择相应的子菜单，如图 8-9 所示，其中各项含义如下。

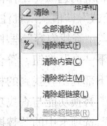

- 全部清除（A）：删除所选单元格中的内容、格式、批注、超链接等全部对象。
- 清除格式（F）：只删除所选单元格的格式，而保留内容和批注。
- 清除内容（C）：只删除所选单元格中的内容而保留其他属性，相当于按【Delete】键。
- 清除批注（M）：只删除所选单元格附加的批注，单元格内容和格式不受影响。
- 清除超链接（L）：清除所选单元格中的超链接，但超链接格式仍存在。
- 删除超链接（R）：删除所造单元格中已有的超链接。

图 8-9　“清除”的子菜单

（3）移动和复制数据

移动和复制单元格数据可用以下两种方法。

- 直接使用鼠标的拖放功能。适合于近距离移动和复制数据。选定要移动或复制数据的单元格（区域），鼠标放到选定区域的边缘并变成白色带有双十字的左箭头形状时，按下左键拖至目标位置松开即可移动数据，拖动的同时按住【Ctrl】键，即是复制操作。

若按下鼠标右键拖至目标位置处释放鼠标后，打开如图 8-10 所示的快捷菜单，从中选择要执行的操作命令，这种方法既方便又实用。

- 使用“剪切”“复制”“粘贴”命令。适合于远距离移动或复制数据，例如在相距较远的单元格之间、不同的工作表之间、不同的工作簿之间等。

图 8-10　快捷菜单

如果只想复制单元格中的某些对象（如格式、批注或公式），需在粘贴时选"剪贴板"→"粘贴"→"选择性粘贴"中某项，如图 8-11 所示；或右击目标位置，快捷菜单中选择。从中可选择只粘贴单元格中的某些对象（如格式、批注或公式），可将原表格的行与列发生转换（转置），也可将原单元格中的数据与目标单元格中的数据进行某种运算等。

（4）查找和替换

Excel 可以查找出指定的文字、数字、日期、公式等所在的单元格，还可以替换查找到的内容。

单击"开始"选项卡中"编辑"组中的"查找和选择"按钮，选择"查找"命令，打开如图 8-12 所示的对话框。

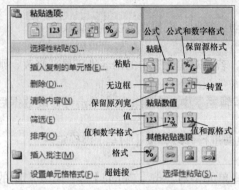

图 8-11 "选择性粘贴"

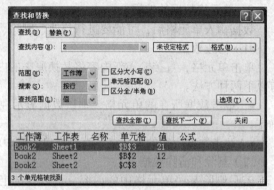

图 8-12 "查找和替换"对话框

在"查找内容"框中输入要查找的信息（文字、数字、公式、批注内容），在"范围"框中选择相应的选项（工作簿，工作表），"搜索"框中选择"按行"或"按列"，"查找范围"框中选择"公式"、"值"、"批注"，按照是否要区分大小写和全半角来决定是否选中相应的复选框，若只查找与"查找内容"框中指定的字符完全匹配的单元格，则要选中"单元格匹配"复选框。单击"查找下一个"按钮，符合条件的单元格将成为当前活动单元格。单击"查找全部"按钮，则在对话框下部列出查找到的相关信息。

替换功能与查找功能的使用方法类似，它可以将查找到的信息用其他信息替换。只要在"替换"选项卡中的"替换值"框中输入要替换成的数据，单击"替换"或"全部替换"按钮即可。

3. 数据的有效性

向工作表中输入数据时，为防止用户输入错误数据，限制用户只能输入指定范围的数据，可为单元格设置有效数据范围。用数据有效性可控制输入的数据范围、小数位数、文本长度、日期间隔、序列内容，甚至可以自定义公式进行限制。

例如，要求岗位工资的取值必须在 250～500，设置的方法是，选定岗位工资所在区域，打开"数据"选项卡中的"数据有效性"，在出现的对话框中各个标签进行如图 8-13 所示的设置，"有效性条件"中允许取的值包括任何值、整数、小数、序列、日期、时间、文本长度、自定义这些数据类型。在"设置"选项中主要指定数据类型和取值范围，在"输入信息"选项中输入鼠标指向该区域时的信息，在"出错警告"选项中设置当用户输入的数据不在指定范围时的指示语及符号。当向岗位工资中输入 777 时，会出现如图 8-14 所示的内容。如果要强行输入，就单击"是"。执行"数据有效性"下拉列表中的"圈释无效数据"命令，则将违反数据有效性的数据用红色椭圆圈起来，如图 8-15 所示，也可清除这个圈释。

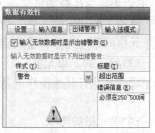

图 8-13 数据有效性的设置、信息、警告

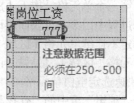

图 8-14 违反数据有效性设置时的提示　　　　图 8-15 圈释无效数据

利用数据的有效性还可以为单元格数据添加下拉列表框，以提供填充序列，例如"部门"有 4 个，如果不直接填充到表中，而是为用户提供可选项，即选定要填充部门名称的单元格区域后，在"数据有效性"对话框中进行如图 8-16 所示的设置，注意来源框中各项间用英文标点符号，确定后，在这些单元格中提供了下拉式列表，可以从中选择希望的值，如图 8-17 所示。

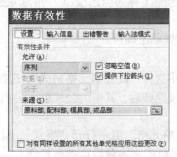

图 8-16 设置序列填充　　　　　　　图 8-17 选择序列填充值

8.1.3 行列单元格的基本操作

1. 工作表中光标的移动和定位

向工作表的单元格中输入数据时，首先要将光标置于某单元格，使其成为当前活动单元格。

- 移动光标最简单的方法是鼠标单击某单元格，适合在不相邻的单元格间进行。
- 相邻单元格间光标移动用键盘更快捷方便：按一次【Tab】键光标从左向右移动一个单元格，若同时按住【Shift】键，则光标向相反方向移动；按【Enter】键光标下移一个单元格（而不是在同一个单元格中换行）；4 个方向键 ↑ ↓ ← → 可将光标向当前单元格的上、下、左、右位置的单元格移动。
- 要将光标定位到相距甚远的单元格时，可在"开始"按钮中的"编辑组"中的"查找和选择"菜单下的"转到"命令，将目标单元格的地址输入对话框的"引用位置"文本框，单击"确定"按钮。

- 要将光标定位到满足某种条件的单元格时，可在"开始"按钮中的"编辑组"中的"查找和选择"菜单下的"定位条件"命令，在对话框中选择合适的条件。

在单元格间移动光标，就确定了前一个单元格中的内容（相当于单击编辑栏中的对勾）。

2. 选取行、列、单元格

选定操作是执行其他操作的基础，被选定的单元格区域将反白显示为淡紫色（第一个单元格除外）。

- 一个单元格的选取

只要用鼠标单击某个单元格，则该单元格被选定，其周边被粗黑边框包围，是当前活动单元格。

- 多个单元格（区域）的选取

要选定多个连续的单元格（区域），可按下鼠标左键直接拖曳。要选定较大的连续区域，先单击左上角第一个单元格，按下【Shift】键，再单击该区域的最后一个单元格，这种操作可避免在鼠标拖曳过程中因滚动过快而难以控制的情况发生。

要选定不连续单元格（区域），选定第一个单元格（区域）后，按【Ctrl】键不放，用鼠标选择其他单元格（区域），最后松开【Ctrl】键。

- 快速选定空白单元格

打开"编辑"组中的"查找和选择"下的"定位条件"对话框（或按【Ctrl+G】快捷键），选择其中的"空值"单选按钮。

- 行列的选取

用鼠标单击行号或列标，可选定一行或一列；按住鼠标左键沿行号或列标拖曳，可选定连续的多行或多列；若按下【Ctrl】键单击某些行号或列标，则可选定不连续的行或列。

- 整表的选取

用鼠标单击工作表左上角行号和列标交叉处的按钮（称为全选按钮），可选定整张工作表的所有单元格。

要取消已选定的区域，用鼠标在工作表的任意处单击即可。

3. 隐藏行、列、单元格

要对单元格进行隐藏，右击单元格，快捷菜单中选择"设置单元格格式"，选择"保护"标签，选中"隐藏"复选框即可。这样含有公式的单元格被隐藏后，其中的公式就不会出现在编辑栏中，但只有在工作表被保护的情况下单元格隐藏才有效。

选定要隐藏的行或列，在"开始"选项卡的"单元格"组中打开"格式"下拉菜单的"可见性"，并选择相应的操作。例如，可以将不想打印的行或列隐藏后再进行打印。

4. 插入和删除行、列、单元格

在已经建好的工作表中，往往需要插入或删除行、列、单元格以满足各类表格的要求。

- 插入

插入空白单元格，选定要插入新的空白单元格的单元格区域。选定的单元格数目应与要插入的单元格数目相等。

插入一行或一列，单击需要插入的新行之下相邻行或新列右侧相邻列中的任意单元格。例如，若要在第5行之上插入一行，单击第5行中的任意单元格，要在B列左侧插入一列，单击B列中的任意单元格。

插入多行或多列，先选定需要插入的新行之下相邻的若干行或新列右侧相邻的若干列。选定的行数或列数应与要插入的行数或列数相等。

然后在"开始"选项卡的"单元格"组中打开"插入"下拉菜单，选择其中的"插入单元格"、"插入工作表行"或"插入工作表列"。如图8-18所示。或右击执行快捷菜单中相应命令。

插入新的单元格、行或列后，行号或列标会自动重新编号。

需要注意的是，如果插入一个单元格可能会改变表格的结构，甚至丢失原单元格中的公式，若用插入行或列来代替，公式会自动调整。

- 删除

选定要删除的行、列、单元格，右击，执行快捷菜单中的"删除"命令，或从"开始"选项卡的"单元格"组中打开"删除"下拉菜单，选择其中的命令。如图 8-19 所示。

图 8-18 "插入"菜单 　　　　　　　图 8-19 "删除"菜单

5. 调整行高和列宽

默认工作表中所有单元格具有相同的宽度和高度，但若各列数据长短不同或数据在一个单元格中表现为两行时，需要根据实际情况调整单元格的行高和列宽。

改变列宽有以下两种方法。

- 鼠标直接拖曳法：鼠标指向某列的右列标线变为双向箭头 ⬌ 形状时，按下左键并左右拖动即可改变列的宽窄；直接双击列标线，可依据该列中最宽数据项自动调整；要同时调整多列为等宽时，先选定这几列，再拖动其中任何一列的列标线。
- 菜单命令法：选定某列或某单元格，在"开始"选项卡的"单元格"组中打开"格式"下拉菜单，选择其中的"列宽"，如图 8-20 所示，向弹出的对话框中输入列宽的值，或选"自动调整列宽"。

改变行高与改变列宽的方法类似。

6. 批注

对单元格中的内容进行文字说明而不显示在表格中时，可为单元格插入批注。

选定单元格，"审阅"选项卡中的"批注"组中单击"新建批注"按钮，或右击单元格，快捷菜单中选择"插入批注"命令，进入"编辑批注"框，输入批注内容，该单元格右上角出现一个红色三角形。

还可在"批注"组或快捷菜单中选择相应的按钮或菜单，对批注进行编辑、删除、显示/隐藏批注操作。如图 8-21 所示。

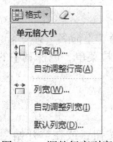 

图 8-20 调整行高列宽 　　　　　　图 8-21 批注

8.1.4 工作表的基本操作

在一个打开的工作簿中，默认有 3 张工作表，可以根据需要插入、删除、重命名、移动、复制、隐藏、保护工作表，还可以对每个工作表窗口进行拆分、冻结，使工作表的结构更简洁明了。

1. 工作表的选定

对工作表进行其他操作之前需要先执行选定操作，选定工作表有以下几种方法。

- 选定单张工作表：单击相应的工作表标签。
- 选定多张连续工作表：单击第一个工作表标签，按住【Shift】键，单击最后一个工作表标签。
- 选定多张不连续工作表：单击第一个工作表标签，按住【Ctrl】键单击其他工作表标签。
- 选定工作簿中所有工作表：用鼠标右键单击工作表标签，从弹出的快捷菜单中选择"选定全部工作表"命令。
- 取消选定：对所选的工作表标签单击，可取消对单个工作表的选定，单击任一个未选定的工作表标签可取消多个工作表的选定。

2. 工作表的插入和删除

在一个工作簿中插入新的工作表有以下几种方法。

- 直接单击工作表标签右侧的"插入工作表"按钮。
- 用鼠标右键单击某工作表标签，在弹出的快捷菜单中选择"插入"命令，从弹出的对话框中选择"工作表"选项。
- 选定多张工作表标签，按上述方法进行插入操作，可一次插入多张工作表。

新插入的工作表将出现在活动工作表的左侧，并成为当前工作表。

要删除工作表，先选定要删除的一张或多张工作表

- 选择"开始"选项卡中的"单元格"组，从"删除"按钮的下拉菜单中选择"删除工作表"。
- 用鼠标右键单击工作表标签，从快捷菜单中选择"删除"命令。

3. 工作表的移动和复制

同一工作簿内，用鼠标左键拖曳工作表标签到目标位置执行移动工作表操作；按【Ctrl】键拖曳可复制工作表。不同的工作簿间，用鼠标右键单击工作表标签，从弹出的快捷菜单中选择"移动或复制…"命令，选择对话框中要移动或复制到的目标工作簿；若选中了"建立副本"复选框，则相当于执行复制工作表操作。

4. 工作表的重命名

新建的工作簿中工作表的默认名称是 Sheet1、Sheet2……其含义不能反映工作表中的内容，可以将其改为与表中内容相符的名字。重命名的方法有 3 种。

- 双击工作表标签，输入新的工作表名称。
- 用鼠标右键单击工作表标签，从弹出的快捷菜单中选择"重命名"命令。
- 在"开始"选项卡的"单元格"组中，打开"格式"下拉菜单，选择其中的"重命名工作表"项。

5. 保护和隐藏

（1）保护

在"审阅"选项卡的"更改"组中单击"保护工作表"按钮，或在"开始"选项卡的"单元格"组中打开"格式"下拉菜单，选择"保护工作表"命令，均进入如图 8-22 所示的对话框。选中"保护工作表及锁定的单元格内容"时，用户将不能修改保护工作表之前未解除锁定的单元格，不能查看保护工作表之前所隐藏的行或列，不能查看保护工作表之前所隐藏的单元格中的公式。

在"允许此工作表的所有用户进行"列表框中，清除某复选框项，就意味着用户不能进行相应的操作。

（2）隐藏和取消隐藏

鼠标右击工作表标签，快捷菜单中选择执行"隐藏"命令，即可将该工作表隐藏；执行"取消隐藏"命令可重现工作表。

也可在"开始"选项卡的"单元格"组中打开"格式"下拉菜单，选择相应的命令。如图 8-23 所示。

图 8-22　"保护工作表"对话框

图 8-23　隐藏和取消隐藏

6. 工作表窗口的拆分和冻结

在查看一张比较庞大的表格时，往往不能在同一窗口中浏览到全部内容，为此可以将工作表窗口拆分或冻结。

（1）拆分

利用拆分条可将窗口拆分为几个小窗口，每个小窗口显示出同一张工作表中的不同部分，拖动各窗口中的滚动条，将所需部分显示在窗口中，以便查看。拆分方法有两种：一是用鼠标直接拖曳工作簿窗口中的水平或垂直拆分条（参见本章第一节），可将窗口分为左右或上下两个窗口，两条都用时可拆为 4 个窗口，双击拆分条，即可取消拆分；二是选定某单元格，在"视图"选项卡的"窗口"组中单击"拆分"按钮，即从选定单元格的左上角对窗口进行拆分，再一次单击"拆分"按钮则取消拆分。

（2）冻结

工作表的冻结是将工作表窗口的某一部位固定，使其不随滚动条移动，这样在查看大型表格中的内容时，始终能看到表固定部位的内容。选定一个单元格，在"视图"选项卡中的"窗口"组中单击"冻结窗格"按钮，从下拉菜单中选择"冻结拆分窗格"，则从选定单元格的左上角位置被冻结；也可以只冻结首行或首列。同样从"冻结窗格"下拉菜单中取消冻结。

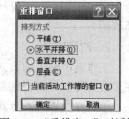

图 8-24　"重排窗口"对话框

另外，Excel 2010 中可对打开的多个工作簿进行排列，在"视图"选项卡的"窗口"组中选择"全部重排"，可选择不同的排列方式，如图 8-24 所示。

【例 8-2】打开例 8-1 中建立的工作表，将工作表 Sheet1 的名字改为"基本工资表 1"；将表中 3～18 行的行高统一调整为 18；在"部门"左侧插入一列"性别"并用简单的方法输入内容；将所有的"车间"替换为"部"；为 B6 单元格插入一个批注，内容：技术最好。在该表前插入一张名为"新表"的工作表。再基于"样本模板"创建一个文件"个人月度预算 1"，将其中的工作表复制到"工资信息"工作簿中成为最后一张，冻结该表的 4～9 行，保护该工作表，要求用户不能对其进行任何操作。

8.2 工作表的格式设置

在建立并编辑了工作表后，还需要对工作表本身及其中的数据格式化，将工作表按人们更容易接受的形式，将数据按行业特征的形式进行定制，Excel 提供了许多格式化工作表的方法，用于对表中行、列、单元格进行修饰，对单元格中的数据采用不同的格式。一般工作表的格式化包括自定义格式和自动套用格式两种设置方式。

8.2.1 单元格格式的设置

对于单元格（区域）中的数字、文字、对齐方式及单元格本身的格式化有两种途径可以设置：一种是利用"开始"选项卡中的各组按钮，如图 8-25 所示；另一种是"设置单元格格式"对话框。

图 8-25 "开始"选项卡

1. 数字格式

Excel 的数字格式包括常规、数值、日期、时间、百分比、分数、货币、文本、会计专用、科学计数法等多种类型。

选定要进行格式的区域，单击"开始"选项卡中"数字"组中的"常规"，从其下拉列表中选择数据格式，也可直接选择"货币样式""百分比样式""千位分隔样式""增加小数点位数""减少小数点位数"按钮来改变数字的格式。更详细的设置可进入"单元格格式"对话框中进行，如图 8-26 所示。在"数字"选项卡中的"分类"列表框中选择一种格式类型，"示例"中会显示出预览效果。如果没有需要的数字类型，也可从"分类"中选择"自定义"，在"类型"框中输入自己需要的数字格式。例如，日期格式可以是 2012-06-30，也可通过自定义变为 2012/06/30。在"特殊"类型中可以将数字格式转换为中文大（小）写数字，甚至可转换为邮政编码。

2. 对齐方式

工作表中输入的数据按照 Excel 内置的方式对齐，即文本数据左对齐，数字数据右对齐，但在多数情况下，都要重新改变数据对齐方式。

选定要设置对齐方式的区域后，从"开始"选项卡中的"对齐方式"组中单击"顶端对齐、垂直居中、底端对齐、自动换行"，"左对齐"、"居中""右对齐、合并及居中"，"缩进、方向"等按钮，即可让选定区域的数据按要求进行对齐。也可进入"单元格格式"对话框中的"对齐"选项卡设置，如图 8-27 所示。这些特殊效果在设计较复杂的表格时非常有用。

3. 字体

利用"开始"选项卡中的"字体"组中按钮或"单元格格式"对话框中的设置，可以对文字像在 Word 中一样处理。

4. 边框和底纹

默认 Excel 表中显示的表格线是辅助线条，打印不出来，可以为所选区域添加真实边框，也可为该位置添加颜色或底纹图案。利用"开始"选项卡中"字体"组中的"边框"按钮和"填充颜色"按钮，单击按钮旁的三角形，从打开的列表中选择。

　　详细设置可在"单元格格式"对话框的"边框"和"填充"选项卡中，先选择边框样式和颜色，再单击边框应用的位置，如图 8-28 所示。可为单元格区域选择单一的填充颜色，也可以选图案样式及图案颜色，如图 8-29 所示。

图 8-26　"数字"格式

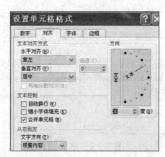

图 8-27　"对齐"格式

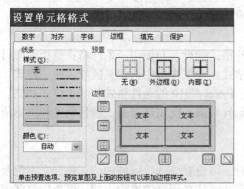

图 8-28　"边框"格式

图 8-29　"填充"格式

5. 自动套用格式

Excel 2010 提供了表格格式样式和单元格样式，使用这些样式可起到方便、快捷、省时的目的。

　　选定要套用格式的表格，在"开始"选项卡的"样式"组中可以选定表格"套用表格式"，出现如图 8-30 所示的对话框，其中显示的数据来源就是选定的表格区域，选定"表包含标题"，则在套用格式后表的第一行作为标题行，如图 8-31 所示。如果第一行不想有筛选按钮出现，可右键单击该区域，快捷菜单中选择"表格"子菜单"转换为区域"，从弹出的提示框中选择"是"即可，效果如图 8-32 所示。

图 8-30　套用表格式

工号	姓名	性别
001	李华	女
002	张成	男
003	徐克	男
004	周建	男
005	黄海	男
006	郑建设	男
007	范璐	女
008	李平	女

图 8-31　表格套用格式效果

工号	姓名	性别
001	李华	女
002	张成	男
003	徐克	男
004	周建	男
005	黄海	男
006	郑建设	男
007	范璐	女
008	李平	女

图 8-32　转换为区域效果

　　也可或选定某些单元格（区域），套用"单元格样式"中的对应格式。选定一个区域后，在"开始"选项卡的"样式"组中，打开"单元格样式"，如图 8-33 所示，单击要套用的样式，如单击"汇总"按钮，效果如图 8-34 所示的第一行。

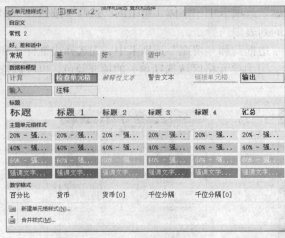

图 8-33 单元格样式

工号	姓名	性别	部门	工龄	基本工资	岗位工资
001	李华	女	原料部	12	2300	400
002	张成	男	配料部	23	3400	350
003	徐克	男	原料部	30	4500	400
004	周建	男	模具部	21	3000	300
005	黄海	男	模具部	5	1800	300
006	郑建设	男	成品部	10	2000	260
007	范璐	女	配料部	7	1900	400
008	李平	女	配料部	2	1000	350
009	何勇	男	配料部	4	1600	350
010	齐永亮	男	成品部	9	2100	260

图 8-34 套用单元格样式效果

若要删除套用的所有格式，选定该区域后，进入如图 8-33 所示的窗口后单击"常规"按钮。

8.2.2 条件格式的设置

在分析数据量比较大的财务表格时常会用到条件格式的设置和使用。条件格式是指用醒目的格式设置选定单元格区域中满足条件的数据单元格格式。在工作表中选定某区域，在"样式"组中单击"条件格式"下拉菜单，选择要进行的设置。Excel 2010 的条件格式新增了许多功能。使用条件格式可以突出显示所关注的单元格区域，强调异常值，使用数据条、颜色刻度和图标集来直观地显示等，共有 5 种类型。

1. 突出显示单元格规则

用于当选定单元格（区域）的值满足某种条件时，可设置该选定区域的填充色、文本色及边框色为特殊格式以突出显示。例如，将岗位工资小于 330 的单元格填充为点状，可选定该区域，按如图 8-35 和图 8-36 所示操作，选择"突出显示单元格规则"下的"小于…"，设置条件及填充格式，效果如图 8-37 所示。

图 8-35 "突出显示单元格规则"选项

图 8-36 条件及格式设置

利用"突出显示单元格规则"可以对在一定范围的数字所在单元格、包含某文本的单元格、有重复值的单元格进行格式设置。

2. 项目选取规则

要标记出数据区域中符合特定范围的单元格，例如，标记出"工龄"中的最大值，可以选定工龄所在的区域，选择"项目选取规则"下的"值最大的 10 项"，如图 8-38 所示，并进行如图 8-39 所示的设置，这样工龄最大的数据 30 所在的单元格加了红色边框。

利用该规则可以用特殊格式标记出值最大、最小的前 *n* 项，百分值最大、最小的前 *n* 项，高于或低于平均值的项目。

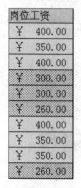

图 8-37　突出显示效果　　　　　图 8-38　项目选取规则　　　　　图 8-39　选取规则及效果

3. 数据条

数据条用于帮助用户查看选定区域中数据的相对大小，数据条的长度代表数据的大小。例如，将工龄按大小用数据条显示出来的效果如图 8-40 所示。选定区域后，进入如图 8-41 中选择渐变填充的第一种，如果要求数据条不带边框，可单击下方"其他规则"，进入图 8-42 所示的对话框，设置为渐变填充，无边框。

4. 色阶

色阶和数据条的功能类似，利用颜色刻度以多种颜色的深浅程度标记符合条件的单元格，颜色的深浅表示数据值的高低，这样就可对单元格中的数据进行直观的对比。如将基本工资列中的数据用三色刻度显示，选定基本工资所在的单元格区域后，在"条件格式"下拉列表中选择"色阶"中的"其他规则"选项，进入如图 8-43 所示的对话框，在"格式样式"下拉列表框中选择"三色刻度"，三个颜色下拉列表框中分别设置最小值、中间值、最大值对应的颜色，此处设置为红色、黄色、绿色，效果如图 8-44 所示。

5. 图标集

图标集可以为数据添加注释，系统能根据单元格的数值分布情况自动应用一些图标，每个图标代表一个值的范围。例如，为基本工资添加图标集时，在选定该区域后，先应用"图标集"中"等级"中的"五等级"，如图 8-45 所示，再进入"其他规则"中，按基本工资每隔 1 000 为一个等级对图标进行设置，如图 8-46 所示，效果如图 8-47 所示。

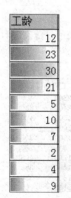

图 8-40　数据条效果　　　　图 8-41　数据条的渐变填　　　　图 8-42　数据条规则编辑

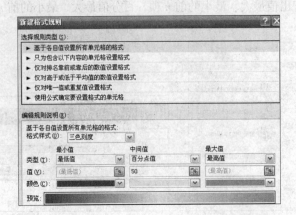

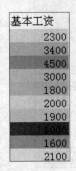

图 8-43　色阶规则设置　　　　　　　　　　　　图 8-44　色阶效果

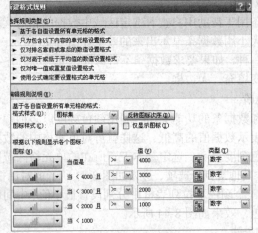

图 8-45　图标集列表　　　　　图 8-46　规则设置　　　图 8-47　效果

6. 规则

除用上述这些工具设置格式外，Excel 2010 的条件格式还可选择某种规则进行设置。

例如将表格中行号为双的行填充为浅黄色的设置，需要用一定的公式进行设置，选定区域后，在条件格式下选择"新建规则"，按图 8-48 进行设置，规则选择"使用公式确定要设置格式的单元格"，编辑规则框中的公式含义是，行号与 2 相除的余数为 0（即行号是偶数），效果如图 8-49 所示。

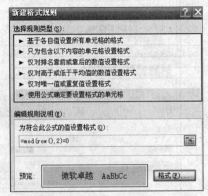

图 8-48　新建规则对话框　　　　　　　　　　图 8-49　双行填充颜色效果

8.2.3　对象的插入与设置

工作表中除了有准确的数据、必要的公式外，还可以插入一些其他对象以满足特殊要求。如在表格中用线条工具画斜线表头、用自选图形圈出重要数据、SmartArt 图形、嵌入产品的外形图、插入图片等，这些对象的插入和设置与在 Word 中的操作相同。

Excel 2010 中提供的照相机功能可以将页面中的数据连同格式拍下来，作为图片粘贴到另一表格页面中，图片中的数据还可以与原表数据同步被修改。可从"文件"菜单下的"选项"窗口中，先将"照相机"功能添加到快速访问工具栏中，选定表中需要照相的区域后，单击照相机按钮，切换到另一张工作表中，单击鼠标即可将所拍内容以图片形式粘贴到工作表中。修改原表中的某一数据时，图片中的对应内容会自动更改。

【例 8-3】在例 8-1 中的表格中，标题合并居中，增大字号，表格内所有内容水平和垂直居中对齐，"基本工资"和"岗位工资"列的数字格式设置为人民币符号，为表格套用一种格式并去除行标题下的筛选按钮，将"基本工资"列中小于 2 000 的单元格突出显示为红色填充，并为该列应用图标集中的四色交通灯，进行规则设置。

8.3　工作表中数据的计算

在使用工作表的过程中，会涉及大量的计算，为此，Excel 提供了输入和使用公式及套用函数的功能，并可将公式和函数复制到其他单元格中，在极短的时间内迅速完成大量的计算工作，充分体现了 Excel 的优势。

8.3.1　单元格引用

工作表中的运算都是对单元格中的数据进行处理，所以大多数公式中都包含有对其他单元格的引用，即在公式中用单元格的地址调用该单元格中的数据参与计算。被引用单元格中的数据发生改变，运算的结果也会随之改变。所以在公式中引用单元格地址进行计算是非常方便、实用的。

单元格引用有两种方式：相对引用和绝对引用。

1. 相对引用

当公式移动或复制到其他的位置时，引用的单元格地址也会做相应的改变。例如，在图 8-50 所示的单元格 A5 中的公式为"=A1+A2+A3+A4"，当将该单元格中的公式复制到 B5 单元格中时，公式会自动变为"=B1+B2+B3+B4"。Excel 的相对引用使得在应用同类公式进行计算时，不必在每个单元格都输入公式，只需建立一个公式，其他单元格中的公式通过用填充柄复制即可完成。

图 8-50　单元格引用

2. 绝对引用

公式中引用的单元格地址不随公式所在单元格的位置而变化。在单元格地址的列标和行号前加$符号（在英文标点符号下输入，或将光标置于单元格名称前，按 F4 键），就意味着该单元格被绝对引用。如图 8-50 所示的单元格 C5 中的公式是"=$C$1+$C$2+$C$3+$C$4"，复制到 D5 单元格中时，公式仍为"=$C$1+$C$2+$C$3+$C$4"。绝对引用适用于公式中引用的某个单元格中的数据无论在什么时候都不能改变的情况。

根据实际情况，在一个公式中，相对引用和绝对引用可以混用，而且绝对引用可以只是行绝对引用，或只是列绝对引用，标号前加有$的是绝对引用，不加$的是相对引用。如 D$5，意味着列随着公式的移动自动调整而行保持不变（即行绝对引用）；$D5 则是列绝对引用。

3. 非当前工作表中单元格的引用

如果要从其他工作表中引用单元格，其引用格式是

工作表标签！单元格地址

如图 8-50 中 Sheet1 的 A9 单元格中的公式要引用 Sheet2 中的 A3 单元格，则在 Sheet1 的 A9 单元格中输入公式为"= Sheet2！A3"。

8.3.2 公式的编制

公式的正确编写，是完成数据计算的重要前提，就像数学计算中列代数式一样，编写公式既要符合工作表的实际情况，还要符合数学逻辑。

1. 公式的格式

Excel 的公式必须以等于号开头，然后用各种操作运算符将相关对象连在一起组成公式，即"=对象 运算符 对象 运算符…"。

2. 公式中的对象

Excel 公式中的对象可以是常量（数字和字符）、变量、单元格引用及函数，如果对象是字符型值，需要用引号将其定界（即将字符型的值放在引号中）。

3. 公式中的操作运算符

Excel 公式中的运算规则与数学中的规则相同，常用的运算符如表 8-1 所示，运算符的优先级如表 8-2 所示。

表 8-1　　　　　　　　　　　　　公式中常用的运算符

类　　型	符　　号	含　　义	举　　例
算术运算符	+　（加号）	加法运算	=B2+C2
	−　（减号）	减法运算	=B2−C2
	*　（星号）	乘法运算	=5*A6
	/　（斜杠）	除法运算	=9/3
	%　（百分号）	加百分号	=5%
	^　（脱字号）	乘方运算	=2^3
文本运算符	&　（连字号）	连字符	=B2&C3&3
比较运算符	=　（等于号）	等于	=B4=C4
	>　（大于号）	大于	=B4>C4
	<　（小于号）	小于	=B4<C4
	<>　（不等于号）	不等于	=B4<>C4
	<=　（小于等于号）	小于等于	=B4<=8
	>=　（大于等于号）	大于等于	=B4>=2

续表

类　型	符　号	含　义	举　例
单元格引用运算符	:（冒号）	区域引用	= sum (B2:D5)
	,（逗号）	联合引用	= sum (B2:C4,E3:G6,B7:E8)

表 8-2　　公式中运算符的优先级

运算符	说　明	运算符	说　明
:（冒号）和，（逗号）	引用运算符	* 和 /	乘和除
–	负号	+和–	加和减
%	百分号	&	文本运算符
^	幂	=、>、<、<>、<=、>=、	比较运算符

- 算术运算符：用于数值型数据的四则运算、百分数和乘方运算。
- 文本运算符：用于将不同单元格中的文本或其他内容连接起来置于同一单元格中。
- 比较运算符：对两个运算对象进行比较，并产生逻辑值 TRUE（真）或 FALSE（假）。
- 单元格引用运算符：确定公式中引用的是工作表中哪些单元格区域的数据。

4. 公式的编制

选定要输入公式的单元格，先输入等于号，再输入由运算符和对象组成的公式，单击编辑栏中的“对勾”按钮（或回车）确认公式，计算结果出现在该单元格中，而编辑栏中显示的仍是该单元格中的公式。若要修改公式，可双击单元格直接在单元格中修改，或单击单元格在编辑栏中修改。例如职工的工龄工资为 20 元/年，计算工龄工资的公式应该是工龄*20，图 8-51 所示 H4 单元格公式中采用单元格引用的方式=E4*20，H5 单元格公式中直接用工龄值常量=23*20。

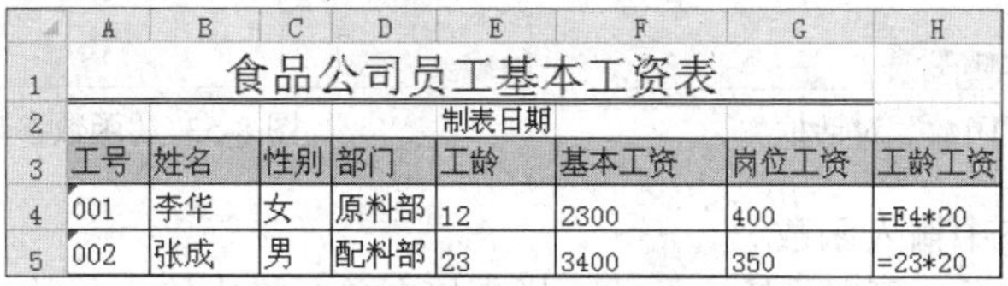

	A	B	C	D	E	F	G	H
1	食品公司员工基本工资表							
2					制表日期			
3	工号	姓名	性别	部门	工龄	基本工资	岗位工资	工龄工资
4	001	李华	女	原料部	12	2300	400	=E4*20
5	002	张成	男	配料部	23	3400	350	=23*20

图 8-51　公式的编制

5. 公式的复制

为加快计算速度，减少公式编制的重复操作，可将公式快速复制到其他单元格中。

单击公式所在的单元格，鼠标指向单元格右下角的填充柄，变为黑色十字形状时，按下鼠标左键拖动，即可将该单元格中的公式快速地复制到相邻的单元格（区域）中。如图 8-51 的 H4 中用单元格引用计算出工龄工资后，向下拖动该单元格的填充柄可迅速将公式复制下去，求出其他员工的工龄工资。

若公式所在的单元格不相邻，就只能用“复制”和“选择性粘贴”中的“公式”进行操作。

一般来说，公式中的对象是单元格引用时，复制公式才有意义；若公式中的对象全部是常量，该公式不一定适合复制给其他单元格。

8.3.3　函数的使用

函数实际上也是一种公式，只不过 Excel 将常用的公式和特殊的计算作为内置公式提供给用户。在数据处理时，只需调用函数，而不用再编制公式。Excel 内置的函数增加到了 412 个，按照功能大致分为 11 类，即数学和三角函数、数据库函数、财务函数、统计函数、逻辑函数、文本函数、查找和引用函数、信息函数、工程函数、日期和时间函数、多维数据集函数。利用它们可以解决许多公式不能解决的问题，但这需要熟练了解和掌握函数的功能、输入技巧、函数的参数设置、嵌套函数的方法等。

函数的结构形式为 =函数名（参数1，参数2，……），其中函数名表示进行什么样的操作，一般比较短，是英文单词的缩写；参数可以是常量、单元格（区域）引用或其他函数，参数间用逗号间隔。

例如，员工的应发工资是基本工资、岗位工资和工龄工资三项之和，可用函数 SUM(number1, number2,....)计算，即=SUM(F4,G4,H4)，或=SUM(F4:H4)进行计算。

1. 输入函数的方法

（1）使用插入函数

选定要放置计算结果的单元格，如I4，单击"公式"选项卡下"函数库"组中的"插入函数"按钮，弹出如图8-52所示的"插入函数"对话框，从"或选择类别"下拉列表中选择类别，"选择函数"列表框中选择要使用的函数名称，选定一个函数时，对话框下方提供对该函数的有关解释，确定后，进入如图8-53所示的"函数参数"对话框，其中显示了函数的名称、功能、参数、参数的描述、函数的当前结果等。在参数文本框中输入参数值或引用单元格（单击该文本框右侧按钮，可将对话框折叠而显示出工作表窗口），完成后确定，则I4单元格中显示出计算结果。

图 8-52 "插入函数"对话框

图 8-53 "函数参数"对话框

（2）直接在单元格中输入函数

如果对函数非常熟悉，可以像输入公式一样直接在单元格中输入函数。如选定I5单元格，向其中输入=SUM(F5:H5)，回车。输入函数名后系统会提示出相近的函数供选择，同时提示该函数的功能，如图8-54所示，输入左括号后，系统提示参数要求，如图8-55所示。

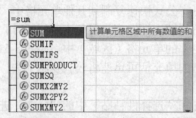

图 8-54 "插入函数"对话框

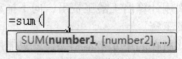

图 8-55 "函数参数"对话框

（3）利用功能区中的按钮

在"公式"选项卡的"函数库"组中列出了各类函数，可以直接单击函数旁的下拉按钮选择需要函数，对于一些常规的计算，系统提供了"自动计算按钮"可以快速计算出结果。

选定要进行计算的单元格区域，如I4:I17，单击"自动求和"按钮旁的下拉三角形，弹出如图8-56所示的下拉菜单，选择"最大值"，计算结果显示在该区域最后一个单元格。该操作相当于使用了求最大值的函数 MAX(number1,number2,....)。另外，当选定一个单元格区域后，Excel

窗口下部的状态栏右侧会出现对选定区域中数据的快速计算结果，以便观察。

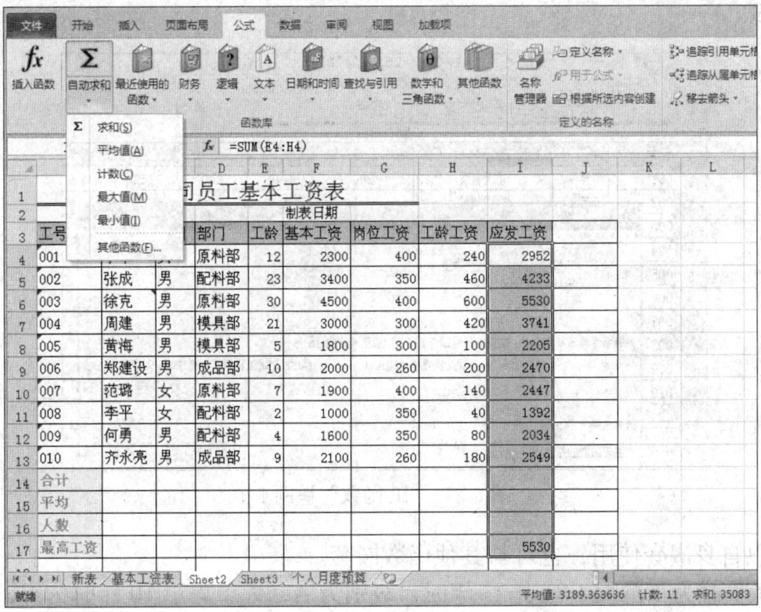

图 8-56 "公式"选项卡中的函数库及自动计算按钮

（4）函数的嵌套

Excel 还支持复合函数，即函数的嵌套。在某些情况下，要将某函数的计算值作为另一函数的参数使用时，就需要将两个函数嵌套起来。例如求"8、9 及 3 与 9 的和"三者中的最大值，可用函数 SUM 和 MAX 嵌套，即 MAX(8,9,SUM(3,9))，在建立这种函数时，只要将 MAX 的某个参数用函数 SUM(3,9)表示就可以了。

2. 常用函数使用方法

不同的函数可以实现不同的功能，如 SUM()函数可以计算出多个单元格中数据的和，MAX()函数可以计算出多个数值中的最大值。在此介绍一些常用函数的使用方法和技巧。

（1）求平均值函数——对指定数据或区域的值计算平均值

格式：=AVERAGE(number1,number2,….)

说明

- number: 可以是数值、单元格引用、数组，但必须是数值型的。

例如，计算员工"应发工资"的平均值，可在图 8-56 的 I15 单元格中输入函数式=AVERAGE(I4:I13)

（2）条件函数——执行真假值判断，根据逻辑测试的真假值返回不同的结果

格式：=IF(logical_test,value_if_true,value_if_false)

说明

- logical_test: 要检查的条件的任意值或表达式，可使用任何比较运算符。
- value_if_true: 当条件为真时的返回值。
- value_if_false: 当条件为假时的返回值。

使用函数时，输入的真值、假值若为字符串，要用双引号括起来；引号中无任何字符时，公式确定后单元格中不显示任何内容。

例【8-4】 根据员工的工龄判断员工的工资级别，如果工龄大于等于 25 年，则为 A 级，否则为 B 级。

这是一个判断问题，需用 IF 函数解决，根据计算要求，各项参数设置如图 8-57 所示，计算结果返回值为 B。

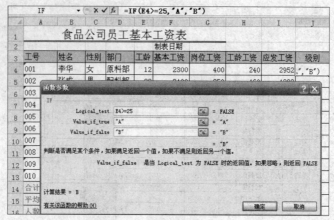

图 8-57 "IF 函数"举例 1

IF 函数可以自身嵌套使用，也可与其他函数嵌套。

上例中若条件改为工龄大于等于 25 年时，级别为 A，大于等于 10 年时为 B，否则为 C。满足不同条件产生不同结果，必须用 IF 函数自身嵌套。类似于图 8-57 中设定 test 后的条件表达式及 true 后的值，再将光标置于 Value_if_false 对应的框中，单击名称框下拉按钮，从中继续选择 IF 函数，进入如图 8-58 所示的对话框并按图进行设置，设置完成后不要单击"确定"按钮，而是要单击编辑栏中的外层 IF 函数名处。IF 函数最多可以嵌套 7 层。

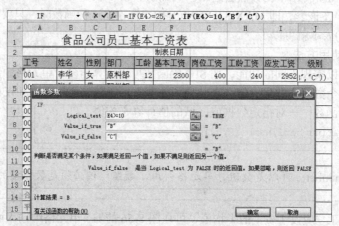

图 8-58 "IF 函数"举例 2

上例中若条件改为工龄在 20 年以上且应发工资在 4500 元以上时为"高工"，其余为"普通"，先新增一列"备注"，在其中编辑函数为

```
=IF(AND(E4>=20,I4>=4500)),"高工","普通")
```

即光标在 IF 函数的条件框中时，从名称框中选择 AND 函数，进入图 8-59 左图所示的对话框输入条件，再单击编辑栏上的 IF 处，返回 IF 函数对话框，输入如图 8-59 右图所示的内容。

要同时满足多个条件，必须用 AND 函数与 IF 函数相互嵌套。

【例 8-5】计算个人应交纳的电费：耗电量在 80 度以下的电费按平价电费计算，否则按高价电费计算。

该题需要将公式和 IF 函数混合使用。函数见图 8-60 编辑栏中的公式，其中平价电费和高价电费金额所在的单元格是被绝对引用的。

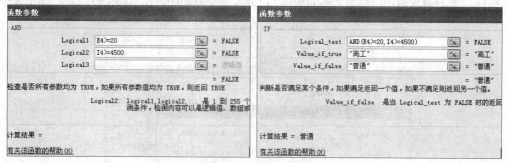

图 8-59　"IF 函数"举例 3

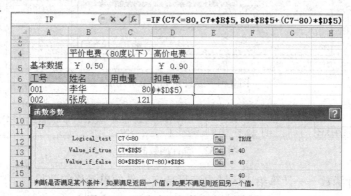

图 8-60　用公式和函数嵌套计算电费

（3）条件求和函数——对符合条件的区域的数据求和

格式：=SUMIF(range,criteria,sum range)

- range：用于条件判断的单元格区域。
- criteria：求和的条件，其形式可以为数字、表达式或文本。例如，条件可以表示为 32、"32"、">32"、"apples"。
- sum range：需要求和的实际单元格区域。只有当 range 中的相应单元格满足条件时，才对 sum_range 中的单元格求和。如果省略 sum_range，则直接对 range 中的单元格求和。

例【8-6】对部门是原料部的员工求应发工资总额。

需要用条件求和函数解决，条件是"原料部"，求和项是"应发工资"列。如图 8-61 中所示函数，是在 I18 单元格中，插入 SumIF（）函数的设置。

（4）统计函数——计算参数组中对象的个数

格式：=COUNT(value1,value2…)

　　　=COUNTA(value1,value2…)

　　　=COUNTBLACK(value1,value2…)

参数 value1,value2…是包含或引用各种类型数据的参数（1～255 个），可以是数值、文字、逻辑值和引用，COUNT 函数只有数字类型的数据计数，COUNTA 函数对数值及非空单元格计数，COUNTBLACK 函数对空白单元格计数。

例如，在图 8-62 中，要统计 A2 到 G2 单元格中的数字个数，H2 单元格中=COUNT(A2:G2)，结果等于 3；要统计 A2 到 G2 单元格中数值个数及非空单元格数目，I2 单元格中=COUNTA(A2:G2)，结果等于 6；要计算区域中空白单元格的数目，J2 单元格中=COUNTBLACK(A2：G2)，结果等于 1。

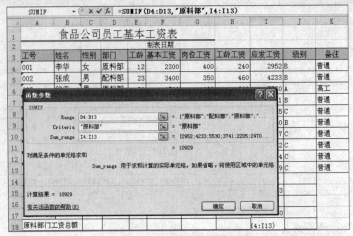

图 8-61　条件求和函数的用法

	A	B	C	D	E	F	G	数字个数	数值个数及非空单元格数目	空白单元格的数目
1								数字个数	数值个数及非空单元格数目	空白单元格的数目
2	利润	3月15日		42	12.5	TRUE	#REF!	3	6	1

图 8-62　统计函数的用法

（5）条件统计函数——计算给定区域内满足特定条件的单元格的数目

格式：=COUNTIF (range,criteria)

- range：需要计算其中满足条件的单元格数目的单元格区域。
- criteria：单元格应满足的条件，其形式可以为数字、表达式或文本。

在如图 8-63 所示的例子中，用于统计应发工资在 3 000 元以上的人数，结果置于 I19 单元格中。在 J19 单元格中输入函数：=COUNTIF(J4:J13,J4)用于判断 J4:J13 区域中有几个值与 J4 中的值相同。

（6）排名函数——指定数字在一列数字中排名，有多个相同值时，返回平均值排名

格式：=RANK.AVG(number,ref,order)

- number：指定的需要排名的数字。
- ref：排名的区域。
- order：按升序或降序排位，此参数缺省或为 0 时降序，非零值时升序。

例【8-7】要求将每个人的应发工资按降序进行排名。在 L4 单元格中输入如图 8-64 所示的内容，此处的 I4:I13 区域必须绝对引用。

（7）日期函数——显示基于计算机系统的当前日期

格式：=TODAY()

（8）四舍五入函数——按指定位数对数值进行四舍五入

格式：=ROUND(number,num_digits)

- number：要计算的数字。
- num_digits：执行四舍五入时指定的位数。

（9）每期还款额函数——计算在固定利率下，贷款的等额分期偿还额

格式：`PMT(rate,nper,pv,fv,type)`

- rate：贷款利率。
- nper：总贷款期限。
- pv：本金即总贷款额。
- fv：终值，即在最后一次付款后可获得的现金余额，忽略则为 0。
- type：用于指定付款时间是在期初还是期末，取逻辑值 0 或 1，不写时默认为 0，即在期末还款。

图 8-63　条件统计函数的用法

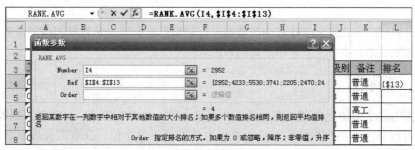

图 8-64　排名函数的用法

例【8-8】在如图 8-65 所示的表格中，B5，C5，D5 单元格中用 PMT 函数计算出了结果。此处函数中没有填写终值和期初、期末两项。Excel 会自动将贷款偿还额设定为货币格式。

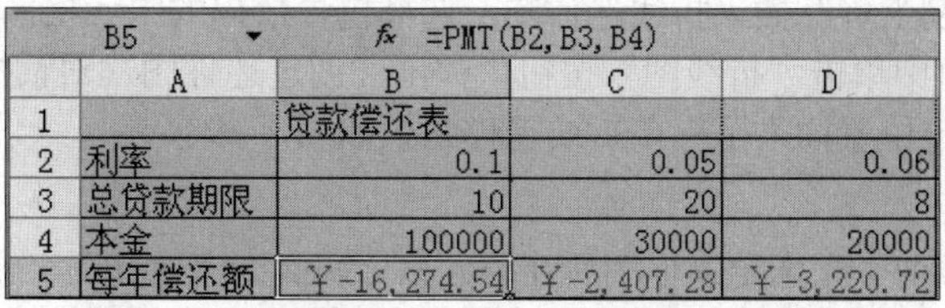

	B5 ▼	fx =PMT(B2,B3,B4)	
	A	B	C	D
1		贷款偿还表		
2	利率	0.1	0.05	0.06
3	总贷款期限	10	20	8
4	本金	100000	30000	20000
5	每年偿还额	￥-16,274.54	￥-2,407.28	￥-3,220.72

图 8-65　等额偿还函数

在实际工作中，还会用到 Excel 中的许多其他函数，参见《计算机基础实验指导》教材中的附录 C，可以在具体应用中不断学习和掌握。

3. 使用公式或函数时出现的错误提示

在编辑公式或函数时如果有错误，系统会出现相应的提示。如表 8-3 所示。用户需根据提示进行修改。

表 8-3 公式或函数中的出错提示

提 示 符	错 误 原 因	修 改 办 法
#DIV/0!	公式的除数为 0，或被空单元格除，如图 8-66 所示	将除数修改为非 0 或非空格值
#NAME?	公式中引用的对象名称无法识别，如图 8-67 所示	修改公式中引用的对象名称
#REF	公式中引用的单元格不存在，一般是由于公式中引用的单元格被删除导致	修改公式中引用的单元格名称
#VALUE	函数中参数的数据类型与要求不符，如图 8-68 所示	修改单元格中的数据类型
#NULL	公式中引用了不正确的区域或公式中丢失运算符，如 =SUM(F4 F5)	修改区域名称或补全运算符

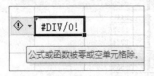

图 8-66 "#DIV/0!"错误提示

图 8-67 "#NAME?"错误提示

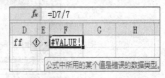

图 8-68 "#VALUE"错误提示

8.4 图表的使用

图表是以图形的形式表示工作表内的数据，它能直观形象地表示数据间的复杂关系，具有很强的说服力和吸引力。本节主要介绍迷你图和图表。

8.4.1 迷你图

迷你图是 Excel 2010 的新增功能，是工作表格中的一个微型图表，可提供数据的直观表示。使用迷你图可以显示一系列数值的趋势，或突出最大值、最小值，在数据旁边放置迷你图可达到最佳效果。

1. 插入迷你图

迷你图不是 Excel 中的一个对象，只是单元格背景中的一个微型图表。迷你图的类型有 3 种：折线图、柱型图、盈亏图。

例【8-9】为"应发工资"插入折线迷你图。选择包含数据的单元格区域 I4:I13，从"插入"选项卡的"迷你图"组中单击"折线图"按钮，弹出"创建迷你图"对话框，指定迷你图的位置 I15，确定后在表中指定位置插入了一条折线迷你图，如图 8-69 所示。

2. 编辑迷你图

对迷你图进行编辑前，先选定迷你图所在单元格，切换到"迷你图工具"的"设计"选项卡，如图 8-70 所示。

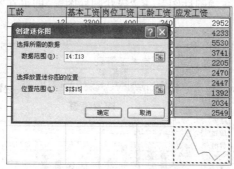

图 8-69　插入折线迷你图

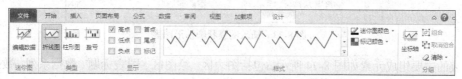

图 8-70　"迷你图工具"的"设计"选项卡

改变迷你图中的数据源或迷你图的位置。单击"编辑数据"下的按钮，可选择"编辑组位置和数据"，或"单个迷你图数据"，如图 8-71 所示，重新指定数据源和迷你图的位置。

更改迷你图类型。在"类型"组中重新选择一种迷你图类型。

在迷你图中可以显示 6 种特殊的数据点。在"显示"组中重新选择一种数据点，其中"高点"是指显示源数据中的最高值，"低点"是指显示源数据中的最低值，"负点"是显示源数据中小于 0 的数据点，"首点"是选择源数据中的第一个数据点，"尾点"是选择源数据中的最后一个数据点，"标记"是显示源数据中的每一个数据点。

选定迷你图后，选择"分组"组中的"清除"，可以删除选定的迷你图。

3．美化迷你图

对于插入的迷你图可以直接套用系统提供的"样式"，选定迷你图所在单元格，切换到"迷你图工具"的"设计"选项卡，展开"样式"组列表框，从中选择合适的迷你图效果。用户也可以自定义迷你图的外观，单击"样式"组中的"迷你图颜色及粗细"、六个数据点的"标记颜色"。将图 8-69 插入的迷你图的粗细改为 3 磅、折线颜色为蓝色、显示出高点并设置为红色、显示低点并设为橙色，效果如图 8-72 所示。

图 8-71　"编辑数据"下拉菜单

图 8-72　修改和美化后的迷你图

8.4.2　图表

1．插入图表

利用 Excel 提供的"图表"选项组可以为工作表中选定的区域创建图表。

选定要创建图表的数据区域，可以是连续区域，或不连续区域，如选定姓名和应发工资两个区域（B3:B13 和 I3:I13）；切换到"插入"选项卡，"图表"组中列出多种图表类型，选择其中一种类型，如选择"柱形图"→"圆柱图"→"簇状圆柱图"，即可在本工作表中插入相应的图表，如图8-73所示。

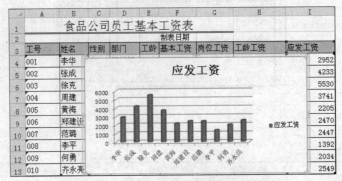

图8-73 插入的簇状圆柱形图表

图表的主要组成元素如图8-74所示，包括图表区、绘图区、图表标题、数据系列、数据标记、坐标轴、图例、刻度线、网格线等。

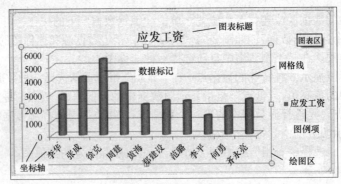

图8-74 图表的组成

2. 图表类型

Excel 2010包含11种图表类型，可以用不同的图表类型表示数据，如柱形图、条形图、饼图、圆环图、折线图、雷达图、股价图等，有些图表类型又有二维和三维之分。选择一个能最佳表现数据的图表类型，有助于更清楚地反映数据的差异和变化，从而更有效地反映数据。下面介绍几种常见的图表类型及其特点。

- 柱形图：用来显示不同时间内数据的变化情况，或者用于对各项数据进行比较，是最普通的商用图表类型，柱形图中的分类位于横轴，数值位于纵轴。
- 条形图：用于比较不连续的无关对象的差别情况，它淡化数值项随时间的变化，突出数值项之间的比较。条形图中的分类位于纵轴，数值位于横轴。
- 折线图：用于显示某个时期内，各项在相等时间间隔内的变化趋势，它与面积图相似，但更强调变化率，而不是变化量，折线图的分类位于横轴，数值位于纵轴。
- 饼图：用于显示数据系列中每项占该系列数值总和的比例关系，它通常只包含一个数据系列。
- 散点图：通常用来显示和比较数值，水平轴和垂直轴上都是数值数据。
- 面积图：它通过曲线（即每一个数据系列所建立的曲线）下面区域的面积来显示数据的总和、说明各部分相对于整体的变化，它强调的是变化量，而不是变化的时间和变化率。
- 圆环图：类似于饼图，也用来反映部分与整体的关系，但它能表示多个数据系列，其中一个圆环代表一个数据系列。

- 雷达图：每个分类都有自己的数值坐标轴，这些坐标轴中的点向外辐射，并由折线将同一系列的数据连接起来，用于比较若干个数据系列的聚合值。
- 曲面图：使用不同的颜色和图案来指示在同一取值范围的区域，适合在寻找两组数据之间的最佳组合时使用。
- 气泡图：这是一种特殊类型的 XY 散点图，数据标记的大小标示出数据组中第三个变量的值，在组织数据时，可将 X 值放置于一行或一列中，在相邻的行或列中输入相关的 Y 值和气泡大小。
- 股价图：用来描述股票的价格走势，也可用于科学数据，如随温度变化的数据。生成股价图时必须以正确的顺序组织数据，其中计算成交量的股价图有两个数值标轴，一个代表成交量，另一个代表股票价格，在股价图中可以包含成交量。

3. 设置图表

图表创建好后，一般要根据实际情况进行编辑和修改。编辑图表包括增加、删除、改变图表的内容，缩放或移动图表，更改图表类型，格式化图表内容及图表本身等。

对图表及图表中的各对象的移动、缩放、删除如同对图片的操作一样，单击选定后利用控制句柄改变大小、移动位置或用【Delete】键将其删除。

如果要格式化图表中的任何一个对象，有两种方法。一是双击该对象，打开关于该对象的格式设置对话框，从中选择各项进行设置；二是选定图表对象，在"图表工具"选项卡中分别进入"设计"、"布局"、"格式"中进行设置。

例【8-10】对图表中的"应发工资"数据标记设置，选择：图表布局 9、图表样式 20、显示数据标签、添加坐标轴标题内容等各项，图表背景填充渐变色，最终效果如图 8-75 所示。

要为图表添加新的数据系列或更改数据源时，单击选定图表，在"图表工具"的"设计"选项卡中单击数据组中的"选择数据"项，打开如图 8-76 所示的对话框，在"图表数据区域"框中引用要添加或更改的单元格区域，如增加基本工资所在列 F3:F13。

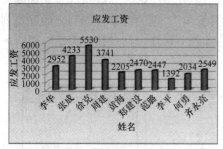

图 8-75　图表设置后的效果

图 8-76　"选择数据源"对话框

可以修改图表的类型，选定图表中的数据标记后，在"图表工具"的"设计"选项卡中单击"更改图表类型"，从弹出的对话框中重新选择图表，图 8-77 为"应发工资"数据系列更改为折线图。

可以为某些图表添加趋势线，用于描述现有数据的趋势或对未来数据的预测。选定图表，在"布局"选项卡"分析"组中的"趋势线"下，选"线性趋势线"，效果如图 8-78 所示。

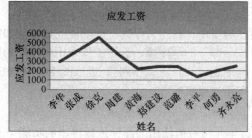

图 8-77　更改图表类型

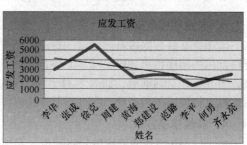

图 8-78　添加趋势线

当修改或删除工作表中的数据时，图表中的相应数据会自动更新。

8.5　数据的分析与管理

Excel 除了能方便地建表、对数据进行各种计算以及将数据图表化外，更强大的功能是对数据的处理，包括对数据排序、筛选、分类汇总、合并计算，生成数据透视表、进行模拟运算等多方面的管理、分析和决策。

8.5.1　数据排序

在一张工作表中，可以记录大量的数据信息，为了方便查找数据，往往需要对数据进行排序，即根据指定字段的数据的顺序或特定条件，对整个工作表或选定区域的内容进行调整。

1. 简单排序

只根据某一列字段中的数据对行数据排序，是最简单的排序方法。选定某单元格，单击"数据"→"排序和筛选"组中的"升序"按钮 ，以该列数字按从小到大的序列，或该列文字按首字拼音从 A 到 Z 的序列重新排序表格内容；单击"降序"按钮 ，顺序相反。

2. 多字段排序

当根据某一列字段名对工作表中的数据进行排序时，可能会遇到该字段中有相同数据的情况，这时还须根据其他字段对数据再进行排序，即进行多字段排序。选定工作表中要排序的区域，单击"数据"→"排序和筛选"组中的"排序"按钮，打开排序对话框进行设置。

例【8-11】先按"部门"字段降序排列，再按工龄升序排列。在设置主要关键字条件后，单击其中的"添加条件"按钮，进行次要关键字条件的设置，如图 8-79 所示。对相同条件可以复制，对不需的条件可以删除，如果选定"数据包含标题"，则关键字框中列出的是每列的标题，还可以单击"选项"按钮，设置排序是否区分大小写、排序方向及排序方法，如图 8-80 所示。

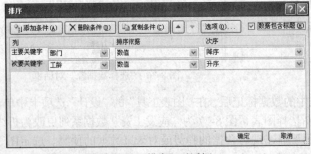

图 8-79　"排序"对话框

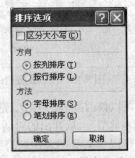

图 8-80　排序选项

3. 按特定顺序排序

希望把某些数据按自己特定的想法进行排序时，需要用"自定义序列"的功能完成。例如需要将部门的顺序按照"模具部、原料部、配料部、成品部"的顺序排，选定工作表中要排序的区域，打开排序对话框后，如图 8-81 所示，"次序"框中选择"自定义序列"，进入图 8-82 所示的对话框，将要求的顺序输入序列框并单击"添加"按钮后确定即可。

4. 其他排序方式

Excel 2010 中新增了按单元格颜色、字体颜色、单元格数值使用的图标进行排序的功能。

（1）按单元格颜色排序

该功能可以将某列中具有相同颜色的单元格排在列的顶端或底端。例如先将"性别"一列中值为"男"的单元格填充为黄色（可用条件格式填充），选定工作表中排序区域，在排序对话框中进行如图 8-83 所示的设置，就可将所有黄色填充的单元格排序到列的顶端。

图 8-81　次序选择

图 8-82　自定义序列

图 8-83　按单元格颜色排序

按字体颜色排序的操作与之类似。

（2）按单元格图标进行排序

该功能可以将某列中具有相同图标样式的单元格排在列的顶端或底端。例如在 8.2 节中的图 8-47 为"基本工资"列的数据添加了图标集，若希望将某图标排在列的顶端，选定工作表中排序区域，在排序对话框中进行如图 8-84 所示的设置，就可将所有三等级的单元格排序到列的顶端。

图 8-84　按单元格图标排序

经过这些特殊的排序后，其他未参与排序单元格的数据保持原有的相对顺序。

8.5.2　数据筛选

当希望从工作表中选择出符合一定条件的数据时，就可以对表中数据进行筛选。

1. 自动筛选

如果筛选条件比较简单，可以选择自动筛选。自动筛选时能直接选择筛选条件，或简单定义筛选条件。

例【8-12】要求只显示出所有"原料部"的员工信息。选定数据区域，单击"数据"→"排序和筛选"→"筛选"按钮，每个字段名的右边出现一个三角形筛选按钮，单击要筛选字段"部门"右侧的筛选按钮，从下拉列表中选择一个条件，如图 8-85 所示，则依据该字段满足该条件的数据显示在工作表中，其他数据行被隐藏。

若下拉列表中没有所需的条件，则需要自定义筛选条件，例如，要求筛选出工龄大于等于 10 年而小于等于 30 年的员工信息，单击"工龄"字段筛选按钮，在如图 8-86 中执行"数字筛选"→"自定义筛选"，并设定条件。如果筛选的字段是文本型，筛选条件中可以使用?或*通配符代替其他字符，例如筛选出姓名列中所有姓李的员工信息。

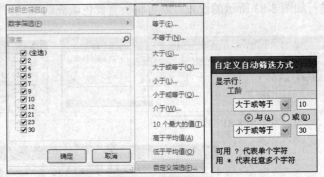

图 8-85　自动筛选列表　　　　　　　　　　图 8-86　自定义筛选条件

还可以按照单元格的颜色进行筛选。

2. 高级筛选

当自动筛选无法提供筛选条件或筛选条件较多、较复杂时，可选择高级筛选。

在进行高级筛选之前，必须先在工作表中建立条件区域。将含有筛选条件的字段名复制或输入空单元格中，在该字段下方的单元格中输入要匹配的条件（注意不能将字段与条件输入同一个单元格）。

例【8-13】筛选出所在"部门"是原料部并且"应发工资"大于 2 500 元的员工信息。先按要求设定筛选条件，然后选定数据区域中某一单元格，单击"数据"→"排序和筛选"→"高级"按钮，打开如图 8-87 所示的对话框，选择筛选结果的放置位置，确定筛选的数据区域（即对话框中的"列表区域"）和条件区域，可用鼠标直接引用单元格区域，若在"方式"中选择"将筛选结果复制到其他位置"，就要为筛选结果确定一个区域（即对话框中的"复制到"），确定后筛选结果如图 8-88 所示。若多个筛选条件间为"或"的关系，则条件区域应按照图 8-88 中的②处设置。

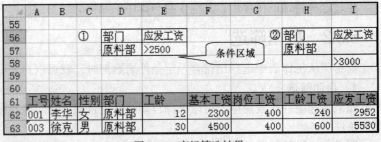

图 8-87　"高级筛选"对话框　　　　　　　　图 8-88　高级筛选结果

3. 取消自动筛选

有以下几种方法可取消筛选。

- 单击某字段名右侧的下拉箭头，选择其中的"从……中清除筛选"项，可取消该列的筛选而显示出全部数据。
- 单击"数据"→"排序和筛选"→"清除"按钮，可取消该列的筛选而显示出全部数据。
- 单击"数据"→"排序和筛选"→"筛选"按钮，可取消自动筛选的下拉箭头。

8.5.3 分级显示

在对工作表中的数据进行浏览、分析和决策时，希望能将具体数据折叠，或将某个字段中相同的数据进行统计，这时可以利用分组和分类汇总的方法。

1. 分组显示

分组是 Excel 2010 新增的功能，通过分组，可以将某个范围的单元格关联起来，从而可将其折叠或展开。

例【8-14】浏览员工工资表的汇总内容时，选定 A4:I13 区域，单击“数据”→“分级显示”→“创建组”按钮，并选择“行”，确定后在这些行的左侧出现三层折叠/展开按钮，如图 8-89 所示。单击折叠按钮，可以将第 4～13 行的数据隐藏，只浏览汇总行内容，如图 8-90 所示。

	A	B	C	D	E	F
3	工号	姓名	性别	部门	工龄	基本工资
4	001	李华	女	原料部	12	2300
5	002	张成	男	配料部	23	3400
6	003	徐克	男	原料部	30	4500
7	004	周建	男	模具部	21	3000
8	005	黄海	男	模具部	5	1800
9	006	郑建设	男	成品部	10	2000
10	007	范璐	女	原料部	7	1900
11	008	李平	女	配料部	2	1000
12	009	何勇	男	配料部	4	1600
13	010	齐永亮	男	成品部	9	2100
14	合计					23600
15	平均					4290.909
16	人数	10				
17	最高工资					23600

图 8-89 分组显示

	A	B	C	D	E	F
3	工号	姓名	性别	部门	工龄	基本工资
14	合计					23600
15	平均					4290.909
16	人数	10				
17	最高工资					23600

图 8-90 折叠分组数据

用户可以按照自己的需要对任何行或列的数据进行分组，这种方法在使用时方便、灵活。

如果不要某个分组，可以选定组所在区域后，单击“数据”→“分级显示”组中的“取消组合”按钮。

2. 分类汇总

（1）分类汇总方法

在对某字段中的数据进行统计汇总之前必须先依据该字段进行排序，将该字段中值相同者归为一类，即先进行分类操作。

例【8-15】先按“部门”字段进行排序，将同一部门归为一类。然后选定该工作表区域 A4:I13，单击“数据”→“分级显示”→“分类汇总”按钮，打开如图 8-91 所示的对话框，在“分类字段”下拉列表中选择分类所依据的字段名；在“汇总方式”下拉列表中选择汇总的方式（求和、求平均值、求最大值等）；在“选定汇总项”列表框中指定要对哪些字段进行统计汇总。本例要求分别求各部门员工的基本工资、岗位工资、工龄工资、应发工资之和，结果如图 8-92 所示。

（2）分类汇总表的查看

经过分类汇总得到的表结构与原表有所不同，除增加了汇总结果行之外，在分类汇总表的左侧增加了层次按钮和折叠/展开按钮。

分类汇总表一般分为 3 层，第 1 层为总的汇总结果范围，单击它，只显示全部数据的汇总结果。第 2 层代表参加汇总的各个记录项，单击它，显示总的汇总结果和分类汇总结果。单击层次按钮 3，显示全部数据。而单击某个折叠或展开按钮，可以只折叠或展开该记录项的数据。单击图 8-91 中的“全部删除”按钮，可删除分类汇总表而返回原工作表。

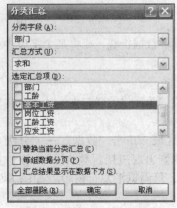

图 8-91 “分类汇总”对话框

	A	B	C	D	E	F	G	H	I
3	工号	姓名	性别	部门	工龄	基本工资	岗位工资	工龄工资	应发工资
	004	周建	男	模具部	21	3000	300	420	3741
	?05	黄海	男	模具部	5	1800	300	100	2205
				模具部 汇总		4800	600	520	5946
				原料部	12	2300	400	240	2952
8	003	徐克	男	原料部	30	4500	400	600	5530
9	007	范璐	女	原料部	7	1900	400	140	2447
10				原料部 汇总		8700	1200	980	10929
11	002	张成	男	配料部	23	3400	350	460	4233
12	008	李平	女	配料部	2	1000	350	40	1392
13	009	何勇	男	配料部	4	1600	350	80	2034
14				配料部 汇总		6000	1050	580	7659
	006	郑建设	男	成品部	10	2000	260	200	2470
				成品部	9	2100	260	180	2549
				成品部 汇总		4100	520	380	5019
				总计		23600	3370	2460	29553

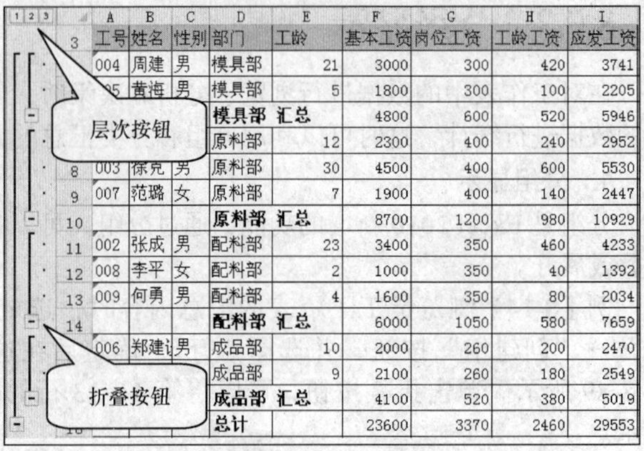

图 8-92 分类汇总结果

8.5.4 数据透视表

数据透视表是一种对大量数据快速汇总和建立交叉列表的交互式表格。可以任意转换行和列来查看源数据的不同汇总结果，可以根据需要显示区域中的明细数据，为决策提供有力的依据。

1. 建立数据透视表

建立数据透视表，可以以不同的视角显示数据并对数据进行比较和分析。

选定数据区域中某单元格，单击“插入”→“表格”→“数据透视表”按钮，打开“创建数据透视表”对话框，选择要建立透视表的数据区域，并指定透视表的放置位置，确定后，进入数据透视表的编辑界面，同时出现“数据透视表字段列表”窗口，如图 8-93 所示。字段列表窗口中，字段可以拖到 4 个区域，“报表筛选”中的字段显示在报表页面最顶端，级别最高；“列标签”中的字段作为报表中的各列；“行标签”中的字段在报表左侧；“数值”中用于放置需要统计的字段。各个区域中可插入多个字段，并有顺序区别。

例【8-16】要观察每个部门员工的应发工资及本部门工资汇总，在“数据透视表字段列表”窗口中将“部门”和“姓名”字段依次拖入“行标签”中，注意顺序，将“应发工资”字段拖入“Σ数值”中，构造好的报表结果如图 8-94 所示。

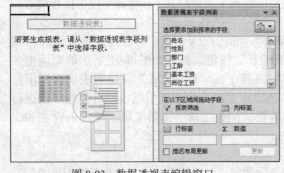

图 8-93 数据透视表编辑窗口

行标签	求和项:应发工资
成品部	5019
齐永亮	2549
郑建设	2470
模具部	5946
黄海	2205
周建	3741
配料部	7659
何勇	2034
李平	1392
张成	4233
原料部	10929
范璐	2447
李华	2952
徐克	5530
总计	29553

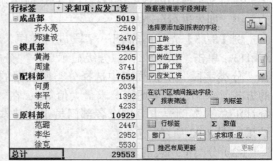

图 8-94 数据透视表显示方式

2. 编辑数据透视表

创建数据透视表时，功能栏中会出现“数据透视表工具”的“选项”和“设计”两个选项卡，利用其中的按钮可以对透视表进行修改和设置。

例如，将透视表中的“行标签”内容居中，空值处显示“无”，“应发工资”的汇总方式改为最大值并改为货币格式，并按部门名称升序排列。选定透视表中单元格，"数据透视表工具"→"选项"卡→"数据透视表"组→"选项"菜单，打开对话框，进行如图 8-95 所示的设置；选定透视表中"应发工资"列的某单元格，单击"活动字段"组→"字段设置"，打开如图 8-96 所示的对话框，"计算类型"中选"最大值"，单击"数字格式"按钮，从"设置单元格格式"对话框中选择"货币"类型，还可设置小数位数等项。

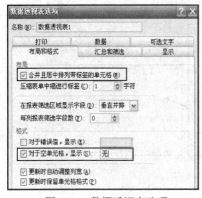

图 8-95　数据透视表选项

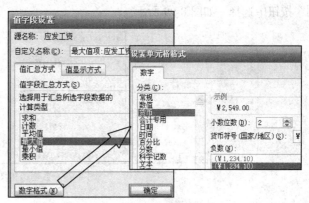

图 8-96　数据透视表字段设置

可以更改数据透视表的数据源，重新选择数据区域。

Excel 2010 新增一个功能是切片器，它包含一组按钮，使用简单的筛选组件，便于用户快速筛选透视表中的数据，而无需打开下拉列表查找要筛选的项目，还可以指示当前筛选的状态。单击"排序和筛选"组→"插入切片器"，打开相应对话框，如果想按照"性别"交互筛选数据，就选择该字段，如图 8-97 所示，这样在窗口中出现一个切片器，如果用户想浏览女员工数据透视表，就单击"女"，效果如图 8-98 所示。单击"切片器"右上角的"清除筛选器"按钮，可以显示出全部数据。用户可根据需要从"切片器工具"的"选项"中设置切片器的属性、样式、大小、按钮等项，快捷菜单中有同样的命令可执行，选择快捷菜单中的"删除..."，可删除切片器。

图 8-97　插入切片器

图 8-98　切片器筛选数据

3. 设计数据透视表布局

数据透视表的布局不同，表现的方式就有别。在"数据透视表工具"→"设计"卡中，能对已生成的数据透视表进行如下布局。

- 分类汇总：在透视表中是否显示各分类的汇总内容，显示在什么位置。
- 总计：是否显示行或列的总计内容。
- 报表布局：可以是压缩形式、大纲形式和表格形式。
- 空行：是否在每个项目间留出空行。
- 样式选项：表的第一行、第一列显示特殊格式，或奇偶行列的格式不同，使表格更具可读性。

4. 由数据透视表生成数据透视图

选定数据透视表，在"数据透视表工具"→"选项"→"工具"→"数据透视图"，从弹出的"插入图表"中选择一种可用的图表类型，就可生成一幅数据透视图。该图具有一般图表的特点，可以与图表一样进行操作和设置，但其中的数据可以根据用户的选择动态地显示不同内容。例如要显示出"配料部"的"男"员工"应发工资"情况，可单击数据透视图中"部门"按钮和"性别"按钮中选择，如图 8-99 所示。

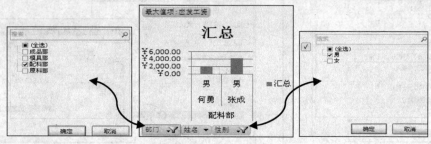

图 8-99　数据透视图

8.5.5　数据的其他分析工具

1. 单变量求解

如果已知公式预期的结果，而不知得到这个结果所需的输入值，就可以使用"单变量求解"功能。"单变量求解"是一组命令的组成部分，这些命令有时被称作假设分析工具。当进行单变量求解时，Excel 会不断改变特定单元格中的值，直到依赖于单元格的公式返回所需的结果为止。

例【8-17】贷款 100 000 元购房，要求每期偿还款不能超过 3 000 元，贷款期限为 48 个月，计算还款利率是多少。在工作表中输入如图 8-100 所示的数据，然后定位 B4 单元格，输入公式或函数"=PMT(B3,B2,B1)"，选择"数据"→"数据工具"→"模拟分析"→"单变量求解"，打开如图 8-101 所示的对话框，"目标单元格"为 B4，"可变单元格"为 B3，"目标值"中输入还款值，确定后，"可变单元格"中的值发生了变化，即如果每期还款额为 3 000 元，则月利率为 1.60%，结果如图 8-102 所示。

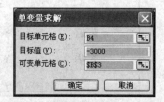

图 8-100　工作表　　　　图 8-101　"单变量求解"对话框　　　　图 8-102　"单变量求解"结果

2. 规划求解

规划求解是 Excel 最重要的一种数据运算和分析工具，主要用于解决原数据与目标数据间的最优组合，如以最小的投资获得最大的回报，最优化的线路达到最小的运输成本等。

（1）加载规划求解工具

规划求解工具存在于 Excel 的分析工具库中，使用前需先加载。从"文件"→"选项"→"加载项"，右侧界面的"管理"列表框中选择"Excel 加载项"，单击"转到..."按钮，进入"加载宏"对话框，选择"规划求解加载项"，确定后，在 Excel 窗口的"数据"选项卡中出现了"分析"组，并增加了"规划求解"按钮。

（2）创建规划求解

例【8-18】制作一份产品利润规划表，要求每台空调销售利润 700 元，每台冰箱销售利润为 1 000 元，每月空调和冰箱的进货量分别不能超过 60 台和 45 台，两者总数不超过 100 台，规划每月空调和冰箱各销售多少能达到最高利润。

	A	B	C	D
1				
2		空调	冰箱	销售总量
3	数量			=SUM(B3:C3)
4	利润	700	1000	
5	最大收益	=B3*B4+C3*C4		

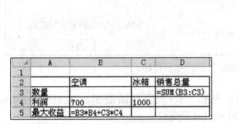

图 8-103　原数据表

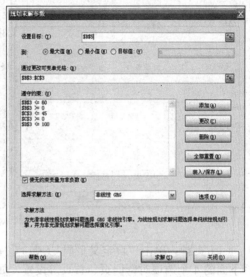

图 8-104　“规划求解参数”对话框

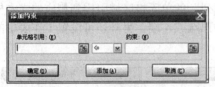

图 8-105　设置约束条件

	A	B	C	D
1				
2		空调	冰箱	销售总量
3	数量	55	45	100
4	利润	￥ 700.00	￥ 1,000.00	
5	最大收益	￥ 83,500.00		

图 8-106　规划求解结果

按照要求先制作如图 8-103 所示的表格，要计算的是 D3（即 B3、C3）和 B5 单元格中的值。定位在 B5 单元格中，执行“数据”→“规划求解”命令，进入如图 8-104 所示的对话框，按图进行设置，其中“遵守约束”框中的条件表达式都需要单击“添加”按钮进入如图 8-105 所示的对话框设置，分别是$B$3<=60，$B$3>=0，$C$3<=45，$C$3>=0，$D$3<=100。

设置好后进行“求解”，结果如图 8-106 所示，表明每月空调销售 55 台，冰箱销售 45 台时利润为最大值 835 00 元。规划求解方案的结果有 3 种报告即运算结果报告、敏感性报告、极限值报告，可以分别保存为一张工作表。

8.6　打 印 输 出

对于创建好的工作表，一般都要打印输出，在打印之前，先要进行适当的页面设置，预览满意后方可打印。

8.6.1　页面设置

在“页面布局”→“页面设置”组中，可以选择页边距、纸张大小、纸张方向，可以将选定的区域设置为打印区域，可以在光标所在处插入分页符，可以为页面设置背景图片，或者进入“页面设置”对话框进行设置，如图 8-107 所示。

- 页边距：确定页边距大小和页眉页脚的位置，选中"水平居中"和"垂直居中"两个复选框，可将工作表打印在纸张中央。

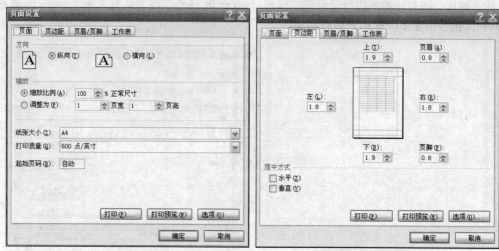

图 8-107 "页面设置"对话框之页面和页边距

- 页眉/页脚：单击"自定义页眉"（脚）按钮，从打开的相应对话框中添加页眉（脚）。还可选择下面的 4 个选项对奇偶页、首页等设置，如图 8-108 所示。
- 工作表：将要打印的单元格区域引用到"打印区域"文本框中设置打印区域。如果一张工作表要跨页打印，将表的"顶端标题行"或"左端标题列"的单元格区域引用到相应的文本框中（两者不可同时使用），它们就可以出现在每张打印页的顶端或左端。另外还可设置工作表中的网格线、批注、行号列标等是否打印，如图 8-108 所示。

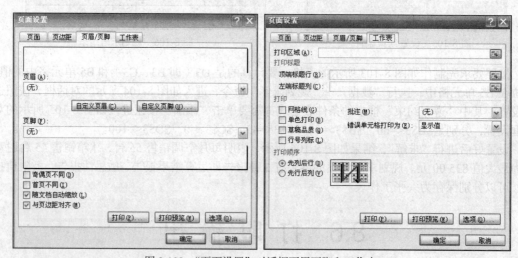

图 8-108 "页面设置"对话框页眉页脚和工作表

8.6.2 预览与打印

1. 分页预览

在"视图"选项的"工作簿视图"组中单击"分页预览"命令，可将窗口切换为分页预览视图方式，其中的粗线条就是分页符，可以通过拖动分页符的位置来改变打印区域的大小。单击"普通视图"按钮可回到正常窗口。

2. 预览和打印

在打印之前可使用打印预览快速查看打印页的效果。单击"文件"下拉菜单中的"打印"项，进入打印预览界面，可以设置打印份数、选择打印机，设置打印的工作表、页数，还可以对纸张大小、方向、边距、缩放等重新设定，如图 8-109 所示。经过页面设置和打印预览后，对于符合要求的工作表就可以打印输出了。

可以直接从"快捷访问工具栏"中单击相应按钮执行"打印预览和打印"或"快速打印"命令。

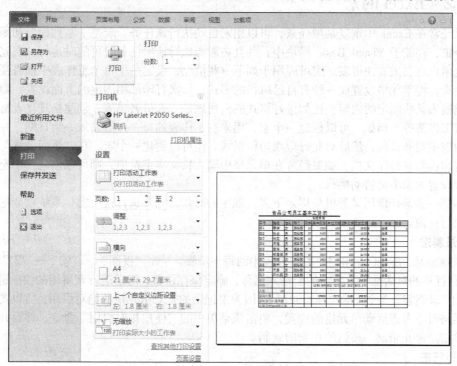

图 8-109　"打印预览和打印"窗口

8.7　Excel 2010 其他功能

8.7.1　Excel 的网络功能

使用 Excel 可以在 Web 页上发布工作表、图表、数据清单等内容，与其他用户共享数据，可以浏览本地 Web 或 Intranet 及 Internet 站点上的工作簿，打开以 HTML 格式保存的 Web 文件。

利用 Excel 文件的保存和发布功能，可以将工作簿的全部内容以 HTML 的文档形式保存，并送到 Web 服务器上发布，以便使具有 Web 浏览器的用户都能访问这些数据。在建立好要发布的工作表、图表或数据清单后，执行"文件"菜单下的"另存为"命令，在"保存类型"列表框中选择"网页"，并单击"发布"按钮，通过其中的"浏览"按钮选择保存在 Internet 网页上的路径，选中"在每次保存工作簿时自动重新发布"和"在浏览器中打开已发布的 Web 页"两个复选框，最后将它发布即可。

在 Excel 中要查看 HTML 文件时，执行"文件"菜单中的"打开"命令，在弹出的对话框的"查找范围"列表框中，选择将要打开的 HTML 文件的地址，如驱动器名称、文件夹、Web 文件夹、Web 服务器或 FTP 节点等，双击所需的 HTML 文件，即可打开该文件查看其中的数据。

如果要在局域网中与他人共同编制工作表，则在最初建立的工作表中，单击"审阅"选项卡→"更改"→"共享工作簿"按钮，在对话框的"编辑"页面中选定"允许多用户同时编辑，同时允许工作簿合并"复选框，确定后，工作簿名称后面将会显示"共享"字样。将该工作簿保存到一个共享文件夹中，则其他人可以在局域网中打开并编辑修改此工作簿。另外，可根据需要设置"共享工作簿"对话框中"高级"选项卡的内容。

8.7.2 Excel 的宏

如果经常在 Excel 中重复某项任务，可以用宏自动执行该任务。宏是一系列命令和函数，是一个指令集，存储于 Visual Basic 模块中，并且在需要执行该项任务时可随时运行。宏完成动作的速度比用户自己做要快得多。宏可应用于如下一些情况，设定一个每个工作表中都需要的固定形式的表头；将单元格设置成一种有自己风格的形式；每次打印都用固定的页面设置；频繁地或是重复地输入某些固定的内容，比如排好格式的公司地址、人员名单等；创建格式化表格；插入工作表或工作簿等。例如，可以创建一个宏，用来在工作表的每一行上输入一组日期，并在每一单元格内居中对齐日期，然后对此行应用边框格式。还可以创建一个宏，在"页面设置"对话框中指定打印设置并打印文档。如果经常在单元格中输入长文本字符串，则可以创建一个宏来将单元格格式设置为文本可自动换行。

宏能把一些操作像用录音机一样录下来，到用的时候，只要执行这个宏，系统就会把录好的操作再执行一遍。

1. 录制宏

在录制宏时，Excel 存储用户操作过程中的每一步骤。单击"视图"→"宏"→"宏"→"录制宏"，在打开的对话框中为新建的宏输入名称，确定保存位置，指定运行宏所用的快捷键，确定后原来的"录制宏"命令变为"停止录制"，因为宏记录的是对单元格的绝对引用，所以要让宏在选择单元格时不考虑活动单元格的位置，单击该菜单中的"使用相对引用"命令，然后开始正常操作，单击"停止录制"按钮停止宏的录制。

2. 运行宏

通常录制的宏总是在 Excel 中运行，打开包含宏的工作簿，选定要应用宏的单元格区域，单击"视图"→"宏"→"宏"→"查看宏"，从对话框中选择或输入要运行的宏的名称，单击"执行"按钮，则所选定的单元格区域就按照宏中录制的操作执行一次，也可直接按下要运行的宏的快捷键。

8.7.3 Excel 与其他程序联合使用

Excel 不仅自身有强大的功能，还可与 Office 中的组件协同工作。

在 Word 文档中要想插入一张工作表，可用以下两种方法。

打开 Word 文档，单击"插入"→"文本"→"对象"，打开对话框，选"新建"选项卡中"新建 Excel 文件"项，就将 Excel 工作表插入文档中并打开了 Excel 窗口。若工作表已存在，就选"由文件创建"选项卡，在"文件名"框中输入已有工作表的名称，若选中"链接到文件"复选框，就在两个文件间建立了链接，同时工作表被插入了 Word 文档中。

要在 Word 文档中插入一个图表，单击"插入"→"插图"→"图表"按钮，这样一幅 Office 内置的图表实例被插入到 Word 中，对应的 Excel 表被打开，可直接在此修改数据及图表各项，修改后的结果会直接体现在图表上。

8.7.4 Excel 2010 新特点

在 Excel 2010 中，Ribbon 工具条中的功能更加增强了，可以设置的东西更多了，使用更加方便，而且创建 SpreadSheet 更加便捷。

Excel 2010 改进了文件格式对 Excel 2007 版本的兼容性，并且较前一版本更加安全。

Excel 2010 中一个最重要的改进就是对 Web 功能的支持，用户可以通过浏览器直接创建、编辑和保存 Excel 文件，以及通过浏览器共享这些文件。除了部分 Excel 函数外，Web 版的 Excel 可与桌面版的 Excel 一样出色。另外，Excel2010 还提供了与 Sharepoint 的应用接口，用户可以将本地的 Excel 文件直接保存到 Sharepoint 的文档中。

在 Excel 2010 中，在插入菜单中增加了 Sparklines 的功能，可以根据选定的一组单元格数据描绘出波形趋势图，同时可以有多几种不同类型的图形选择。这种小的图表可以嵌入 Excel 的单元格内，让用户获得快速可视化的数据表示。

Excel 2010 提供的网络功能也允许 Excel 可以和其他人同时分享数据，包括多人同时处理一个文档等。

思考与练习

一、思考题

1. 选定不连续的单元格区域的方法是什么？
2. 当某单元格中的数字少输入了一位，需要补充时，应如何操作？
3. 要删除某单元格中数字的货币格式而保留数字内容时，应执行什么命令？
4. 单元格中输入内容后出现 ###号的原因是什么？
5. 要等宽地改变多列的宽度，最好的操作方法是什么？
6. Excel 中各种运算符的输入需要什么条件？
7. 填充柄有何功能？
8. 如何自定义序列？
9. 绝对引用和相对引用有何区别？如何在两种引用间快速转换？
10. 如何只复制单元格中的公式或格式而不复制数据？
11. 如何改变分页符的位置，调整打印区域的大小？
12. 在 Excel 中按【Enter】键意味着光标移到下一单元格，如何能在同一单元格中换行？

二、操作题

按下述要求进行工资表的操作。此外利用所学知识再进行一些其他操作练习。

1. 建立一个有"部门、姓名、籍贯、入职日期、工龄、基本工资、奖金、请假天数、扣除工资、实发工资"字段的工作表，只给表中"部门、姓名、籍贯、入职日期、请假天数"这些列输入具体内容。

2. 将标题合并居中于数据区域中部；为表格加边框；文字居中，所有薪金加货币符号，保留一位小数。

3. 用公式或函数计算工龄、扣除工资（请假超过 2 天，每天扣 20 元）、实发薪金。

4. 根据表格中的数据，按照一定的条件进行筛选，并用切片器查看数据。

5. 将每人的实发工资分别生成一个柱形图和折线图，并进行编辑。

6. 对不同部门员工的实发工资进行分类汇总求和，对汇总结果做一个三维饼图。

7. 为每位员工的实发工资数据插入一个迷你图。

第9章
演示文稿软件 PowerPoint 2010

在这个竞争非常激烈的时代，要想让别人接受自己的一项计划或建议，展示系列产品，作一个汇报，或进行电子教学等工作时，最好的办法就是制作一些带有文字和图表、图像及动画等对象的幻灯片，用于阐述论点或讲解内容，利用 PowerPoint 就能轻易地完成这些工作。

本章主要讲解演示文稿的创建以及幻灯片的页面设计制作，并在此基础上介绍放映幻灯片的方法。

9.1　演示文稿的基本操作

利用 PowerPoint 程序生成的文件叫演示文稿，演示文稿文件的后缀名为.pptx。演示文稿中的每一页是幻灯片，在幻灯片上可以按照一定的版式放置许多对象。版式是对象的布局，每种版式可包含多个对象。对象的位置各不相同，可由一个占位符为其预留位置，根据提示添加相应的对象。对象是组成幻灯片最基本最重要的元素，文本、表格、图形、图像、动画、声音等都是幻灯片中的对象。幻灯片中的所有效果在播放时显示出来。

演示文稿的创建方法与 Office 2010 中其他程序文件相似，可以创建空白文档，也可根据模板和主题创建。PowerPoint 中演示文稿涉及的主要内容包括：基础设计，添加新幻灯片和对象，选取版式，通过更改配色方案或应用不同的设计模板修改幻灯片设计，创建效果（如动态幻灯片切换）。

9.1.1　视图方式

PowerPoint 2010 的用户界面如图 9-1 所示。除工作区外，与 Office 中其他组件有着同样的风格。

整个工作区分成 3 个部分。

* 大纲/幻灯片窗格。以大纲的形式显示每张幻灯片中的标题和正文内容（必须是应用了标题和正文版式的幻灯片）。

* 幻灯片编辑窗格。用于详细编辑当前幻灯片，可根据占位符提示进行对象的插入、格式化操作，并设置动画效果。

* 备注窗格。为当前幻灯片添加演讲备注或重要信息。

PowerPoint 2010 有 4 种主要视图方式，普通视图、幻灯片浏览视图、阅读视图和幻灯片放映视图。可选择不同的视图实现演示文稿的创建、组织和放映。了解并灵活使用这些视图可以起到事半功倍的效果。各视图间的切换可以单击窗口底部的视图按钮来完成，或从"视图"选项卡中选择相应的按钮。

图 9-1　PowerPoint 用户界面

1. 普通视图

普通视图是幻灯片的默认视图方式，是主要的编辑视图，可用于撰写或设计演示文稿。普通视图包含 3 个窗格，如图 9-1 所示，这些窗格使得用户可以在同一位置使用演示文稿的各种特征，拖动窗格边框可调整各窗格的大小。

2. 幻灯片浏览视图

以缩略图的方式显示演示文稿中的所有幻灯片。在此视图中可以方便地移动、添加、删除幻灯片、添加节，按不同类别或节对幻灯片进行排序，设置和预览幻灯片的切换效果。

3. 阅读视图

用于设计者自我观看文稿效果的放映方式，不使用全屏幻灯片放映，可随时单击窗口底部的按钮切换到其他某个视图。

4. 幻灯片放映视图

用于向受众放映文稿的演示效果，全屏显示幻灯片内容，在此可以看到各对象在实际放映中的动画、切换等效果。

9.1.2　对象的插入

创建好一个演示文稿后，就要对幻灯片的页面进行详细制作，包括向幻灯片中输入文本、插入对象、编排格式、设置背景及颜色等。

1. 文字与段落的处理

文本内容是幻灯片的基础，一段简洁而富有感染力的文本是制作一张优秀幻灯片的前提。幻灯片上不能直接输入文本，可用 4 种方法将文本添加到幻灯片中，即占位符、文本框、艺术字和自选图形。

占位符中的文本可以在大纲窗格或幻灯片窗格中直接输入和编辑，也可在幻灯片编辑窗格中输入和编辑，并可将其导出到 Word 中；而用户插入文本框、艺术字或自选图形并输入文本的操作必须在幻灯片编辑窗格中进行，输入文字的方法以及文字和段落其他格式的操作与 Word 相似，此处不再叙述。

但要注意的一点是，只有在幻灯片中的占位符中输入的文字才能在大纲视图中显示出来。

在大纲窗格中，每张幻灯片前面都有一个标号，表明是第几张幻灯片。标号旁的方块代表一张幻灯片，方块后面可以输入幻灯片标题。每张幻灯片及其中的文本可以通过快捷菜单（右键单击选定内容）中的升级/降级按钮来改变级别，上移/下移按钮来改变幻灯片的位置，折叠/展开按钮来隐藏或显示幻灯片中的子标题内容等。

2．插入其他对象

PowerPoint 中，除文字外，还可以用多种方法插入其他许多对象。

- 如果幻灯片应用了某种版式，单击版式中的占位提示符插入相应的对象。
- 公式、符号、文本框、图像、表格、插图、艺术字、页眉页脚、媒体对象如动画（GIF）、影片（AVI）以及声音（WAV，MID，MP3）等，可直接从"插入"选项卡中选择相应的组，并单击对象按钮将其插入幻灯片中。
- 将其他文件中的对象设置好后可复制到幻灯片中。
- 除上述对象外，PowerPoint 中还可以插入其他文件的内容，或将文件以图标方式插入。单击"插入"菜单下的"对象"命令，在如图 9-2 所示的对话框中选择要插入的对象。

图 9-2 "插入对象"对话框

9.1.3　幻灯片操作

无论用哪种方法新建好演示文稿后，还可能需要对其中的幻灯片进行诸如删除、移动、复制等的编辑处理。可以在普通视图或幻灯片浏览视图中对幻灯片进行这些操作。

1．插入新幻灯片

- 一份演示文稿中，通常包含多张幻灯片，插入新幻灯片的方法是："开始"选项卡→"幻灯片"组→"新建幻灯片"按钮下拉列表，选择所需版式，即可在指定位置插入新幻灯片。
- 或右击某张幻灯片，从快捷菜单中执行"新建幻灯片"命令，即可在当前幻灯片后插入新幻灯片。

2．选定幻灯片

在对幻灯片进行编辑操作之前，首先需选定所要编辑的幻灯片，被选定的幻灯片周围加有一个蓝色框。

在幻灯片窗格或幻灯片浏览视图中，单击可选定一张幻灯片；按下【Shift】键单击可选定多张连续幻灯片；按下【Ctrl】键单击可选定多张不连续的幻灯片；执行"开始"选项卡→"编辑"组→"选择"下拉菜单→"全选"（【Ctrl+A】）组合键命令可将幻灯片全部选定。

3．移动和复制幻灯片

在演示文稿中复制相似的幻灯片制作新幻灯片可以节省时间，只需修改不同之处即可。利用幻灯片的移动操作可以很方便地实现幻灯片前后顺序的调整。

在浏览视图中，选定要移动或复制的幻灯片，直接用鼠标拖到目标位置的操作是移动，按下【Ctrl】键拖动操作是复制。在拖动过程中，出现一条线，它的位置表明幻灯片所到的位置。也可执行"开始"选项卡→"剪贴板"→中的"剪切"、"复制"和"粘贴"按钮或相应快捷键【Ctrl+X】、【Ctrl+C】和【Ctrl+V】进行操作。

在"大纲/幻灯片"窗格中，右键单击某张幻灯片，执行快捷菜单中的"复制幻灯片"命令，可直接在该幻灯片下方复制出一张幻灯片。

4. 重用幻灯片

有时当前文稿中需要使用其他演示文稿中的某张幻灯片，这时可将它们插进来，插入的幻灯片会自动套用当前演示文稿的配色方案和设计模板等。具体操作如下。

单击"开始"选项卡→"幻灯片"组→"新建幻灯片"按钮下拉列表中的"重用幻灯片…"命令，在窗口右侧弹出如图 9-3 所示的"重用幻灯片"窗格，单击"浏览"按钮选择所需的文件，返回图 9-3 后，选择要重用的幻灯片，则被选定的幻灯片插入到了当前幻灯片之后。

图 9-3　"幻灯片搜索器"对话框

5. 删除幻灯片

在"大纲/幻灯片"窗格中选定要删除的幻灯片，进行下列操作之一。

按键盘上的【Delete】键，或执行快捷菜单中的"删除幻灯片"命令。

6. 隐藏幻灯片

如果不想放映演示文稿中的全部幻灯片，就可对幻灯片进行隐藏操作。选定要进行隐藏的幻灯片，执行"幻灯片放映"选项卡→"设置"组→"隐藏幻灯片"命令，或右键单击"大纲/幻灯片"窗格中某幻灯片，从快捷菜单中选择"隐藏幻灯片"命令，被隐藏的幻灯片数字编号上出现带有斜线的方框，如第二张幻灯片隐藏后的图标为图。

选定隐藏的幻灯片，再一次执行隐藏幻灯片操作，即可取消幻灯片的隐藏。

7. 发布幻灯片

在制作演示文稿时，可以将其发布到幻灯片库中以备后用。

右键单击某张幻灯片，快捷菜单中选择"发布幻灯片"命令，打开如图 9-4 所示的对话框，选定要发布的幻灯片左侧的复选框，单击"浏览"按钮，从"选择幻灯片库"对话框中选择幻灯片要发布到的幻灯片库文件夹，最后单击"发布"按钮。系统默认的幻灯片库保存在"C:\Documents and Settings\Administrator\Application Data\Microsoft\PowerPoint\我的幻灯片库"位置。

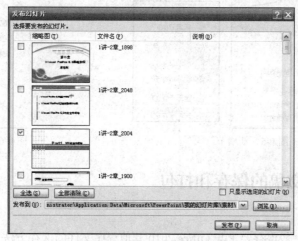

图 9-4　"发布幻灯片"对话框

9.1.4 用"节"管理幻灯片

PowerPoint 2010 新增的"节"功能可以帮助用户对演示文稿中的幻灯片进行分组管理，类似于文件夹功能。

对于一个庞大的演示文稿，其幻灯片标题和编号混杂在一起而又不能导航演示文稿时，可以使用节来组织幻灯片，就像使用文件夹组织文件一样。可以使用命名节跟踪幻灯片组，如果是从空白板开始，甚至可以用节来列出演示文稿的主题。

可以在幻灯片浏览视图中查看节，也可以在普通视图中查看节，如果希望按定义的逻辑类别对幻灯片进行组织和分类，则幻灯片浏览视图更有用。

1. 新增节

将视图切为"普通视图"，并定位在某幻灯片上。选择"开始"选项卡→"幻灯片"→"节"→"新增节"命令，或单击幻灯片窗格中两张幻灯片之间后，单击鼠标右键，从快捷菜单中选择"新增节"命令，如图 9-5 所示，会在该幻灯片之上出现分节条，右击该分节条，对节进行重命名。可以按照幻灯片的内容将一个文稿分为多个节。

2. 操作节

• 折叠/展开：从图 9-5 或图 9-6 的菜单中选择"全部折叠"，所有幻灯片页如同文件放到文件夹中一样，全部折叠到了每个节中。每个节名称后面括号中的数字，表示这个节内幻灯片的数量。单击任意节名称前的三角形，则展开当前节的内容；再次单击三角形则节中的内容折叠。也可以双击某节的标题栏在展开和折叠之间切换。

• 移动节：右键单击节标题栏，从快捷菜单中选择"向上移动节"或"向上移动节"，则将该节中所包含的幻灯片位置整体进行移动。

• 删除节：如果觉得"节"的分类有问题，或不再需要节，可执行图 9-5 或图 9-6 的菜单中的相应命令，删除选定的节或所有节，被删除的"节"内的幻灯片归到上一个节里，也可删除节和幻灯片。

对于已经设置好"节"的演示文稿，在"幻灯片浏览"视图下可以更全面、更清晰查看页面间的逻辑关系。

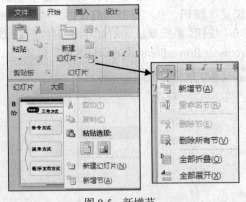

图 9-5　新增节

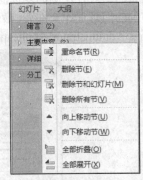

图 9-6　操作节

9.1.5 演示文稿的保存和打包

1. 保存

演示文稿文件的一般保存要求与 Office 2010 其他程序文件的保存方法一样。

若要改变保存类型，需在"文件"菜单中执行"另存为"命令，打开如图 9-7 所示的对话框，从"保存类型"下拉列表框中选择所需类型，如"PowerPoint 97-2003 演示文稿"（兼容文件）、"PDF"、"PowerPoint 放映"文件（双击图标可直接放映）、"PowerPoint 模板"（后缀名为.potx）、GIF 可交换的图形格式（将每张幻灯片分别存为一个图形文件）等。

2. 保存并发送

将演示文稿保存为 PDF 格式文件是 PowerPoint 2010 新增功能。如果用户希望保存的文件在共享时不被人修改，就可将文件保存为 PDF 或 XPS 格式。

如图 9-8 所示，执行"文件"菜单→"保存并发送"→"创建 PDF/XPS 文档"→"创建 PDF/XPS"按钮，进入如图 9-9 所示的对话框，选择保存路径，输入文件名，单击"选项"按钮，可以设置范围、发布选项、PDF 选项等参数，如图 9-10 所示。确定后在"发布为 PDF 或 XPS"对话框中单击"发布"按钮，系统开始自动发布幻灯片文件，并在发布完成后自动打开保存的 PDF 文件。

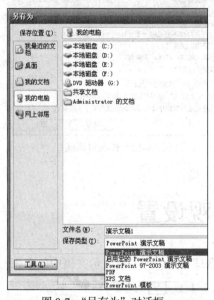

图 9-7　"另存为"对话框

图 9-8　"保存并发送"窗口

图 9-9　"发布为 PDF 或 XPS"对话框

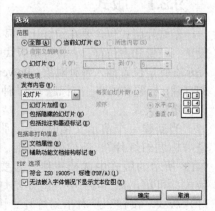

图 9-10　"选项"对话框

3. 打包

如果要在没有安装 PowerPoint 软件的计算机中放映演示文稿，可以通过"打包成 CD"功能将一个或多个演示文稿随同支持文件复制到 CD 中。

执行"文件"菜单→"保存并发送"→"将演示文稿打包成 CD"→"打包成 CD"，打开如图 9-11 所示的对话框，将所有要打包为 CD 的 PowerPoint 文件添加进来，可通过左侧的上下按钮改变文件的排列顺序；如果打包时对其相关的链接文件和播放器有不同设置，可单击"选项"按钮，从中选择；还可为每个文件设置打开和修改的密码，如图 9-12 所示。然后在图 9-11 中单击"复制到文件夹"按钮，在弹出的对话框中确定文件夹的位置和名称，确定后开始复制文件到指定文件夹。完成后系统自动打开生成的 CD 文件夹，如果此计算机中没有安装 PowerPoint 软件，操作系统将自动运行"AUTORUN.INF"文件，并播放幻灯片文件。

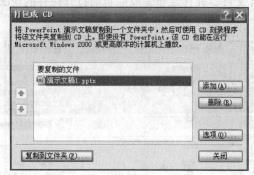

图 9-11 "打包成 CD"对话框

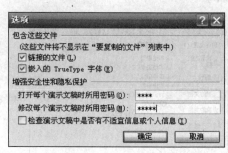

图 9-12 选项对话框

9.2 幻灯片的外观设置

PowerPoint 提供有多种用途的版式，可以将各种对象合理布局。为了使演示文稿中的多张幻灯片具有统一的外观，PowerPoint 提供了 4 种设置方法：版式、母版、配色方案和背景。这 4 种手段可互相重叠，例如，更换了模板，则幻灯片的配色方案、母版都会同时改变。

9.2.1 版式

幻灯片版式包含要在幻灯片上显示的全部内容的格式设置、位置和占位符，占位符是版式中的容器，可以根据提示在指定位置插入各种对象。PowerPoint 2010 包含标题幻灯片、标题和内容、节标题等 11 种内置版式，用户还可以自定义版式。

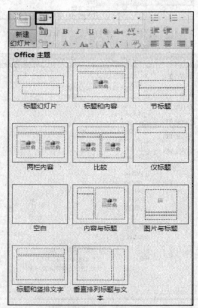

图 9-13 幻灯片版式

当新建一个演示文稿时，第一张幻灯片的版式默认是"标题幻灯片"，新建幻灯片时，可根据需要从如图 9-13 所示的版式中选择一种。若要改变已有幻灯片的版式，可单击图 9-13 中"新建幻灯片"按钮旁的"幻灯片版式"按钮，或右击幻灯片，快捷菜单中选择"版式"命令。

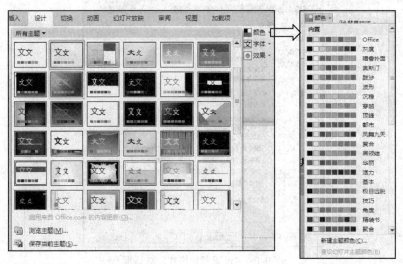

图 9-14　主题及颜色方案

9.2.2　主题配色方案

图 9-15　新建主题颜色

PowerPoint 2010 首先提供了多达 44 种主题，一种主题就是一种配色方案，系统为幻灯片中的各个对象预设了各种不同的颜色，使得整体色彩搭配都较合理，用户可以在此基础上进行颜色、字体和效果的设置，使幻灯片的整体风格具有独特性。

在"设计"选项卡→"主题"组中，单击某主题配色方案，所有幻灯片就套用了此主题的配色；单击"主题"组中的"颜色"按钮，从列表中选择一种配色方案，如图 9-14 所示，整个文稿的色彩搭配发生变化。选择颜色下拉列表中的"新建主题颜色"，如图 9-15 所示，可以对该主题中某些对象的颜色进行修改，还可将该新建的配色方案作为一种新的主题配色方案保存起来应用于其他文稿。当然也可以改变主题中的字体和效果。

9.2.3　背景

PowerPoint 2010 自带有一些背景样式，可以为空白幻灯片应用背景，也可以对已应用了模板或配色方案的一张或多张幻灯片重新修改背景。单击"设计"选项卡→"背景"组→"背景样式"按钮，从列表中选择一种背景样式，即可为所有幻灯片应用该背景。如果没有合适的背景，可以从列表中选择"设置背景格式"命令，打开如图 9-16 所示的对话框，可以将背景填充为纯色、渐变色、图片文件、剪贴画、系统提供的图案等，选择"隐藏背景图形"可以隐藏母版或设计模板中的图形。还可为填充的图片更正锐化或柔化、亮度和对比度、饱和度、艺术效果等。设置好后关闭对话框，背景设置只应用于当前选定的幻灯片，若单击"全部应用"则背景效果应用于文稿中全部幻灯片。

图 9-16 "设置背景格式"对话框

9.2.4 母版

幻灯片母版用于存储模板设计的各种信息，这些模板信息包括字形、占位符大小和位置、背景设计和配色方案。母版决定着幻灯片的外观，控制着文稿中每一张幻灯片的属性。幻灯片母版的目的是进行全局更改（如替换字形），并使该更改应用到整个演示文稿中的所有幻灯片。

使用幻灯片母版可以进行：更改字体或项目符号，插入要显示在多个幻灯片上的艺术图片（如徽标），更改占位符的位置、大小和格式等。

PowerPoint 2010 的母版包括幻灯片母版、讲义母版和备注母版。需要分别设计各种母版的所有格式，才能体现在相应版式的幻灯片中。

1. 幻灯片母版

幻灯片母版用于制作文稿中的背景、颜色主题和动画等。利用它可快速制作多张具有相同背景、字体、图案等的幻灯片。单击"视图"选项卡→"母版视图"组→"幻灯片母版"按钮，进入"幻灯片母版"窗口，如图 9-17 所示，自带的一个幻灯片母版中包括 11 个版式。每个版式都可编辑"标题样式""段落文本样式""日期和时间""幻灯片编号"等占位符的格式，还可拖动占位符调整各对象的位置。编辑母版的主题（包括主题中的颜色、字体、效果等），指定背景样式，如果需要页眉和页脚，还可利用"插入"选项卡中的"页眉和页脚"按钮向各种母版中添加页眉页脚的内容，如图 9-18 所示。文本的实际内容应在幻灯片的普通视图方式下键入。

图 9-17 幻灯片母版

图 9-18 "页眉和页脚"对话框

"幻灯片母版"中的设置（包括背景色、文本格式、插入对象等）都会出现在演示文稿的每一张幻灯片上，对母版中这些特性的改变也将会反应到每一张幻灯片上。所以，想在文稿的每一张幻灯片上都具有相同的对象或格式时，只需在"幻灯片母版"中设置一次即可。例如只要在幻灯片母版中插入一个十字徽标，它就可以出现在每一张幻灯片中。幻灯片母版设置好后，单击"幻灯片母版"选项卡中的"关闭母版视图"按钮，回到原始文稿中。

2. 讲义母版

用于将多张幻灯片显示在一张幻灯片中，控制幻灯片以讲义形式打印的格式。单击"视图"选项卡→"母版视图"组→"讲义母版"按钮，进入"讲义母版"窗口，如图 9-19 所示，在此能够设置页面、讲义方向、每页幻灯片数量、页码、页眉、页脚、日期、编辑主题等；也可以插入页眉和页脚，还可以在"打印"窗口中设置打印内容为讲义，并选择每页打印讲义幻灯片的数量。比如每页有 3 张幻灯片的讲义包含听众填写备注所用的空行，如图 9-20 所示。

图 9-19　"讲义母版"窗口

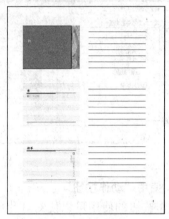

图 9-20　讲义打印预览效果

3. 备注母版

备注母版主要用于设置备注的格式，可以使备注具有统一的外观。操作方法与上两种母版相似。主要设置各级备注文字的格式。

无论在上述哪个母版中所做的编辑操作，只有回到相应的母版中才能修改其中的对象格式和设置。

9.3　幻灯片的放映

幻灯片的最终目的是放映出来供人观看，PowerPoint 提供了精彩的放映效果设置和播放控制手段。

9.3.1　超级链接

在 PowerPoint 中插入超级链接，就可以在幻灯片播放过程中实现交互控制，方便地在各张幻灯片间跳转，或跳转到其他 PowerPoint 文稿、Office 文档，甚至指向某个网站。

可以用任何文本或对象（包括图形、图像、表格、图片等）创建超级链接，设置了超级链接的文本带有了下划线，并显示系统配色方案指定的颜色。当放映幻灯片时，鼠标停留在该处指针就会变成手形，单击可以跳转到链接的目标位置。

在某张幻灯片中创建超级链接有两种方法：使用"超链接"命令或"动作按钮"。

1. 使用"超链接"命令

选定文本或某对象，单击"插入"选项卡→"链接"组→"超链接"按钮，打开如图 9-21 所示的对话框，单击左边"链接到"列表中的按钮选择要链接到的目标位置。

- 现有文件或网页：通过查找范围，或选择当前文件夹，或选择最近使用过的文件，从中选择目标文件；单击浏览器图标或浏览过的网页，选择要链接到的目标网页。
- 本文档中的位置：从中间的列表中选择本文档中的幻灯片标题。
- 新建文档：单击"更改"按钮，确定新文档的位置，并确定是否开始编辑新文档。
- 电子邮件地址：在地址框中输入电子邮件地址及主题，或从下面列表中选择已有的邮件地址。

选好目标位置后，单击"确定"按钮，就为这些文字或对象创建了超链接。

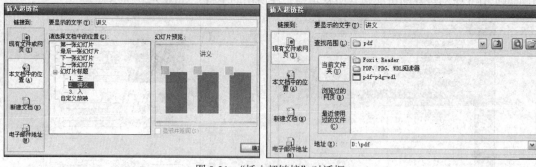

图 9-21 "插入超链接"对话框

2. 使用"动作按钮"

动作按钮的使用可以使幻灯片放映时加入许多比较方便的链接与效果，使放映过程更好地进行。打开"插入"选项卡→"插图"组→"形状"下拉列表→"动作按钮"，如图 9-22 所示，其中不同的按钮形状可代表不同的超链接位置。选取需要的动作按钮，在幻灯片中单击或拖曳出该按钮图形，释放鼠标的同时，打开"动作设置"对话框，如图 9-23 所示，从中选择鼠标动作、超链接到的目标位置、或单击鼠标时要运行的程序播放的声音等，单击"确定"按钮。

图 9-22 动作按钮

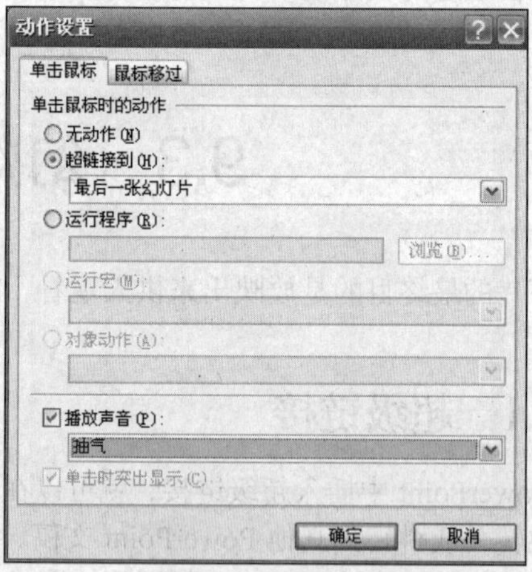

图 9-23 "动作设置"对话框

也可对选定的文本或对象执行"链接"组中的"动作"按钮命令，同样能进入"动作设置"对话框进行设置。

9.3.2 动画效果的设置

为幻灯片上的各种对象设置动画效果，可以突出重点，控制信息的流程，提高演示文稿的趣味性。主要包括对象的动画效果和幻灯片的切换效果。

1. 动画效果

在文稿进行放映时，要使幻灯片上的每个对象如文本、图形、图像、表格等以一定的次序或动作进入幻灯片，或强调某对象，或以某种动作退出幻灯片，甚至希望带有音效，就必须给这些对象添加相应的动画效果。有两种方法可以实现。

（1）动画方案

"动画方案"是系统预设好的一系列动作，每种动画方案中已包含了幻灯片切换、标题、文本等的动画效果。可以为某个对象设置 4 个方面的动画效果，分别用于对象的进入效果、强调效果、退出效果、动作路径的动画设置。

要为幻灯片中某对象添加进入幻灯片的动画效果，先选定一个对象，然后打开"动画"选项卡→"动画"组列表，如图 9-24 所示，单击选择"进入"组中的一种动画方案，例如"弹跳"，或从"更多进入效果…"中选择，可对动画效果进行预览，还可进一步对动画方案设置效果选项，打开"动画"选项卡→"动画"组→效果选项，不同的动画方案有不同的设置内容，如图 9-25 所示。

图 9-24 "动画方案"列表

（2）高级动画

如果要创建自己的动画效果，或对应用了动画方案的动画进行修改时，可通过"高级动画"组或"计时"组中的各项功能进行设置。

为幻灯片中的各对象预设动画后，可单击"高级动画"组中的"动画窗格"按钮，如图 9-26所示，所有预设了动画的对象及效果列在其中，右击动画顺序列表中的某一动画，可从快捷菜单中选择设置动画的激发方式、效果选项及计时设置等。

动画窗格中各对象含义如下。

① 表示动画类型的图标，例如图中所指为"进入"效果。

② 列表项目，表示动画事件，并用幻灯片上项目的部分文本进行标记。

③ 编号指示动画的播放顺序，在幻灯片上也会显示，可以重新对动画排序。

④ 表示幻灯片中的动画事件激发方式图标，图中所示为单击鼠标时激发。

⑤ 高级设置下拉菜单，可对动画进一步设置。

图 9-25　效果选项卡

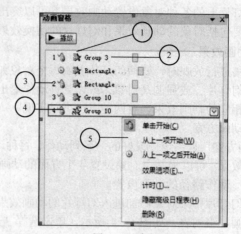

图 9-26　高级动画设置

下拉菜单⑤包括以下内容。

- 单击开始：在幻灯片上单击鼠标时动画事件开始。
- 从上一项开始：设置的动画效果会与前一个动画效果一起播放。
- 从上一项之后开始：设置的动画效果会跟在前一个动画效果之后播放。
- 效果选项及计时：对动画添加声音、动画播放后的选择、动画延迟时间、动画所需时间、是否重复、文本是否成批发送等，如图 9-27 所示。
- 删除：删除选定的动画效果。

类似的设置还可直接在"动画"选项卡→"计时"组中进行，如图 9-28 所示。如同"效果选项"对话框中的功能一样设置如何引发动画发生，并可利用"向前移动/向后移动"对选定动画重新排列顺序。

图 9-27　"效果选项"对话框

图 9-28　"计时"选项

如果利用"动作路径"设置了动画效果，则幻灯片上会出现该动画路径，图 9-29 所示是"循环"路径虚线图，可对该路径进行大小、角度、位置等的调整，放映时路径不会显示。

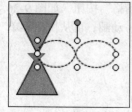

图 9-29　动作路径图

可以利用"高级动画"组中的"动画刷"将某对象的动画效果复制到其他对象上。

2. 设置幻灯片切换效果

除了可以为幻灯片内的对象设置动画效果外，还可给幻灯片间的切换设置动画效果。在幻灯片放映过程中，幻灯片移入和移出屏幕的方式有多种效果，如棋盘式、中部向上下展开、从全黑中淡出、水平百叶窗等，使放映时更加生动形象。

　　进入"切换"选项卡下的"切换到此幻灯片"组，从列表中选择一种切换方式，例如"推进"式，再进入"效果选项"中设置切换时换片方向，如图 9-30 所示。

　　还可在"计时"组中进一步设置，如图 9-31 所示，包括换片时的声音、每张幻灯片持续的时间即切换速度、换片方式是单击鼠标还是设置自动切换时间，若单击了"全部应用"按钮，则可将该换片方式应用于文稿中的所有幻灯片切换。

图 9-30　幻灯片切换

图 9-31　幻灯片切换设置

9.3.3　幻灯片的播放控制

　　放映幻灯片是制作演示文稿的最终目的，根据演示文稿的用途和放映环境，可以选择不同的放映方式，随心所欲地控制放映过程和放映时间，利用放映工具进行讲解说明。

1. 自定义放映

　　对于同一个演示文稿，要想针对不同工作性质的各类人群播放不同的幻灯片，可以利用自定义放映功能，相当于将幻灯片按放映需求进行分组，这是最灵活的一种放映方式。

　　执行"幻灯片放映"选项卡→"开始放映幻灯片"组→"自定义幻灯片放映"按钮，在打开的如图 9-32 所示的对话框中单击"新建"按钮，进入如图 9-33 所示的对话框，在"幻灯片放映名称"文本框中为第一个自定义组命名，如"学生观看"，从左列表框中选取要添加到自定义组的幻灯片（可借

图 9-32　自定义放映

助【shift】键多选），单击"添加"按钮，反复该操作，被添加到右列表框中的幻灯片顺序可以上下移动，可删除不需要的幻灯片。确定后又返回到图 9-32 中，继续自定义第二组……

　　可以在演示文稿的某张幻灯片中为各个自定义幻灯片组创建超级链接，以便在放映过程中能随意控制播放，如图 9-34 所示的 1、2、3 是为 3 个自定义幻灯片组设置的超链接对象。

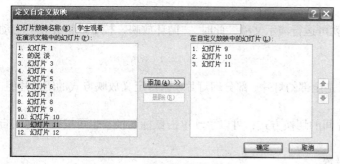

图 9-33　添加自定义幻灯片

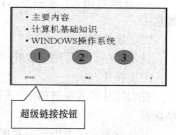

图 9-34　为自定义放映创建超级链接

2. 排练计时

　　在设置动画效果时，可以给幻灯片切换及幻灯片中的每个动画设定时间。此外还可以使用排练计时功能，使幻灯片依据记录的时间自动放映。

图 9-35　录制工具栏图

　　单击"幻灯片放映"选项卡→"设置"组→"排练计时"命令，演示文稿进入放映状态，同时出现录制工具栏，如图 9-35

所示，其中显示总时间和当前幻灯片的时间，单击计时框中"箭头按钮"或按键盘上的 P 键可以换片，单击"双竖线"可以暂停排练，单击"重复"可以重新记录当前幻灯片的时间。录制完后关闭该工具栏时询问是否要保留该排练时间，单击"是"，则放映时幻灯片可以按照排练时间自动播放。录制后每个幻灯片左下角会显示该张幻灯片的放映时间。

3. 录制幻灯片

这是 PowerPoint 2010 新增功能，它可以将动画、旁白、激光笔等内容全部录制下来。

从"幻灯片放映"选项卡→"设置"组→"录制幻灯片演示"按钮的下拉菜单中选择"从头开始录制"或"当前幻灯片开始录制"，在打开的如图 9-36 所示对话框中选择要录制的内容后开始录制。录制完毕后若将声音和墨迹都保存下来，则在幻灯片下方会出现录制的时间及声音图标。

如果要清除这些录制内容，可在"幻灯片放映"选项卡→"设置"组→"录制幻灯片演示"按钮的下拉菜单中选择"清除"子菜单中的相应命令，如图 9-37 所示。

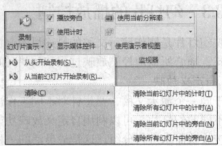

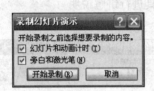

图 9-36　录制幻灯片演示　　　　　　　图 9-37　清除录制内容

4. 设置放映方式

单击"幻灯片放映"选项卡→"设置"组→"设置放映方式"按钮，打开如图 9-38 所示的对话框。

（1）放映类型

• 演讲者放映：计算机放映演示文稿在有人看管的情况下进行，是最常用的放映方式，可由演讲者控制速度和时间，也可使用排练计时自动放映。

• 观众自行浏览：演示可以由观众自己动手操作。在标准窗口中观看放映，包含自定义菜单和命令，便于观众自己浏览演示文稿。但只能自动放映或利用滚动条进行放映，不能用单击鼠标按键放映。

• 在展台浏览：不需专人播放就可运行演示文稿，此时，"循环放映，按 Esc 键终止"自动被选中。

（2）放映幻灯片

选定哪些幻灯片用于放映，可以是全部幻灯片、部分幻灯片、已自定义放映方式的幻灯片组。

（3）换片方式

在幻灯片的放映过程中，幻灯片间的切换方式，可以手动单击鼠标切换，也可按排练时间自动切换。

其他放映选项可根据需要进行设置。

5. 幻灯片的放映

• 直接单击状态栏中的"放映视图"按钮时，会从当前幻灯片开始放映。

• 从"幻灯片放映"选项卡→"开始放映幻灯片"组中，可选择"从头开始"还是"从当前幻灯片开始"放映。

• 若只想观看某个"自定义放映"，除设置放映方式外，还可单击"幻灯片放映"选项卡→"开始放映幻灯片"组→"自定义幻灯片放映"下拉列表中自定义放映的名称。

在放映过程中，单击鼠标右键可以打开放映控制菜单，也可利用放映窗口左下角的放映导航工具栏中的按钮进行控制。如图 9-39 所示。

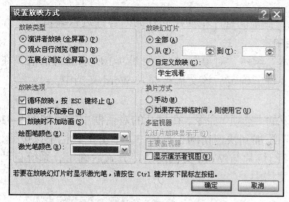

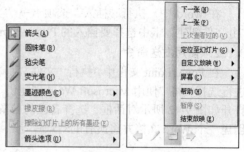

图 9-38　"设置放映方式"对话框　　　　　　　　图 9-39　放映控制菜单

利用其中的"上一张"、"下一张"、"定位"命令漫游到指定的幻灯片处重新放映，用"屏幕"子菜单中"黑屏"命令可暂时停止放映。利用"指针选项"菜单，将鼠标指针形状改为圆珠笔（或按下【Ctrl+P】组合键）、毡尖笔、荧光笔，按下【Ctrl+A】组合键，可恢复指针形状，可选择墨迹颜色，以便在幻灯片上随意画图或批注，墨迹可以被保存到幻灯片上。"橡皮擦"和"擦除幻灯片上所有墨迹"命令（或直接按【E】键）可将涂画的标注删除。执行"结束放映"命令可以退出幻灯片放映。

6. 将演示文稿创建为视频文件

这是 PowerPoint 2010 新增功能，可以将当前文稿创建成一个全保真的视频，其中包含所录制的旁白、计时、激光笔迹等内容。

执行"文件"菜单下的"保存并发送"，从子菜单中选择"创建视频"，之前没有录制计时和旁白的文稿可以在此选择进行录制，已录制的可选择"使用录制的计时和旁白"，单击"录制视频"按钮后选择文件的保存位置及名称，开始制作，最后生成一个.wmv 的视频文件。

9.4　PowerPoint 的其他功能

9.4.1　PowerPoint 的网上发布

打开"文件"菜单下"保存并发送"子菜单，从中选择一种发送方式，如图 9-40 所示。

例如以电子邮件形式发送：演示文稿可以作为附件、发送链接、以 PDF 形式、以 XPS 形式发送。

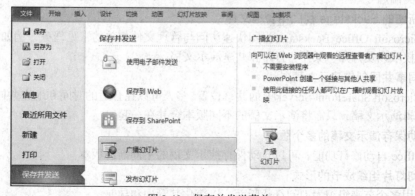

图 9-40　保存并发送菜单

9.4.2 PowerPoint 与其他程序联合使用

可以利用 Word 与 PowerPoint 的协作功能，在不同程序中使用同样的内容并进行编辑。

1. 将 PowerPoint 文稿发送到 Word 文档中

在 Word 中，执行"插入"选项卡→"文本"组→"对象"，打开如图 9-2 所示的对话框，在"由文件创建"卡中选择要插入的 PowerPoint 文件，确定后该文稿被插入 Word 文档中。

2. 使用发送命令

在 PowerPoint 文件中，执行"文件"菜单下的"选项"命令，在打开的对话框中按照如图 9-41 进行选择，将"使用 Microsoft Word 创建讲义"添加到快速访问工具栏中。单击工具栏中该按钮，打开如图 9-42 所示对话框，选择备注的位置及幻灯片与 Word 文档的链接方式后确定，系统自动创建一个 Word 文档并将所有的幻灯片导入该文档中。

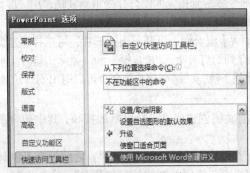

图 9-41 "选项"对话框

图 9-42 文稿发送到 Word 中的选项

9.5 PowerPoint 2010 新特点

9.5.1 处理演示文稿新工具

PowerPoint 2010 引入了一些出色的新工具，使用这些工具可以有效地创建、管理并与他人协作处理演示文稿。

1. 在新增的 Backstage 视图中管理文件

通过 Microsoft Office Backstage 视图快速访问与管理文件相关的常见任务，例如，查看文档属性、设置权限以及打开、保存、打印和共享演示文稿。

2. 与同事共同创作演示文稿

使用 Microsoft SharePoint Server 上的共享位置，多人可以在合适的时间和地点共同创作内容。不必轮流编辑演示文稿，只需将演示文稿的不同版本合并在一起。

3. 自动保存演示文稿的多个版本

使用 Office 自动修订功能，可以自动保存演示文稿的不同渐进版本。

4. 将幻灯片组织成节的形式

可以使用多个节来组织大型幻灯片版面，以简化其管理和导航。

5．合并和比较演示文稿

合并和比较功能可以比较当前演示文稿和其他演示文稿，并可以立即将其合并。如果希望通过比较两个演示文稿来了解它们之间的不同之处，而不打算保存组合的（合并的）演示文稿，则此功能非常有用。

6．在不同窗口中使用单独的 PowerPoint 演示文稿文件

可以在一台监视器上并排运行多个演示文稿。演示文稿不再受主窗口或父窗口的限制。此外，在幻灯片放映中，还可以使用新的阅读视图在单独管理的窗口中同时显示两个演示文稿，并具有完整动画效果和完整媒体支持。

7．随时随地工作

即使没有 PowerPoint，也能处理演示文稿。将演示文稿存储在用于承载 Microsoft Office Web App 的 Web 服务器上。就可使用 PowerPoint Web App 在浏览器中打开演示文稿。查看文档、进行更改。可以通过登录 Windows Live 或访问组织中已安装 Office Web App 的 Microsoft SharePoint Foundation 2010 网站来使用 Office Web App。

9.5.2　媒体新功能丰富演示文稿

PowerPoint 2010 引入了视频和照片编辑新增功能和增强功能。此外，切换效果和动画分别具有单独的选项卡，并且比以往更为平滑和丰富。SmartArt 图形中有一些基于照片的新增功能。

1．在演示文稿中嵌入、编辑和播放视频

插入演示文稿视频的已成为演示文稿文件的一部分。在移动演示文稿时不会再出现视频文件丢失的情况。并且可以剪裁视频，在视频中添加同步的叠加文本、标牌框架、书签和淡化效果。还可对视频应用边框、阴影、反射、辉光、柔化边缘、三维旋转、棱台和其他设计器效果。当重新播放视频时，也会重新播放所有效果。

2．链接至网站上的视频

在幻灯片中插入来自 YouTube 或 hulu 等社交媒体网站的视频。各网站通常会提供嵌入代码，能够从演示文稿链接至视频。

3．对图片进行各种处理

可以对图片应用不同的艺术效果，包括铅笔素描、线条图、粉笔素描、水彩海绵、马赛克气泡、玻璃、水泥、蜡笔平滑、塑封、发光边缘、影印和画图笔画，能自动删除不需要的图片部分（如背景），提供裁剪工具进行剪裁并有效删除不需要的图片部分，可以在幻灯片之间使用新增平滑切换效果，包括真实三维空间中的动作路径和旋转。

4．SmartArt 图形图片布局

在 SmartArt 图形布局中使用图片进行阐述。如果幻灯片上有图片，可以快速将它们转换为 SmartArt 图形。

5．在两个对象（文本或形状）之间复制和粘贴动画效果

PowerPoint 2010 中提供的动画刷，可以复制动画，与使用格式刷复制文本格式类似。借助动画刷，可以复制某一对象中的动画效果，将其粘贴到其他对象。

6．向幻灯片中添加屏幕截图

不需离开 PowerPoint 界面就可快速向演示文稿中添加屏幕截图。添加屏幕截图后，可以使用"图片工具"选项卡上的工具编辑图像和增强图像效果。

9.5.3　共享演示文稿

1．轻松携带演示文稿以实现共享

通过将音频和视频文件直接嵌入演示文稿中，可以携带演示文稿以实现共享。嵌入式文件避免了发送多个文件的需要。另外，可以将幻灯片保存到光盘上，以便任何具有标准 DVD 或光盘播放器的人都可以观看并欣赏它。

2．将演示文稿转换为视频

将演示文稿转换为视频是分发和传递它的一种新方法。如果希望为同事或客户提供演示文稿的高保真版本（通过电子邮件附件形式、发布到网站，或者刻录 CD 或 DVD），可将其保存为视频文件。

3．广播幻灯片

利用 Windows Live 账户或组织提供的广播服务，直接向远程观众广播幻灯片。

4．将鼠标变为激光笔

想在幻灯片上强调要点时，可将鼠标指针变成激光笔。在"幻灯片放映"视图中，只需按住【Ctrl】键，单击鼠标左键，即可开始标记。

思考与练习

1. 幻灯片放映时要在两张不相邻的幻灯片间跳转，可用什么方法？
2. 如何应用背景、主题配色方案、版式？
3. 要在文稿的每张幻灯片中的同一位置有同一个对象，可用什么方法设置？
4. 编辑幻灯片要在什么视图方式下进行？
5. 如何为超级链接对象设置屏幕提示信息？
6. 要在演示文稿中再加一张新幻灯片，应如何操作？
7. 添加在"备注"视图中的内容一般情况下在放映时会显示出来吗？
8. 打包后的演示文稿有何特点？
9. PowerPoint 有几种视图方式？各有何用途？
10. 几种新建演示文稿的方法有何区别？
11. 如何控制只放映整个演示文稿中的几张幻灯片？
12. 如何修改在母版中输入的对象？
13. 如何录制幻灯片？
14. 如何为幻灯片中的对象设置动画效果？
15. 如何能让第一张幻灯片中的声音文件在所有幻灯片放映时能连续播放？
16. 节有什么功能？
17. PowerPoint 2010 新增的功能有哪些？
18. 如何将演示文稿转为视频文件？
19. 如何使用动画刷？
20. 如何将文稿保存为 PDF 文档？

第10章
数据库 Access 2010

现代社会已经进入了信息时代，人们的工作和生活都离不开各种信息。面对海量数据，如何进行有效管理成为摆在人们面前的一个难题。目前，对数据进行管理最好的方法是使用数据库，数据库已经成为存储和处理各种海量数据的最便捷的方法之一。

10.1 认识 Access 2010

数据库是存放数据的地方，是以一定的组织方式将相关的数据组织在一起形成的。Access 是一个专门管理"数据库"的软件，即数据库管理系统（datebase management system，DBMS）。Access 2010 是 Microsoft 办公软件包 Office 2010 的一部分。

一个数据库可以包含多个表。数据库将自身的表与窗体、报表、宏和模块等一起存储在单个数据库文件中。Access 2010 是一个面向对象的、采用事件驱动的新型关系型数据库管理系统。以 Access 2010 格式创建的数据库文件扩展名为.accdb，之前的版本创建的数据库文件扩展名为.mdf。

Access 2010 提供了表生成器、查询生成器、宏生成器、报表设计器等许多可视化的操作工具，以及数据库向导、表向导、查询向导、窗体向导、报表向导等多种向导，可以使用户很方便地构建一个功能完善的数据库系统。

10.1.1 Access 2010 的界面

Access 2010 的用户界面，如图 10-1 所示，主要元素包括以下部分。

图 10-1　Access 2010 的用户界面

1. 可用模板页

启动 Access 2010 后，启动界面上就可以看到可用模板，在 Backstage 视图的中间窗格中是各种数据库模板。选择"样本模板"选项，可以显示当前 Access 2010 系统中所有的样本模板，如图 10-2 所示。

图 10-2　样本模板

Access 2010 提供的每个模板都是一个完整的应用程序，具有预先建立好的表、窗体、报表、查询、宏和表关系等。如果模板设计满足需要，则通过模板建立数据库以后，便可以立即利用数据库开始工作；否则可以使用模板作为基础，对所建立的数据库进行修改，创建符合需求的数据库。

2. 功能区

功能区提供了 Access 2010 中主要的命令界面，其中有 4 个选项卡，分别为"开始"、"创建"、"外部数据"和"数据库工具"，每个选项卡下，都有不同的操作工具。

- "开始"选项卡

从"开始"选项卡中可以选择不同的视图、从剪切板复制和粘贴、设置当前的字体格式、设置当前的字体对齐方式、对备注字段应用 RTF 格式、操作数据记录、对记录进行排序和筛选、查找记录，如图 10-3 所示。

图 10-3　"开始"选项卡

- "创建"选项卡

利用"创建"选项卡可以创建数据表、窗体和查询等各种数据库对象，如图 10-4 所示。

图 10-4 "创建"选项卡

- "外部数据"选项卡

利用"外部数据"选项卡可以完成导入和链接到外部数据、导出数据、通过电子邮件收集和更新数据、使用联机 SharePoint 列表、将数据库移至 SharePoint 网站，如图 10-5 所示。

图 10-5 "外部数据"选项卡

- "数据库工具"选项卡

利用"数据库工具"选项卡可以完成启动 VB 编辑器或运行宏、创建或查看表关系、显示隐藏对象相关性或属性工作表、运行数据库文档或分析性能、将数据移至数据库、运行链接表管理器、管理 Access 加载项、创建或编辑 VBA 模块等，如图 10-6 所示。

图 10-6 "数据库工具"选项卡

3. 导航窗格

导航窗格区域位于窗口左侧，用以显示当前数据库中各种数据库对象。导航窗格取代了 Access 早期版本中的数据库窗口，如图 10-7 所示。单击导航窗格右上方的小箭头，弹出"浏览类别"菜单，从中选择查看对象的方式，如图 10-8 所示。

图 10-7 导航窗格

图 10-8 查看对象

4. 选项卡式文档

在 Access 2010 中，默认将表、查询、窗体、报表和宏等数据库对象显示为选项卡式文档，如图 10-9 所示。

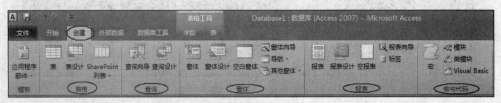

图 10-9　选项卡式文档

5. 状态栏

"状态栏"位于窗口底部，用于显示状态信息，还包含用于切换视图的按钮。

6. 微型工具栏

在 Access 2010 中，可以使用微型工具栏轻松设置文本格式，如图 10-10 所示。用户选择要设置格式的文本后，微型工具栏会自动出现在所选文本的上方。如果将鼠标指针靠近微型工具栏，则微型工具栏会渐渐淡入，用户可以用它来加粗、倾斜、选择字号、颜色等。如果将鼠标指针移开，则微型工具栏会渐渐淡出。如果不想使用微型工具栏设置格式，只需将指针移开一段距离，微型工具栏即会自动消失。

图 10-10　微型工具栏

7. 样式库

"样式库"控件专为使用"功能区"而设计，不仅可显示命令，还可以显示使用这些命令的结果，为用户提供一种可视方式，以便浏览和查看 Access 2010 执行的操作结果。

10.1.2　Access 的六大对象

Access 数据库包括数据表、查询、窗体、报表、宏和模块六大对象。

● 表：表包括字段和记录，与 Excel 工作表作用类似，主要用于存放数据。字段中存放一种类型的数据，记录由相互关联的数据项构成，每个数据项都用于存储特定字段的信息。

● 查询：查询是在数据库中查找符合条件的记录数据，Access 和其他数据库软件不同的是，它可以将查询条件保存在数据库内，以后只要查询条件相同就可以执行已有的查询。

● 窗体：窗体是显示在屏幕上的画面，其功能在于建立一个可以查询、输入、修改、删除数据的操作界面，以便用户在友好的界面下编辑或查阅数据。通过窗体可以打开数据库中其他窗体和报表，还可以在窗体和窗体的数据来源之间创建链接。

● 报表：报表是以打印格式展示数据的一种有效方式。报表上所有内容的大小和外观都可以控制。

● 宏：宏是执行指定任务的一个或多个操作的集合，利用宏可以自动完成某些常用的操作。

● 模块：模块是用语言编写的程序。Access 提供了 VBA 程序命令，可以控制细微或较复杂的操作。

新版的 Access 2010 不再支持数据库访问页对象。如果希望在 Web 上部署数据输入窗体并在 Access 中存储所生成的数据，需要将数据库部署到 Microsoft Windows SharePoint Service 3.0 服务器上，使用 Windows SharePoint Service 提供的工具实现所要求的目标。

10.2　数据库与表操作

数据库是数据对象的容器，它利用 Access 2010 的六大对象进行工作。表是数据库中存储数据的唯一对象。设计良好的表结构，对整个数据库系统的高效运行至关重要。

10.2.1　数据库的创建与使用

创建数据库的方法有两种：创建空数据库和利用模板创建数据库。

1. 创建空数据库

先创建一个空数据库，然后再向其中添加表、查询、窗体、报表等对象，这种方法很灵活，但是需要分别定义每一个数据库元素。

创建空数据库的操作步骤如下。

① 启动 Access 2010 程序，进入 Backstage 视图，在左侧导航窗格中单击"新建"命令，然后在中间窗格中单击"空数据库"选项，如图 10-11 所示。

② 在右侧窗格中的"文件名"文本框中输入数据库名称，单击"创建"按钮，如图 10-12 所示。也可单击文件名右侧的文件夹图标，重新选择文件的存放位置，完成创建空白数据库，同时在数据库中自动创建一个数据表，如图 10-13 所示。

2. 利用模板创建数据库

利用模板创建数据库的操作步骤如下。

图 10-11　选择空数据库

图 10-12　新建数据库

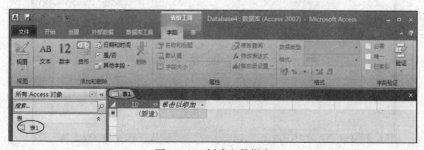

图 10-13　创建空数据库

① 启动 Access2010 程序，单击"样本模板"选项，从列出的 12 个模板中选择需要的模板，例如选择"教职员"选项，如图 10-14 所示。

图 10-14　创建"教职员"数据库

② 在屏幕右下方弹出的"数据库名称"中输入数据库文件名，单击"创建"按钮，即完成数据库的创建。

注意　　通过数据库模板可以创建专业的数据库系统，但是这些系统有时不太符合要求，因此可以先利用模板生成一个数据库，然后再修改。

3. 数据库的打开、保存与关闭

① 打开数据库

单击窗口左上方的"文件"标签，在打开的 Backstage 视图中选择"打开"命令，选择要打开的数据库文件，如图 10-15 所示，单击 "打开"按钮。

- 也可按下【Ctrl+O】组合键，直接打开一个数据库。

② 保存数据库

- 单击"文件"标签，在打开的 Backstage 视图中选择"保存"命令。
- 弹出 Microsoft Access 对话框，提示保存数据库前必须关闭所有打开对象，单击"是"按钮即可。

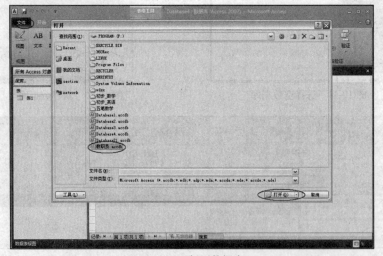

图 10-15　打开数据库

- 或者选择"数据库另存为"命令，可更改数据库的保存位置和文件名。

③ 关闭数据库

完成数据库的保存并不使用数据库时，可以关闭数据库。

关闭数据库的操作步骤如下：

- 单击"数据库"窗口右上角的"关闭"按钮。

- 或单击"文件"标签，在打开的 Backstage 视图中选择"关闭数据库"命令，如图 10-16 所示，即可关闭数据库。

4. 备份数据库

对数据库进行备份是最常用的安全措施。下面以"xsgl.accdb"数据库为例介绍备份数据库的操作步骤，如下所示。

图 10-16　关闭数据库

① 打开"xsgl.accdb"数据库，单击"文件"标签，在打开的 Backstage 视图中选择"保存并发布"命令，选择"备份数据库"选项，如图 10-17 所示。

图 10-17　备份数据库步骤一

② 系统弹出"另存为"对话框，默认的数据库文件名为"数据库名+备份日期"。

③ 单击"保存"按钮，即完成备份数据库。

10.2.2　表的建立

表是数据库的基本单位，主要功能是存储数据。表中存储的数据主要用于以下几方面。

- 作为窗体和报表的数据源。

- 作为网页的数据源，将数据动态显示在网页中。

- 建立功能强大的查询，完成 Excel 表格不能完成的任务。

创建 Access 数据表常用的方法有 4 种。

- 使用"表"模板创建表。

- 使用"表设计"创建表。

- 使用"SharePoint 列表"创建表。

- 使用"字段"模板创建表。

常用的方法是前两种。

1. 使用表模板创建表

对于常用的表格，如联系人、资产等信息，用表模板更加方便。此处以运用表模板创建"联系人"表为例说明操作步骤。

① 新建一个空数据库，命名为"表示例"。

② 切换到"创建"选项卡，单击"表模板"按钮，在弹出的列表中选择"联系人"选项，如图 10-18 所示，这样就创建好了"联系人"表。

③ 单击左侧导航栏的"联系人"选项，即建立一个数据表，如图 10-19 所示，接着可以在表的"数据表视图"中完成数据记录的创建、删除等操作。

图 10-18　创建"联系人"表

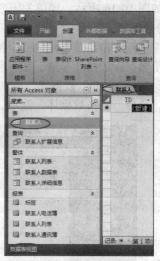

图 10-19　表操作

2. 使用表设计创建表

在表模板中提供的模板类型是非常有限的，而且运用模板创建的数据表不一定符合用户要求，必须进行修改。在更多的情况下，必须自己创建新表，这就需要用"表设计器"。用户需要在表的"设计视图"中完成表的设计与修改。

使用"设计视图"创建表主要是设置表的各种字段的属性，即创建表结构。表中数据记录要在"数据表视图"中输入。以创建"学生基本情况表"为例说明操作步骤，如下所示。

① 新建数据库"表示例"。

② 切换到"创建"选项卡，单击"表格"组中的"表设计"按钮，进入表设计视图，如图 10-20 所示。

③ 在"字段名称"栏中输入字段的名称"学号"；在"数据类型"选择该字段的数据类型，这里选择"数字"选项；"说明"栏可根据需要输入，如图 10-21 所示。

④ 用同样的方法，输入其他字段名称，并设置相应的数据类型。

⑤ 选择要设为主键（能唯一标识一条记录的字段）的字段，在"设计"选项卡的"工具"组中，单击"主键"按钮 🔑，即可将其设为主键。

注意

一般的学号、姓名、住址等文字字段，选择"文本"数据类型；备注、特长、奖惩等宽度不固定的文字字段选择"备注"类型；年龄、身高、工资、成绩等选择"数字"类型；出生年月等具有时间日期特征的字段选择"日期/时间"类型；单价、金额等选择"货币"类型；性别、状态等逻辑值选择"是/否"；照片、表格等选择"OLE 对象"；网址等选择"超链接"。

---

⑥ 在"常规"选项卡中可以定义字段的字段大小、格式、小数位数、输入掩码、标题、默认值、有效性规则、必需、索引等参数，如图 10-22 所示。

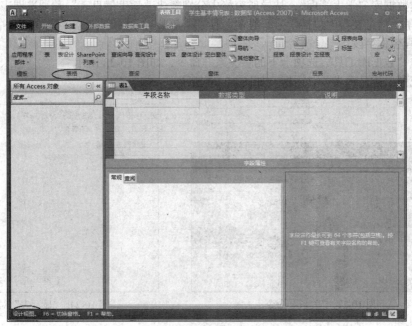

图 10-20 表的设计视图

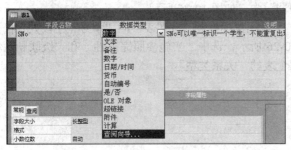

图 10-21 输入字段名称、数据类型和说明栏

图 10-22 "常规"选项卡

"常规"选项卡中的属性根据字段数据类型的不同而不同。图 10-21 是"数字"数据类型的属性设置。其中，"格式"属性可以选择"常规数字""货币""欧元""固定""标准""百分比""科学计数"等。"掩码"用于限制用户输入数据的格式，例如，可以将邮政编码字段的掩码设置为 6 个 0，这样用户在邮政编码字段中只能输入连续的 6 个数字，不能输入非数字字符。"标题"就是要设置在数据表视图中显示的列名。"有效规则"用于设置检查规则，例如，如果表中有"年龄"字段，可设置有效规则为">=0 and <=120"。"必需"用于设置是否必需输入数据，如果选择"是"，则该字段输入值不允许为空。"索引"可以为表建立索引。

⑦ 将所有字段设置完，保存。

表结构定义完成后，可以在数据库窗口中看到已建立的表对象。

3. 设置多个表之间的关系

通常情况下，一个数据库中不会只有一张表，而是至少包含两张或更多的表。为了让多个表中的数据形成一个有机的整体，就需要在各个表之间建立一个种关系，这种关系是通过表的主键和外键建立的。主键前面已经介绍过，下面通过建立学生情况表和选课表之间的关系，说明建立外键的方法。具体操作如下。

① 新建数据库"学生管理"，从导航窗格中分别新建"学生信息表"和"选课表"。

其中"学生信息表"中包括学号、姓名、性别、年龄、系别等字段，"选课表"中包括学号、课程号、课程名称字段。

② 单击"数据库工具"选项卡下的"关系"命令，如图 10-23 所示。

③ 系统弹出"显示表"对话框，如图 10-24 所示。

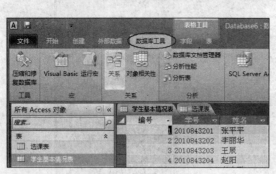

图 10-23 "关系"命令

图 10-24 "显示表"对话框

④ 选择"学生信息表"，然后单击"添加"按钮，将该表添加到"关系管理器"中。用同样的方法将"选课表"添加到"关系管理器"中，如图 10-25 所示。

⑤ 将"学生信息表"中的"学号"字段用鼠标拖到"选课表"的"学号"字段处，松开鼠标后，弹出"编辑关系"对话框，如图 10-26 所示，选中"实施参照完整性"和"级联删除相关记录"复选框。在该对话框的下端显示两个表的"关系类型"。

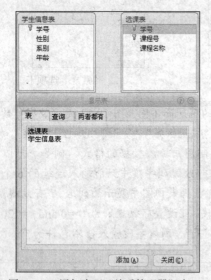

图 10-25 添加表至"关系管理器"中

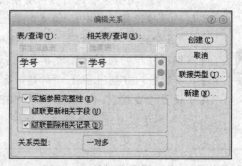

图 10-26 编辑关系窗口

⑥ 单击"创建"按钮，返回"关系管理器"，可以看到，在"关系"窗口中显示对应表之间的关系。如图 10-27 所示。

⑦ 单击"保存"保存已建立的联系。

如果以后需要修改表之间的关系，可以双击"关系"窗口中的关系连接线，在打开的"编辑关系"对话框中修改表间的关系。要删除关系，可以单击连接线，按【Delete】键。

图 10-27　显示表之间关系窗口

10.2.3　编辑数据

1. 输入数据

打开数据库窗口，双击要编辑的数据表，在完成表设计后，进入表的"数据表视图"，在此可以直接输入记录，如图 10-28 所示。关闭"数据表视图"，系统将修改的记录字段自动保存。

图 10-28　输入记录

2. 修改和删除记录

（1）添加记录

打开数据库窗口，双击要编辑的数据表，进入表的"数据表视图"，移动光标到左侧选择栏，当光标变成右箭头时，单击鼠标右键，在弹出的快捷菜单中选择"新记录"命令，即可添加记录。

如果需要快速在数据表末尾插入空白记录，直接单击数据表末尾的"新建"文本即可。

（2）修改记录

在"数据表视图"中，可以直接修改记录。关闭该视图时，系统自动保存。

（3）删除记录

在"数据表视图"中，移动光标到左侧选择栏，当光标变成右箭头时，单击鼠标右键，在弹出的快捷菜单中选择"删除记录"命令。

3. 查找和替换数据

打开数据表的"数据表视图"，在"开始"选项卡"查找"组中单击"查找"命令，打开"查找和替换"对话框，如图 10-29 所示，操作方法与 Office 2010 其他组件中的查找、替换操作相似。

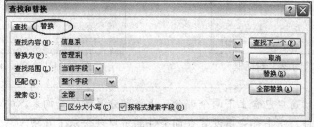

图 10-29　"查找和替换"对话框

4．排序记录

排序是将数据表按照某一个或某几个相邻的字段进行排序，以方便查询。

打开数据表的"数据表视图"，选中要排序的字段列，单击鼠标右键，在弹出的快捷菜单中选择"升序"或"降序"，也可以单击工具栏上的升序、降序按钮 ᠌ᢪ↓ ᢪ↓。

要取消排序结果，选择"开始"菜单中"排序和筛选"选项卡中的"取消排序"命令。

5．筛选记录

筛选是将数据表某个字段的条件，对全部记录进行选择，将满足条件的记录显示在"数据表视图"中。

打开数据表的"数据表视图"，选中要筛选的字段列的值，单击"开始"菜单中"排序和筛选"选项卡中的"应用筛选"按钮 ᢁ。

要取消排序结果，选择"开始"菜单中"排序和筛选"选项卡中的"取消筛选"按钮。

10.3 创 建 查 询

在 Access 中使用查询从数据库中提取数据，然后再将得到的结果保存为一个对象。在创建并运行一个查询后，Access 会检索相关表中的数据并返回一个记录集。

10.3.1 在设计视图中创建查询

若按照用户自己的要求创建查询，可以使用查询向导和设计视图创建。这里介绍使用设计视图创建查询的方法。

1．创建简单查询

本例添加到查询中的是"学生信息"表，假设要求查看年龄为 21 及以上的所有学生的信息，并将所有学生年龄按大到小排列，创建查询的具体操作如下。

① 打开数据库"学生管理"。

② 单击"创建"选项卡中"查询"功能区的"查询设计"按钮。

③ 弹出"显示表"对话框，如图 10-30 所示。

④ 选择"学生信息表"依次单击"添加"和"关闭"按钮

⑤ 将所选择的表添加到一个新创建的查询中，如图 10-31 所示。

图 10-30 "显示表"对话框

图 10-31 查询设计窗口

注意　查询设计窗口包含上下两个部分，上半部分显示了查询来源的表，下半部分则用于设置查询条件。下半部分用设置查询条件的窗口包含以下 6 项。

- 字段：输入或添加字段名称。
- 表：显示字段的来源表，用于多表查询。
- 排序：为查询设置排序选项。
- 显示：确定是否显示返回记录集中的字段。
- 条件：筛选返回记录的条件。
- 或：添加多重查询条件的数行中的第一行。

⑥ 单击查询设计窗口下半部分的字段单元格右侧的下拉按钮，从下拉列表中选择 "姓名"选项，同行右侧两个单元格中依次选择"年龄"和"学号"。

⑦ 在年龄列中，将"排序"对应的单元格设置为降序；在条件行对应的单元格输入">=21"并设置排序为"降序"，如图 10-32 所示。

⑧ 单击"设计"选项卡，在"结果"功能区中单击"运行"按钮，将得到查询结果如图 10-33所示。

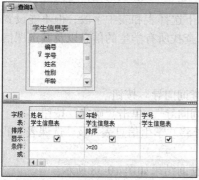

图 10-32　查询设计窗口查询条件设置

图 10-33　查询结果

2. 创建多表查询

在设计表结构时，通常会将数据分散到多个表中，所以在提取数据时也需要从多个相关表中进行操作。

本例添加到查询中的是"学生信息表"和"选课表"，假设要求查看年龄为 21 及以上的所有学生的选课信息，并将所有学生年龄按从大到小排列，创建查询的具体操作如下。

① 在"创建简单查询"步骤⑦的基础上，在查询设计窗口上半部分空白处单击鼠标右键，选择"显示表"命令，弹出如图 10-30 的对话框，将"选课表"添加到窗体中，如图 10-34 所示。

② 在字段单元格下拉列表中添加"课程名称"选项，如图 10-35 所示。

③ 单击"设计"选项卡，在"结果"功能区中单击"运行"按钮，将得到查询结果如图 10-36所示。

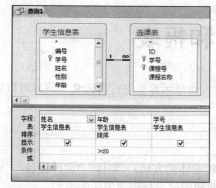

图 10-34　添加"选课表"

图 10-35　查询设计窗口查询条件设置

查询1

姓名	年龄	学号	课程名称
赵六	22	2010847204	英语
王五	21	2010847203	数学建模
李明	20	2010847205	数学建模
张三	20	2010847201	数学建模

记录：第 1 项(共 4 项)　无筛选器　搜索

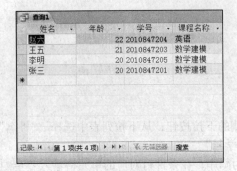

图 10-36　查询结果

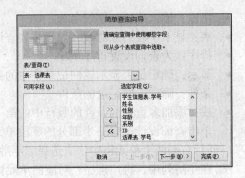

图 10-37　选择要使用的字段

10.3.2　使用查询向导创建查询

使用“查询向导”创建查询比较简单，在向导指示下选择表和表中字段，但不能设置查询条件。本例添加到查询中的是“学生信息”表，假设要求查找所有学生的信息以及其选课信息，创建查询的具体操作如下。

① 打开数据库“学生管理”。

② 单击“创建”选项卡下面“查询”功能区的“查询向导”按钮。

③ 系统弹出“新建查询”对话框，选择“简单查询向导”，单击“确定”按钮。

④ 选择要使用的字段，可以从多个表中选取，此处将“学生信息表”及“选课表”的所有字段添加到“选定字段”，如图 10-37 所示。

⑤ 单击“下一步”按钮，创建查询标题，得到的查询结果如图 10-38 所示。

学生信息表 查询

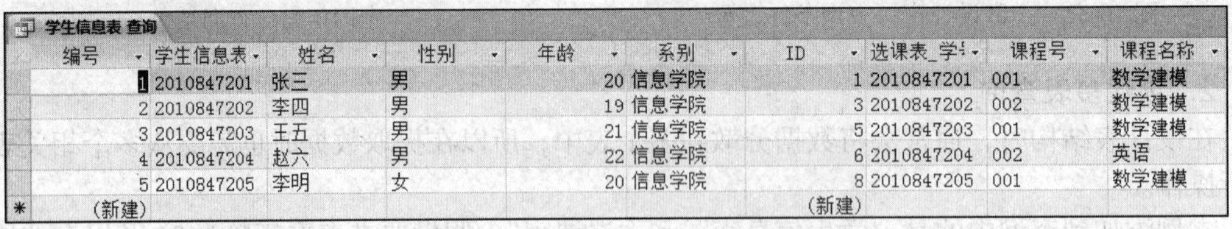

编号	学生信息表.	姓名	性别	年龄	系别	ID	选课表_学	课程号	课程名称
1	2010847201	张三	男	20	信息学院	1	2010847201	001	数学建模
2	2010847202	李四	男	19	信息学院	3	2010847202	002	数学建模
3	2010847203	王五	男	21	信息学院	5	2010847203	001	数学建模
4	2010847204	赵六	男	22	信息学院	6	2010847204	002	英语
5	2010847205	李明	女	20	信息学院	8	2010847205	001	数学建模
(新建)						(新建)			

图 10-38　使用查询向导的查询结果

10.3.3　保存查询

在当前的查询结果界面，右键单击查询选项卡，从弹出的快捷菜单中选择“保存”命令，如果是第一次保存查询，要求输入查询文件名。查询文件中保存的并不是查询提取出的记录数据，而是查询中设置的条件。

10.4　创建窗体和报表

为了更加方便地输入和显示数据，可以使用窗体对输入和显示界面进行自定义，同时可以通过在窗体中添加一系列控件来方便操作。

10.4.1　创建窗体

单击功能区“创建”按钮，在“窗体”组中有多种创建窗体的方法：“窗体”“窗体设计”“空白窗体”“窗体向导”“导航”“其他窗体”等，可根据需求和用途选择创建窗体的类型。

根据"导航窗格"中所选表或查询创建窗体，操作如下。

① 单击"导航窗格"中要创建窗体的表，如"学生信息表"。

② 单击功能区"创建"按钮，在"窗体"项中单击"窗体"按钮，产生一个新窗体，该窗体包含了"学生信息表"中的所有字段和数据，如图 10-39 所示。

另外，也可以通过使用"窗体向导"这一快捷方法创建窗体，步骤如下。

① 单击功能区"创建"按钮，在"窗体"项中单击"窗体向导"按钮，打开"窗体向导"对话框。在"表/查询"下拉列表中选择要创建窗体的表或查询，单击中间的">"按钮就可以将字段从左侧"可用字段"列表框添加到右侧"选定字段"列表框中，如图 10-40 所示。

图 10-39　新建的窗体

图 10-40　窗体向导

② 单击"下一步"按钮选择窗体布局结构，继续单击"下一步"按钮，为窗体指定名称，然后单击"完成"按钮。

10.4.2　添加窗体控件

如果已经创建了窗体，可以单击状态栏中的"设计视图"按钮进入窗体设计视图，以更改窗体结构，其主要工作就是向窗体中添加控件。在窗体中添加控件的步骤如下。

① 单击功能区"创建"按钮，在"窗体"项中单击"窗体设计"按钮，在设计视图中新建一个空白窗体，如图 10-41 所示。

图 10-41　窗体设计视图

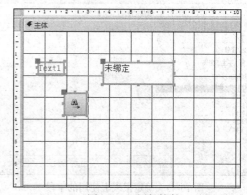

图 10-42　添加控件

② 单击"设计""控件"组中的控制类型按钮，然后在窗体中拖动鼠标绘制所选类型的控件，如图 10-42 所示，在窗体中绘制了一个文本框控件，一个按钮控件。

10.4.3　控件的设置

1. 调整控件位置和大小

在将控件添加到窗体后，可能需要对控件的格式进行调整，选定控件后拖动可以移动控件。

使用鼠标拖动控件上的控制柄，可以在一个方向扩大或缩小控件。

2. 改变控件类型

如果发现控件不合适，可以更改窗体中控件的类型。右击控件，在弹出的快捷菜单中选择"更改为"命令，然后在子菜单中选择要更改为的控件类型。

3. 设置控件属性

控件属性决定控件的各种特性，可以在"属性表"中设置。单击功能区"设计"按钮，在"工具"项中单击"属性表"按钮，打开"属性表"窗格，然后进行设置。

4. 删除控件

在设计视图中选中一个或多个控件并按【Delete】键，即可删除控件。

10.4.4 创建报表

根据报表中包含类型与布局不同，报表可以分为列表式报表、纵栏式报表、邮件合并报表、邮件标签和图表。

报表的创建方法有多种，总体来说大致需要以下步骤。

① 构建报表布局。

② 组合数据。

③ 使用设计视图细化报表的创建。

④ 查看或打印报表。

以报表向导创建报表的方法为例，具体步骤如下。

① 打开要创建报表的数据库，单击功能区"创建"按钮，然后单击"报表"，再单击"报表向导"，打开"报表向导"对话框，在"表/查询"列中列出了当前数据库中包含的表和查询。

② 选择要使用的表，然后选择要添加到报表中的字段，如图 10-43 所示。

③ 如果还需添加其他表中的字段，重复上述步骤，在"表/查询"下拉列表中选择其他表即可。

④ 单击"下一步"按钮进入如图 10-44 所示界面，选择要查看的数据的方式。

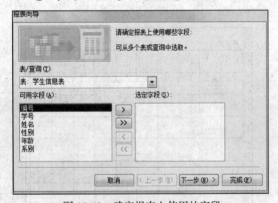
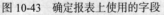

图 10-43　确定报表上使用的字段

图 10-44　确定查看数据的方式

⑤ 单击"下一步"按钮，选择是否为报表数据进行分组。

⑥ 单击"下一步"按钮，进入如图 10-45 所示界面，选择报表中的数据以哪个字段进行排序，然后单击"下一步"按钮。

⑦ 进入如图 10-46 所示界面，选择报表的布局方式，然后单击"下一步"按钮。

⑧ 进入如图 10-47 所示界面，设置报表标题，还可以进行报表外观修改和内容修改。

⑨ 单击"完成"按钮，在打开的窗口中显示了创建的报表，如图 10-48 所示，以后可以单击状态栏中的"设计视图"按钮，进入报表视图修改报表。

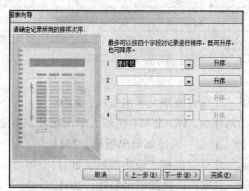

图 10-45　确定记录的排序次序

图 10-46　确定报表的布局方式

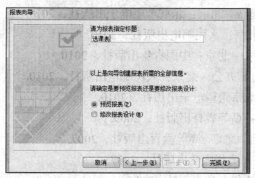

图 10-47　设置报表标题

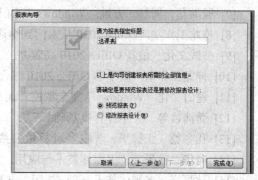

图 10-48　报表

10.4.5　将窗体转换为报表

在窗体设计视图中打开要转换为报表的窗体，然后单击"文件"按钮并选择"对象另存为"命令，在打开的对话框中将"保存类型"设置为"报表"，然后单击"确定"按钮即可。

思考与练习

1. 简要说明数据库设计的步骤。
2. Access 数据表中主键的作用是什么？
3. Access 支持的查询类型有什么？
4. 数据库中视图、查询与 SQL 语言的区别。
5. 数据库中的模式跟基本表、视图、索引有什么区别？
6. 模式有什么用？
7. 窗体有什么作用？
8. Access 中窗体有哪几种视图？各有什么特点？
9. 什么是控件？有哪些种类的控件？
10. 控件有什么作用？
11. 如何设置窗体和报表中所有控件的默认属性？
12. 窗体由哪几部分组成？窗体的各组成部分分别起什么作用？

参考文献

[1] 吕继祥，宋燕林. 计算机使用技术基础. 2 版. 北京：清华大学出版社，2010.

[2] 沃肯巴赫. 中文版 Office 2010 宝典. 郭纯一，刘伟丽，译. 北京：清华大学出版社，2012.

[3] 龙马工作室. Office 2010 中文版完全自觉手册. 北京：人民邮电出版社，2011.

[4] 武新华，李伟，等. Excel 2010 实用技巧集锦. 北京：机械工业出版社，2011.

[5] 龙马工作室. Word 2010 中文版完全自学手册. 北京：人民邮电出版社，2011.

[6] 成昊. 新概念 Office 2010 三合一教程. 北京：科学出版社，2011.

[7] 殷洪龙，周航，方悦. Windows 7 入门与提高. 北京：北京希望电子出版社，2010.

[8] 神龙工作室. Office 2010 从入门到精通. 北京：人民邮电出版社，2010.

[9] 杰诚文化. 最新 Office 2010 高效办公三合一. 北京：中国青年出版社，2010.

[10] 神龙工作室. 新手学 Office 2010 三合一电脑办公. 北京：人民邮电出版社，2010.

[11] 麓山文化. Windows 7 完全掌控. 北京：北京希望电子出版社，2010.

[12] 龚沛曾等. 大学计算机基础. 5 版. 北京：高等教育出版社，2009.

[13] 孔令德，张智华，曹敏等. 计算机公共基础. 北京：高等教育出版社，2007.

[14] 向华，徐爱芸. 多媒体技术与应用. 北京：清华大学出版社，2007.

[15] 林福宗. 多媒体技术基础. 3 版. 北京：清华大学出版社，2009.

[16] 萨师煊，王珊. 数据库系统概论. 3 版. 北京：高等教育出版社，2000.

[17] J·Glenn Brookshear. 计算机科学概论. 11 版. 北京：人民邮电出版社，2012.